▸▸プロが教える◂◂

1級 土木
施工管理
第二次検定

濱田 吉也【著】

弘文社

はじめに

土木施工管理技士は，７つある施工管理技士（土木・建築・管工事・電気・電気通信・造園・建設機械）の中では**比較的，取得しやすい資格**と言えます。

土木施工管理技術検定の第二次検定試験においては，「土工事」「コンクリート工事」が施工経験記述を除く10ある設問の中，約半分を占めています。出題範囲が狭いため，絞って短期間で勉強することが可能となります。

本書を用いての合格までの学習必要期間は，個人差もありますが，理解力の早い方であれば**１ヶ月以内**で，理解するのに時間を要する方でも繰り返し・繰り返し**３ヶ月**きっちりと学習すれば，**合格基準の60%の正解率をクリア**することが出来るはずです。

第一次・第二次検定に合格することで，**１級土木施工管理技士**と称することができ，工事現場における**「監理技術者」**となれます。ぜひ１年でも早く合格を勝ち取り，有資格者として建設業界で活躍されることを期待しております。

令和２年末に下記のような提言が国土交通省よりなされました。令和３年度 第２次検定試験の施工経験記述時点では，例年通りの問題が出題されています。令和４年度以降どのような問題が出題されるかは，予想がつきづらい状況にあります。従来通りの試験準備に加えて，出題形式が変更される恐れがあることは頭に置き，常に最新の情報にアンテナを張るようにしてください。このQRコードは施工経験記述変更に関する動画のリンクです。参考にしてみてください。

国土交通省；技術検定不正受検防止対策検討会より抜粋

※**経験論文は，定型的な出題内容・方式**となっているため，実務経験に不備があっても，対策本等で勉強することで解答できてしまうとの指摘もあり，**出題内容・方式の多様化に向けた検討が必要**である。

○経験論文の出題内容の見直しにあたっては，①**受検者の公平性の視点**，②**実務経験要件**として求める能力の評価方法の視点から検討する必要があると考えられる。

○経験論文の解答内容は，受検者の工事経歴であるかの確認が難しいことから，**高度な応用能力を確認できる出題内容に見直す**ことはどうか。

目　次

はじめに ……3
本書の特徴 ……6
試験の特徴及び注意事項 ……7
受検資格 ……10

第１章　施工経験記述

記述に当たっての心構え・注意点 ……12
施工経験記述の問題例 ……13
工事概要記入についての注意点 ……16
施工経験記述の出題傾向 ……22
施工経験記述の書き方 ……22
テーマ別留意事項（品質管理） ……26
テーマ別留意事項（工程管理） ……35
テーマ別留意事項（安全管理） ……41

第２章　土　工

出題概要 ……46
盛土の施工 ……47
土工事の情報化施工 ……48
盛土材料（現場発生土・高含水比の粘性土） ……53
特殊な配慮の必要な箇所の盛土（裏込め盛土） ……61
軟弱地盤対策 ……64
盛土・切土の排水（のり面の点検） ……75
のり面保護 ……81
土止め工（掘削底面の破壊現象） ……87

第３章　コンクリート工

出題概要 ……95
コンクリートの基本概要 ……96
材料（混和材料） ……98
運搬・打込み・締固め ……102
養生 ……108
鉄筋・型枠の組立，打継目の施工 ……114
特殊な配慮が必要なコンクリート（暑中・寒中・マスコンクリート） ……123

第４章　品質管理

出題概要……136
土工事の品質管理①…土質調査……137
土工事の品質管理②…土の締固め試験……142
土工事の品質管理③…品質管理方式［品質規定・工法規定］……146
コンクリート工事の品質管理①…受入検査・施工……156
コンクリート工事の品質管理②…非破壊検査……162
コンクリート工事の品質管理③…劣化要因・ひび割れ……166
コンクリート工事の品質管理④…鉄筋・型枠・型枠支保工……174

第５章　安全管理

出題概要……181
高所作業・足場工事における，墜落等による危険の防止措置……182
建設機械等を用いた作業時における危険の防止措置……195
土止め支保工および型枠支保工を用いた作業における危険防止措置……224
土石流による危険の防止……230
安全管理全般……233

第６章　施工計画

出題概要……241
施工計画の立案……242
事前調査……262
作業フロー……266

第７章　環境保全・建設副産物対策

出題概要……281
建設副産物対策……282
騒音，振動の対策……324

＜巻末付録＞本試験問題……329

本書の特徴

1．ひげごろー先生書き下ろしの，合格できる施工経験記述を掲載

・毎年数多くの添削指導を実施しているひげごろー先生が，自身の現場経験を元にまとめた施工経験記述を掲載しています。

・本書では，**「土工事」「コンクリート工事」「舗装工事」**に焦点をあてて，解説しています。受検生の中でも経験されている方が多く，スタンダードな工事をテーマにすることで，**採点する側も採点しやすい（点数が伸びやすい）**と推測されるからです。特殊な工事は，経験されている人が少ないため，採点する側としては，念入りに仕様書等を調べて採点するということになり，やや採点が厳しくなる恐れがあります。そのため，ひげごろー先生は実際の授業でも，「土工事」「コンクリート工事」等を題材としての施工経験記述の作成を推奨しています。

・各項では，記述のポイント及び思考の方法なども併せて記載していますので，参考にしてご自身の施工経験記述を作成し，万全の準備で試験にのぞんでください。

2．12年分＋αの過去問題を掲載

・施工経験記述はもちろん重要ですが，**施工経験記述の準備だけでは第二次検定試験を合格することはできません。**設問１［施工経験記述］と設問２～11は切り離して考えてください。**施工経験記述で合格点60%以上**をとり，かつ**設問２～11で合格点60%以上**を獲得することが間違いない合格の条件です。（合格基準や正解は発表されていません）

・本書では，**12年分の試験問題**（平成23年度以降）に加えて，それ以前に出題されている重要問題や，出題が予想される問題もピックアップして掲載しています。

・分野別に**解説⇒穴埋め問題⇒記述式問題**の順で掲載しているため，解説に目を通し，穴埋め問題で基礎学力を高め，難易度の高い記述式問題に挑戦という流れで勉強できるようにまとめています。

3．各項目の理解度をチェック

・合格の近道は問題慣れと繰り返し学習にあります。本書では全問題に□□□の表示をしています。問題を間違えれば右端に□□☑を，何となく当たった場合には中央に□☑□を，確実に理解出来ている場合は左端に☑□□というようにチェックをいれてください。すべての問題が左端に☑□□が入ると，合格は目の前です！

試験の特徴及び注意事項

1．第二次検定試験の目的

「第一次検定試験」が受検者の「知識的な内容」を問われるものに対して，「第二次検定試験」は文字のとおり「建設現場においてどのように施工を進めたか」など，より専門性を問われる試験です。

2．試験の形式

「第一次検定試験」は，四肢択一（マークシート方式）で知識を問う問題が出題され，**「第二次検定試験」は，記述式で能力を問う問題になります。つまり第二次検定試験は，「書いて答える」形式になります。**マークシート形式は勘や運で正解できる問題がいくつかありますが，記述式試験ではより正しい知識が求められます。正確な答えがわからない場合も，**何か記述して解答欄を埋めることで，部分点がもらえる可能性もあるので，極力解答欄は埋めるようにしましょう。**また，問題には，全て解答する「必須問題」と選んで解答する「選択問題」があるので十分に注意してください。

過去問の「解答例（試案)」をよく理解して，自分の表現力で書けるようにしておきましょう！「第二次検定試験」は，いかに準備し，自分の言葉で記述できるようになっているかが合格するためのポイントとなります。

※本書 P. 3 に記載している通り国土交通省より「技術検定不正受検防止対策」に関する提言がなされました。従来通りの試験準備に加えて，出題形式（内容）が変更される恐れがあることは頭に置いておくようにしてください。

見直しによって出題が予想される項目・内容［例］

品質　⇒　施工の前・中・後での留意事項，品質管理の検査，材料，作業員に対するアプローチ等

工程　⇒　各種工程表による工程管理，工種別の人員数（歩掛り）等

安全　⇒　作業に伴い使用した建設機械・工具等

その他　⇒　環境対策，出来形，請負金額等

3．出題内容

令和３年度に施工管理技術検定試験の改正がなされました。試験団体の発表では，第二次検定試験において，「知識を問う」という発表がされていましたが，出題内容は令和２年度以前と大きな変更はありませんでした（必須問題・選択問題の数に変更がありました）。

※令和５年度，第一次検定において出題内容に変更があったため，第二次検定においても変更の可能性があります。

○　令和2年度以前の出題傾向

必須問題	選択問題（1）3問選択					選択問題（2）3問選択				
問題1	問題2	問題3	問題4	問題5	問題6	問題7	問題8	問題9	問題10	問題11
経験記述	土工	コンクリート	品質管理	安全管理	施工計画	土工	コンクリート	品質管理	安全管理	施工計画

○　令和3年度の出題内容

必須問題			[穴埋め] 選択問題（1）2問選択				[記述] 選択問題（2）2問選択			
問題1	問題2	問題3	問題4	問題5	問題6	問題7	問題8	問題9	問題10	問題11
経験記述	施工管理 土工・コンクリート 施工計画・品質・安全		土工 or コンクリート	品質管理	安全管理	施工計画	土工	コンクリート	安全管理	施工計画

※令和３年度以降，以下の通り土工・コンクリート工及び施工計画（品質・安全・副産物を含む）の出題数が年度によりばらつきがみられています。

［問題１］ **施工経験記述** **＜必須問題＞**	あなたが経験した土木工事の**［工事概要］**を記述
	上記の**［工事概要］**に記入した工事で実施した，**「現場で特に留意した品質管理」「現場で特に留意した工程管理」「現場で特に留意した安全管理」**のいずれかのテーマに関する記述
［問題２・３］＜必須問題＞ **施工管理全般** 土工・コンクリート 施工計画・品質・安全	出題内容は［問題４～11］の各内容と同様 ※年度により出題内容にバラツキがみられます。
［問題４・８・９］ **土工** **＜選択問題＞**	土工から１～２問出題（盛土・切土工事における施工・排水工の留意点，盛土の材料，裏込め盛土，軟弱地盤対策工法，法面保護工法，土止め工事等）の穴埋め，間違い探し，もしくは記述式問題
コンクリート **＜選択問題＞**	コンクリートから１～２問出題（コンクリート打設・養生・打継目・劣化要因，特殊な配慮の必要なコンクリート，鉄筋の組立等）の穴埋め，間違い探し，もしくは記述式問題
［問題５］ **品質管理** **＜選択問題＞**	土工（品質管理方式，締固め試験等），コンクリート（コンクリートの劣化要因・非破壊検査・受入検査，鉄筋・型枠の組立）から１問 穴埋め，記述式問題もしくは作図問題
［問題６・10］ **安全管理** **＜選択問題＞**	２問出題（高所作業における墜落防止，明り掘削，土止め・型枠支保工，車両系建設機械，クレーン作業，河川工事等）の穴埋め，間違い探し，もしくは記述式問題
［問題７・11］ **施工計画** **＜選択問題＞**	施工計画（施工計画の立案・施工手順等），環境保全（副産物対策・騒音防止対策等）から各１問　穴埋め，もしくは記述式問題

※毎年度同じ形式で出題されるとは限りません。

受検資格

次のイロハに該当するもの

イ　1級土木施工管理技術検定・第一次検定の合格者
　（ただし，⑴ニに該当する者として受検した者を除く）

ロ　1級土木施工管理技術検定・第一次検定において
　⑴ニに該当する者として受検した合格者のうち⑴イ，ロ，ハ又は次のⅰ，ⅱのいずれかに該当する者

<table>
<tr><th rowspan="2">区分</th><th rowspan="2" colspan="4">学歴又は資格</th><th colspan="2">土木施工に関する実務経験年数</th></tr>
<tr><th>指定学科</th><th>指定学科以外</th></tr>
<tr><td rowspan="4">ⅰ</td><td colspan="4">2級合格後3年以上の者</td><td colspan="2">合格後1年以上の指導監督的実務経験及び専任の監督技術者による指導を受けた実務経験2年以上を含む3年以上</td></tr>
<tr><td colspan="4">2級合格後5年以上の者</td><td colspan="2">合格後5年以上</td></tr>
<tr><td colspan="2" rowspan="2">2級合格後5年未満の者</td><td colspan="2">高等学校卒業者
中等教育学校卒業者
専修学校の専門課程卒業者</td><td>卒業後9年以上</td><td>卒業後10年6月以上</td></tr>
<tr><td colspan="2">その他の者</td><td colspan="2">14年以上</td></tr>
<tr><td rowspan="4">ⅱ</td><td rowspan="4">専任の主任技術者の実務経験が1年以上ある者</td><td rowspan="4">2級合格者</td><td colspan="2">合格後3年以上の者</td><td colspan="2">合格後1年以上の専任の主任技術者実務経験を含む3年以上</td></tr>
<tr><td rowspan="3">合格後3年未満の者</td><td>短期大学卒業者
高等専門学校卒業者
専門学校卒業者（「専門士」に限る）</td><td></td><td>卒業後7年以上</td></tr>
<tr><td>高等学校卒業者
中等教育学校卒業者
専修学校の専門課程卒業者</td><td>卒業後7年以上</td><td>卒業後8年6月以上</td></tr>
<tr><td>その他の者</td><td colspan="2">12年以上</td></tr>
</table>

（注1）上記区分ⅰ，ⅱにおける2級合格後の実務経験起算日は当該試験の合格発表日とする。

（注2）指導監督的実務経験　上記区分ⅰの実務経験年数のうち，1年以上の指導監督的実務経験が含まれていること。

（注3）専任の主任技術者の実務経験　資格区分ⅱの2級合格後3年以上の者は，合格後1年以上の専任の主任技術者の実務経験が含まれていること。

（注4）実務経験年数の算定基準日　実務経験年数は，それぞれ1級第二次検定の前日（令和5年9月30日（土））までで計算するものとする。

ハ　第一次検定免除者

※令和6年度より，受検資格が変更されます。令和6年度以降に受験される方は必ず試験団体のHP等を確認してください。

本試験対策

第１章　施工経験記述……………………………P. 12
第２章　土　工……………………………………P. 46
第３章　コンクリート工…………………………P. 95
第４章　品質管理　……………………………P. 136
第５章　安全管理　……………………………P. 181
第６章　施工計画　……………………………P. 241
第７章　環境保全・建設副産物対策　………P. 281

第1章 施工経験記述

記述に当たっての心構え・注意点

① （普段の1／3程度の早さで）ゆっくり丁寧に記述してください。

→第１次検定試験と第２次検定試験の一番大きな違いは，**人が採点を行う**という点です。読めないような殴り書きでは，どれだけ内容が優れた記述でも読んでももらえず**不合格となる可能性があります**。

② 試験団体の指定している適当な硬さ（HB）のものを使用し，**文字は丁寧に**記述するように心がけてください。文字の印象も得点のポイントになります！

③ 各記述は，**字の大きさをそろえ適切な分量**で書きましょう。**少なすぎ**，解答欄からはみ出し，**小さい文字で勝手に行数を増やす**ような記述も**減点対象**となります。所定の欄内に適切に収める能力が求められます。

※解答欄を埋めるために文章の前後に不要なスペースを空けない

④ できるだけ**専門用語**を使いましょう。採点者に，この回答者は「しっかりとした施工管理の経験がある」と，思わせるテクニックです。

⑤ **誤字**，**脱字**，**あて字**のないように，特に**専門用語の誤字には注意**をしてください。漢字・数値等を忘れた場合は，**ひらがなで書く**，もしくは**言い回しを変えて記述**してください。

※管理値がわからない場合は，「所定の値で管理する」「許容値内におさまるように施工した」等のように記述する。（大幅減点を防ぐテクニック）

⑥ 工事規模の大小，工法の特殊性を問う試験ではありません。自分の立場で一貫性をもって，簡潔に記述することがポイントです。

⑦ 工事概要にあげた，工事内容・工期・工事場所等が記述内容と**整合性**が取れた文章となるよう心掛けてください。

⑧ **作業員の立場ではなく**，現場（作業）を**管理する立場**で，**元請け**，**下請けそれぞれの立場**からの現場での創意工夫や留意点を記入してください。また，**設計監理・監督員**等の経験で記述する場合も同様に，それぞれの立場で，どのような施工管理を行ったかを記述します。現場に出ていない**工事部長**や**代表取締役**としての記述も不適当となります。

⑦ 管理項目は，どれを指定されるかわからないためテーマを絞らず「**工程管理**」「**品質管理**」「**安全管理**」の3項目を抑えておくことで，様々な出題パターンに対応することができます。

※環境や出来形等，上記のテーマ以外が出題される可能性もあり得ます。

施工経験記述の問題例

こんな問題が出題されます！

【問題 No.1】 **あなたが経験した土木工事の現場において，その現場状況から特に留意した品質管理（もしくは工程管理・安全管理）に関して，次の〔設問1〕，〔設問2〕に答えなさい。**

〔注意〕 あなたが経験した工事でないことが判明した場合は失格となります。

〔設問1〕 あなたが**経験した土木工事**に関し，次の事項について解答欄に明確に記述しなさい。

〔注意〕 「経験した土木工事」は，あなたが工事請負者の技術者の場合は，あなたの所属会社が受注した工事内容について記述してください。従って，あなたの所属会社が二次下請業者の場合は，発注者名は一次下請業者名となります。
なお，あなたの所属が発注機関の場合の発注者名は，所属機関名となります。

(1) **工事名**

(2) **工事の内容**

① 発注者名
② 工事場所
③ 工　　期
④ 主な工種
⑤ 施 工 量

(3) **工事現場における施工管理上のあなたの立場**

〔設問2〕 上記工事の現場状況から特に留意した品質管理（もしくは工程管理・安全管理）に関し，次の事項について解答欄に具体的に記述しなさい。
※ 実際の試験では1つテーマが出題され，そのテーマについて解答する

(1) **具体的な現場状況**と特に留意した**技術的課題**
(2) 技術的課題を解決するために**検討した項目と検討理由及び検討内容**
(3) 技術的な課題に対して**現場で実施した対応処置とその評価**

① ［設問1］の解答が無記載又は記入漏れがある場合，
② ［設問2］の解答が無記載又は設問で求められている内容以外の記述の場合，
どちらの場合にも問題 No. 2 以降は採点の対象となりません。

解答用紙レプリカ

A4 サイズに拡大コピーして繰り返し練習にしようしてください。

【問題 No.1】 **あなたが経験した土木工事の現場において，その現場状況から特に留意した[品質管理・工程管理・安全管理]に関して，次の〔設問 1〕,〔設問 2〕に答えなさい。**

〔設問 1〕 あなたが**経験した土木工事**に関し，次の事項について解答欄に明確に記述しなさい。

(1) 工事名

工　事　名	

(2) 工事の内容

①	発注者名	
②	工事現場	
③	工　　期	
④	主な工種	
⑤	施 工 量	

(3) 工事現場における**施工管理上のあなたの立場**

立　　場	

〔設問２〕　上記工事の現場状況から特に留意した【 工程管理 ・ 安全管理 ・ 品質管理 】に関し，次の事項について解答欄に具体的に記述しなさい。
※ 実際の試験では１つテーマが出題され，そのテーマについて解答する
ただし，安全管理については，交通誘導員の配置のみに関する記述は除く。

(1) 具体的な現場状況と特に留意した**技術的課題**

(2) 技術的課題を解決するために**検討した項目と検討理由及び検討内容**

(3) 技術的な課題に対して**現場で実施した対応処置とその評価**

※ 年度により解答欄の行数や，設問内容が異なる場合があります。

工事概要記入についての注意点

(1) 工 事 名

原則として，あなたが実際に従事した「工事の名称」を記入します。（工事名は契約工事名にあまりこだわらず，工事の対象(河川名，路線名，施設名等)，工事の場所（地区・地先名等），工事の種類等（護岸工事，舗装工事，基礎工事等）が判るように具体的に記述してください。（単なる「道路工事」，「河川工事」等では不適当）

※土木工事以外の工事種別の工事名を書かないように注意してください。

記述例（○○等には，固有名称を記入）

① 国道○○号□□高架橋下部工工事
② ○○市道ロロ線××地区舗装工事
③ ××川　河川改修護岸工事　○○工区
④ △△砂防ダム工事（○○地区）
⑤ △△市△△地区排水本管敷設工事

(2)－① 発注者名

記入した工事における，あなたの会社の注文者を記入します。元請け業者の場合は，工事の発注者を，下請け業者の場合は，直上の注文者となった会社名を記入します。

記述例（○○には，固有名称を記入）

【あなたの会社が元請けの場合】	【あなたの会社が下請けの場合】
国土交通省○○地方整備局○○国道事務所	○○建設（株）
○○県○○土木事務所	（株）○○組
○○市下水道整備局	

※国土交通省，○○県だけではなく，発注した部局等まで詳細を記入します。
　下請けの場合は，個人名ではなく会社名を記入してください。

(2)−② 工事場所

実例としてあげる土木工事が行われた場所の都道府県名，市町村名をなるべく詳しく記入します。道路工事の場合は○○交差点〜●●交差点や○○ kp（キロポスト）〜●●kp，鉄道工事の場合○○駅〜●●駅のように工事場所がわかるように記載してください。市町村名以降の詳細記入がない場合は減点の対象になります。

記述例（○○等には，固有名称・数値を記入）

① ○○県△△市□□町○丁目内
② ○○県△△郡□□町○○地先
③ ○○県△△市□□町国道○号線○○交差点〜●●交差点
④ ○○県△△市□□町○○電鉄○○駅〜●●駅　等

※工事場所から地域特有の特性や自然環境，市街環境などが判断されます。施工経験記述の内容との整合性に注意してください。

(2)−③ 工　期

○○年○○月○○日〜△△年△△月△△日と，自社が請け負った工事の工期を記入します（下請工事の場合は下請け部分の工期を記入）。西暦でも構いません。

工期は原則として，1か月以上の工事を取り上げること。工事開始（準備期間を含む）から完成（竣工）までの期間を記入します。下請工事の場合であっても，受注してから労務，資機材等の調達の期間（準備期間）を含めて最低1か月以上かかる工事の記述が望ましいです。なるべく過去1〜5年前程度に完成した工事を取り上げ，現在施工中の工事は避けてください。工期は⑤の施工量，及び施工経験記述の内容（季節・時期）とも関連があるので，整合性がないと減点の対象となることもあるので注意してください。

(2)−④ 主な工種

工事の内容が概ねイメージできるような主要な工種を記入します。極力，施工の順に従った順番で記入します。下請工事の場合は，自社が請負った工事部分に関する工種のみを記入します。施工経験記述に記載する事項に関する工種はここに記載漏れが無いよう注意してください。

記述例

① **道路関係**…道路土工，路盤工，アスファルト舗装工，側溝工
② **橋梁工事関係**…コンクリート工，基礎工，杭基礎工
③ **造成工事関係**…盛土工，切土工，コンクリート擁壁工，整地工，排水工
④ **河川工事関係**…護岸工，築堤工，のり面保護工，浚渫工
⑤ **下水道工事関係**…送水本管敷設工，浄水池設置工，本管敷設工，ポンプ場設置工

※複数の工種がある場合は，主に行ったものを記入してください。また，「受検の手引き」に記載されている土木工事に該当する工種から記入してください。

※この欄には，施工量を記入しません。

(2)－⑤ 施工量

「主な工種」に記入した工種に対応するように，構造物の規模，材料の種類や規格，施工数量（立積，重量，本数，延長等）などを具体的に記入します。

記述例

① **道路関係**；盛土量350m^3　下層路盤 t＝25cm　上層路盤 t＝15cm 延長50m
② **橋梁工事関係**；コンクリート24N/m^3　2200m^3　鉄筋300t 型枠2250m^2
③ **造成工事関係**；切土土量6000m^3　盛土土量4600m^3 整地面積1840m^2
④ **河川工事**；護岸工　天端高3.0m，延長240m，根固め工
⑤ **下水工事**；埋設管渠（ϕ500mm，延長80m，マンホール3カ所）
⑥ **仮設工**（足場・土留め支保工一式）

※単位等を忘れずかつ正確に記入してください。また，工期との整合性に注意してください。

(3) 工事現場における施工管理上のあなたの立場

工事現場における受検者自身の立場をより明確に記入します。

記述例

・工事主任　・現場代理人　・主任技術者　・施工監督
・発注者側監督員　・工事監理　など

※「代表取締役」「工事部長」のような会社での役職や「作業員」「職人」と記述すると施工管理における経験としては不適切と判断されます。

土木施工管理に関する実務経験として認められる工事種別・工事内容（種別に土木）

工事種別	工事内容
A．河川工事	1. 築堤工事，2. 護岸工事，3. 水制工事，4. 床止め工事，5. 取水堰工事，6. 水門工事，7. 樋門（樋管）工事，8. 排水機場工事，9. 河道掘削（浚渫工事），10. 河川維持工事（構造物の補修）
B．道路工事	1. 道路土工（切土，路体盛土，路床盛土）工事，2. 路床・路盤工事，3. 法面保護工事，4. 舗装（アスファルト，コンクリート）工事（※個人宅地内の工事は除く），5. 中央分離帯設置工事，6. ガードレール設置工事，7. 防護柵工事，8. 防音壁工事，9. 道路施設等の排水工事，10. トンネル工事，11. カルバート工事，12. 道路付属物工事，13. 区画線工事，14. 道路維持工事（構造物の補修）
C．海岸工事	1. 海岸堤防工事，2. 海岸護岸工事，3. 消波工工事，4. 離岸堤工事，5. 突堤工事，6. 養浜工事，7. 防潮水門工事
D．砂防工事	1. 山腹工工事，2. 堰堤工事，3. 地すべり防止工事，4. がけ崩れ防止工事，5. 雪崩防止工事，6. 渓流保全（床固め工，帯工，護岸工，水制工，渓流保護工）工事
E．ダム工事	1. 転流工工事，2. ダム堤体基礎掘削工事，3. コンクリートダム築造工事，4. 基礎処理工事，5. ロックフィルダム築造工事，6. 原石採取工事，7. 骨材製造工事
F．港湾工事	1. 航路浚渫工事，2. 防波堤工事，3. 護岸工事，4. けい留施設（岸壁，浮桟橋，船揚げ場等）工事，5. 消波ブロック製作・設置工事，6. 埋立工事
G．鉄道工事	1. 軌道盛土（切土）工事，2. 軌道敷設（レール，まくら木，道床敷砂利）工事（架線工事を除く），3. 軌道路盤工事，4. 軌道横断構造物設置工事，5. ホーム構築工事，6. 踏切道設置工事，7. 高架橋工事，8. 鉄道トンネル工事，9. ホームドア設置工事
H．空港工事	1. 滑走路整地工事，2. 滑走路舗装（アスファルト，コンクリート）工事，3. エプロン造成工事，4. 滑走路排水施設工事，5. 燃料タンク設置基礎工事
I．発電・送変電工事	1. 取水堰（新設・改良）工事，2. 送水路工事，3. 発電所（変電所）設備コンクリート基礎工事，4. 発電・送変電鉄塔設置工事，5. ピット電線路工事，6. 太陽光発電基礎工事
J．通信・電気土木工事	1. 通信管路（マンホール・ハンドホール）敷設工事，2. とう道築造工事，3. 鉄塔設置工事，4. 地中配管埋設工事
K．上水道工事	1. 公道下における配水本管（送水本管）敷設工事，2. 取水堰（新設・改良）工事，3. 導水路（新設・改良）工事，4. 浄水池（沈砂池・ろ過池）設置工事，5. 浄水池ろ材更生工事，6. 配水池設置工事
L．下水道工事	1. 公道下における本管路（下水道・マンホール・汚水桝等）敷設工事，2. 管路推進工事，3. ポンプ場設置工事，4. 終末処理場設置工事

M．土地造成工事	1．切土・盛土工事，2．法面処理工事，3．擁壁工事，4．排水工事，5．調整池工事，6．墓苑(園地)造成工事，7．分譲宅地造成工事，8．集合住宅用地造成工事，9．工場用地造成工事，10．商業施設用地造成工事，11．駐車場整地工事　※個人宅地内の工事は除く
N．農業土木工事	1．圃場整備・整地工事，2．土地改良工事，3．農地造成工事，4．農道整備（改良）工事，5．用排水路（改良）工事，6．用排水施設工事，7．草地造成工事，8．土壌改良工事
O．森林土木工事	1．林道整備（改良）工事，2．擁壁工事，3．法面保護工事，4．谷止工事，5．治山堰堤工事
P．公園工事	1．広場（運動広場）造成工事，2．園路（遊歩道・緑道・自転車道）整備（改良）工事，3．野球場新設工事，4．擁壁工事
Q．地下構造物工事	1．地下横断歩道工事，2．地下駐車場工事，3．共同溝工事，4．電線共同溝工事，5．情報ボックス工事，6．ガス本管埋設工事
R．橋梁工事	1．橋梁上部（桁製作，運搬，架線，床版，舗装）工事，2．橋梁下部（橋台・橋脚）工事，3．橋台・橋脚基礎（杭基礎・ケーソン基礎）工事，4．耐震補強工事，5．橋梁（鋼橋，コンクリート橋，PC橋，斜張橋，つり橋等）工事，6．歩道橋工事
S．トンネル工事	1．山岳トンネル(掘削工，覆工，インバート工，坑門工)工事，2．シールドトンネル工事，3．開削トンネル工事，4．水路トンネル工事

※「解体工事業」は建設業許可業種区分に新たに追加されました。(平成28年6月1日施行)

※解体に係る全ての工事が土木工事として認められる訳ではありません。

※上記道路維持工事（構造物の補修）には，道路標識柱，ガードレール，街路灯，落石防止網等の道路付帯設備塗装工事が含まれます。

土木施工管理に関する実務経験とは認められない工事

実務経験証明書に下表の工事・業務等が記載されている場合は，実務経験としては認められません。

工事種別	工事内容
建築工事 （ビル・マンション等）	躯体工事，仕上工事，基礎工事，杭頭処理工事， 建築基礎としての地盤改良工事（砂ぐい，柱状改良工事等含む） 等
個人宅地内の工事	個人宅地内における以下の工事 造成工事，擁壁工事，地盤改良工事（砂ぐい，柱状改良工事等含む），建屋解体工事，建築工事及び駐車場関連工事，基礎解体後の埋戻し，基礎解体後の整地工事 等
解体工事	建築物建屋解体工事，建築物基礎解体工事 等
上水道工事	敷地内の給水設備等の配管工事 等
下水道工事	敷地内の排水設備等の配管工事 等
浄化槽工事	浄化槽設置工事（個人宅等の小規模な工事） 等
外構工事	フェンス・門扉工事等囲障工事 等
公園（造園）工事	植栽工事，修景工事，遊具設置工事，防球ネット設置工事，墓石等加工設置工事 等
道路工事	路面清掃作業，除草作業，除雪作業，道路標識工場製作，道路標識管理業務 等
河川・ダム工事	除草作業，流木処理作業，塵芥処理作業 等
地質・測量調査	ボーリング工事，さく井工事，埋蔵文化財発掘調査 等
電気工事 通信工事	架線工事，ケーブル引込工事，電柱設置工事，配線工事，電気設備設置工事，変電所建屋工事，発電所建屋工事，基地局建屋工事 等
機械等製作・塗装・据付工事	タンク，煙突，機械等の製作・塗装及び据付工事 等
コンクリート等製造	工場内における生コン製造・管理，アスコン製造・管理，コンクリート2次製品製造・管理 等
鉄管・鉄骨製作	工場での製作 等
建築物及び建築付帯設塗装工事	備階段塗装工事，フェンス等外構設備塗装工事，手すり等塗装工事，鉄骨塗装工事 等
機械及び設備等塗装工事	プラント及びタンク塗装工事，冷却管及び給油管等塗装工事，煙突塗装工事，広告塔塗装工事 等
薬液注入工事	建築工事（ビル・マンション等）における薬液注入工事（建築物基礎補強工事等），個人宅地内の工事における薬液注入工事，不同沈下建造物復元工事 等

※土木工事の施工に直接的に関わらない次のような業務などは認められません。

① 工事着工以前における設計者としての基本設計・実施設計のみの業務
② 測量，調査（点検含む），設計（積算を含む），保守・維持・メンテナンス等の業務
※ただし，施工中の工事測量は認める。
③ 現場事務，営業等の業務
④ 官公庁における行政及び行政指導，研究所，学校（大学院等），訓練所等における研究，教育及び指導等の業務
⑤ アルバイトによる作業員としての経験
⑥ 工程管理，品質管理，安全管理等を含まない雑役務のみの業務，単純な労務作業等
⑦ 単なる土の掘削，コンクリートの打設，建設機械の運転，ゴミ処理等の作業，単に塗料を塗布する作業，単に薬液を注入するだけの作業等

※上記の業務以外でも，その他土木施工管理の実務経験とは認められない業務・作業等は，全て受検できません。

施工経験記述の出題傾向

施工経験記述では，出題されたテーマに対して，自身の［工事概要］に関して下記の内容について記述します。

［設問］

⑴　**具体的な現場状況と特に留意した技術的課題**

⑵　**技術的課題を解決するために検討した項目と検討理由及び検討内容**

⑶　**技術的な課題に対して現場で実施した対応処置とその評価**

出題一覧表

	工程管理	品質管理	安全管理
令和4年度			○
令和3年度			○
令和2年度		○	
令和元年度		○	
平成30年度		○	
平成29年度			○
平成28年度			○
平成27年度		○	
平成26年度			○
平成25年度		○	

出題傾向をまとめて一覧にしていますが，年度によってどのテーマが出題されるかはわかりません。テーマ（管理項目）については山をはって絞らず，**「工程管理」「品質管理」「安全管理」**の 3 本柱はいずれの記述を求められても解答できるように準備しておく必要があります。

※環境や出来形等，上記のテーマ以外が出題される可能性もあり得ます。

施工経験記述の書き方

施工経験記述では，先述のとおり⑴～⑶の3つの問題が出されます。

この3つの問題は「工程管理」「品質管理」「安全管理」どのテーマでも共通です。

※年度により多少，設問方法が変わる場合があります。

(1) 具体的な現場状況と特に留意した技術的課題

ここでは，工事概要について簡単にまとめ，その現場特有の環境や気候，地形，地質，施工方法などによって発生する課題を記入していきます。

（2～3行）
本工事は［場所］における，［数量］の［工事内容］工事である。
（2～3行）課題の原因となる現場条件
⇒地形，地質，立地，交通状況，施工条件，季節（気候，天候），労務状況…等
（2～3行）「テーマ上」，［　　］が技術的課題となった。

［記入のコツ］
・現場概要
・ネタフリ
※検討したこと，実施したことをここで記入しない。

【記述例】

(1) 具体的な現場状況と特に留意した技術的課題

本工事は○○○○地区における，切土量○○○○ m^3，盛土量○○○ m^3 の□□団地建設に伴う△△工事である。6月～10月の施工で，雨水により地盤支持力が低下する恐れがあった。構造物の不同沈下を防止し，品質を確保するため，以下の項目が課題となった。
① 支持力の確保
② 排水対策の見直し
③ 施工時のトラフィカビリティの確保

最初の**2～3行で工事の施工箇所・施工内容を簡単にまとめます。**
△△工事には**工事概要にあげた工事（道路工事や造成工事，下部工工事，擁壁工事等）**が入ってきます。**メインの工種の施工数量**も合わせてここに記入します。**技術的課題に関係してくる工種については必ず記載**しておきましょう。

次に，技術的課題につながる現場特有の条件を記載します。上記の記述例の場合は雨期の工事における品質管理についての技術的課題になります。他には，「(テーマ；安全) 見通しの悪い片側1車線での…」「(テーマ；工程) 市街地で交通渋滞の多く発生する箇所で…」「(テーマ；品質) 山間部で湧水が多く…」などがあります。

そして，これらの条件が原因で発生する技術的課題をあげていきます。記述例のように①②③…と，箇条書きで記入する方法と，文章で課題をいくつか記入しまとめる方法があります。空欄が多すぎると減点となるため，空欄が多く

なる場合には箇条書きにし，空欄を減らすのが減点されずに行数を稼ぐコツです。記述する内容量によって使い分けてください。

ここでは，**現場の状況と工事概要および，技術的課題のみを記入**します。検討内容や，実施した対応処置は後で記入するため，ここに記入してはいけません。

この試験は土木施工にかかわるものですから，**「土木工事」以外の工事**（例えば，建築工事，管工事および電気工事など）の施工経験と判断された場合は，他の問題が合格点に達していても**不合格となります**。

工事受注（施工開始）から完成までのことを記述してください。工事が終わって，しばらく経過してから発見された不具合な施工に対する手直し（契約不適合；瑕疵があった場合）のような内容や工事が発注される前の設計上の記述は不適当とされます。

⑵ 技術的課題を解決するために検討した項目と検討理由及び検討内容

ここでは，上記にあげた「技術的課題を解決するための準備」に「どのような事項が必要」か，「課題を解決」するためには「どのような注意が必要か」などを記入していきます。

この欄を埋めるのが難しい場合は，⑶の実施した内容を先に決定し，そのためには「何が必要か」を考えた方が分かりやすい場合もあります。

ここでは最終的には実施した内容を記入するのではなく，実施をするにあたって，確認（調査・検査等）や準備として行った事項をあげてください。

① 不具合や問題が発生する理由 のため○○○○を検討した。

② 不具合や問題が発生する理由 のため□□□□を検討した。

③ 不具合や問題が発生する理由 のため××××を検討した。

各2～3行で3つ程度の項目に分けて記入

［項目分けの例］

品質⇒計画，材料，準備，施工，養生，検査，作業員…

工程⇒材料，作業員，使用機械（建設機械），工程表，施工方法（作業の効率化），気温（接着剤の硬化速度），創意工夫…

安全⇒点検・確認，安全措置，作業員，安全施工サイクル…

［記入のコツ］
⑶を実施するために事前に何に着眼し，準備・検討したことを3つ程度記入
プラスそれぞれの項目について検討した理由や内容を記入
※ここでは実施したことを記入しない

(3) 上記検討の結果，現場で実施した対応処置とその評価

ここでは，**課題解決のために○○○○を実施し，その結果どのような結果が得られたかを記入します**。工程管理の場合→「工期内に作業を終えることができた」／品質管理の場合→「所定の品質を確保することができた」／安全管理の場合→「安全に作業を終えることができた」…のように，「○○○を実施した」その結果，○○することができた…と，それぞれのテーマの課題がクリアできたという**評価を記入**して，記述を締めくくります。

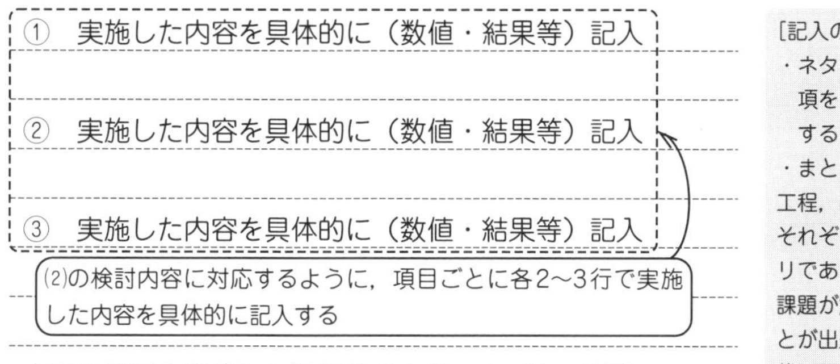

① 実施した内容を具体的に（数値・結果等）記入
② 実施した内容を具体的に（数値・結果等）記入
③ 実施した内容を具体的に（数値・結果等）記入
(2)の検討内容に対応するように，項目ごとに各2～3行で実施した内容を具体的に記入する
上記の項目を実施した結果○○となった（1～2行）

［記入のコツ］
・ネタフリした事項をここで回収する。
・まとめ（評価）工程，品質，安全それぞれ，ネタフリであげた技術的課題が解決することが出来た旨を最後に記入する。

テキストに記載している施工経験記述はあくまで一例です。例文やテンプレートを参考に自身の経験した工事に置き換え，オリジナルの文章を作り上げて下さい。

※検討項目・検討理由・内容の記述例は次項で，テーマ毎に記述例で解説を行います。

減点される文章の共通点

・文字が乱雑で読めない。
・文字サイズが揃っていない（解答欄から文字がはみ出すぐらい大きい文字で書かれている）
・空欄が多い（8割以上を目標に記入する）
・行数を稼ぐために，文頭や文末，文章の間にスペースや，無記入の行が挿入されている。
・改行のタイミングがおかしい（行の最後に空欄を開けて改行されている）
・テーマからずれた，不要な内容の詳細に文字数を割いている。
→特殊な工事を記入したら点数が加点されるわけではありません。適切に施工管理が行われているかをみるための試験です。
・何が言いたいかわからない
→本人は，現場をイメージして記入しているが，採点者はここに記入された文章のみでしか判断できません。現場がイメージしやすい端的に説明し，シンプルに記入してください。

テーマ別留意事項（品質管理）

書き方の手引き（品質管理）

工事内容	気象・環境・地形地質など現場の特有の状況	左記が原因となって発生する技術的課題	問題解決のための検討項目（理由・内容）	現場で実施した対応・処置
土工事（造成工事・道路工事等）	・梅雨，台風，夕立等大雨など急な豪雨 ・谷部を埋め立てた造成のため雨水・湧水がたまりやすい	・施工中の雨水・湧水の処理 ・トラフィカビリティの確保 ・盛土地盤の安定性の低下防止，支持力の確保	・含水比低下のための工夫（雨水浸透防止対策・排水計画等） ・材料・工法の選定，検査方法についての検討	・仕上がり面に排水勾配＋仮排水溝を設置しトラフィカビリティを確保 ・雨水の侵入による強度低下を防止 ・RI 測定器にて，締固め度90%以上を確認 ※道路土工95%以上，盛土箇所・土質によって90〜95%程度で，規定値が異なる場合があります。
	現場の土質が高含水比の粘性土	・施工中の雨水・湧水の処理 ・トラフィカビリティの確保 ・盛土地盤の安定性の低下防止，支持力の確保	・改良剤の添付量の確認方法・使用機械の選定 ・含水比低下のための工夫（雨水浸透防止対策・排水計画等）	
杭工事	現場の土質が軟弱地盤	・確実な施工の実施 ・不同沈下の防止	・設計図書と現場に相違がないか確認方法 ・作業員への周知方法 [施工不良は構造物の品質(沈下)に直結するため]	・設置箇所の地層(地下水)を確認 ・支持層の確認（支持杭） ・作業計画書をもとに打ち合わせを行い，作業手順を周知徹底
コンクリート工事（橋脚・ダム・堤防・共同溝等）	夏期のコンクリート打設（日平均気温25度以上）	・コールドジョイントの発生 ・スランプロスによるワーカビリティーの低下 ・打設後の水分の逸散	・配合（混和剤等）の使用についての検討 ・作業員への周知方法（施工手順・人員の配置等の確認） ・養生方法の検討	・混和剤に遅延型減水材の使用，練り混ぜ水に冷却水を使用 ・コンクリート打設計画書を作成→作業員の配置等周知徹底 ・シートで覆いをかけ直射日光を防ぐ ・打ち重ね時間の管理に留意 ・塗膜養生材を散布し，水分の逸散を防止
	冬期のコンクリート打設（日平均気温4度以下）	・初期凍結の防止 ・凍害による強度低下		・型枠内，鉄筋の除雪（シート等による養生） ・促進型 AE 材を使用，練り混ぜ水に温水を使用 ・給熱養生の実施（ジェットヒーター等），保温養生（打設箇所をシートで覆う等）

	市街地の渋滞，もしくは山間部（現場までの運搬時間がかかる）	・コンクリートの到着時間の遅れによる品質低下の恐れ	・コンクリート工場の選定 ・運搬ルートの選定 ・混和剤の使用 ・スランプの設定等	・打設時間帯の工場から現場までの到着時間の調査，経路の設定 ・混和剤に遅延型減水材の使用 ・運搬台数の調整
舗装工事	冬季の夜間，施工時（気温が5℃を下回る場合）	・温度低下に伴うアスファルトの品質低下（温度管理）	・工場出荷時および到着時のアスファルトの下限温度について ・運搬時の温度低下防止対策について ・ヘアクラックへの注意	・温度低下を見込み出荷時アスファルト温度を高目に設定した ・運搬中は2重シートがけとし，到着時の温度を測定した。（110℃以上の確認） ・走行速度の調節，および目視でヘアクラックの確認を行った。
浚渫工事	・潮位の変動 ・大雨や船舶の航行による汚泥の影響	計画河床高の確保	・潮位の確認と掘削時の対応（掘削深度の確認方法） ・掘削機械の選定および作業の安定性確保	・5分毎に潮位計測を行い，バックホウのアームに目盛りを記入する。 ・小型バックホウ浚渫船を使用する。また，バラストを使用し，振れを抑制した。
上・下水道工事	大型車両の通行による地盤沈下	・上部荷重に耐えられる支持力の確保 ・配管継手の水密性の確保	・使用材料（材料の購入） ・継手の締付けの確認 ・漏水の確認方法	・良質土を購入して入念に締固める＋締固め度の確認 ・継手ボルトの締付けトルク値の確認 ・石けん水による発砲テストを行い水密性の確認

施工経験記述（テーマ；品質）では，土木工事の現場で日々行っている品質管理を，いかに採点者に「この受検生は，しっかりとした施工管理を行った経験がある」と，アピールできるかがポイントとなります。

いきなり解答用紙に文章としてまとめようとすると，何から書き出していいかわからず手が止まってしまいがちです。上記の表にまとめてある「書き方の手引き（品質管理）」を参考に，現場固有の特殊性（気象・環境・地形・地質）などに対する技術的課題を箇条書きにリストアップしてみましょう，そこから，徐々に文章にまとめていくのが近道です。

本書では，受検生の中でも経験が多いと予想される「**土工事**」「**コンクリート工事**」「**舗装工事**」について例文を記載しています。これらの例文を基に，自身の経験に合わせた経験記述を作成してください。

記述例に記載がない工事も，開削や盛土（埋戻し）がある工事であれば土工事で，ダムや現場打ちのボックスカルバート，排水工事等，コンクリートを使用する工事はすべてコンクリート工事の例文を参考にして記述することができます。

施工経験記述（品質管理；土工事）

[具体的な現場状況と特に留意した技術的課題]

ここでは現場特有の課題・問題点に対して，品質を確保するためにどのようなことを行ったかを記入していきます。

土工事では最終的な仕上がり地盤の**支持力の確保**（規定値以上の現場密度の確保）が施工の目的となります。では，現場特有の課題・問題点としては何があるか箇条書きにしていきましょう。

現場特有の課題・問題点（例）

- **施工時期が雨季（梅雨，台風，夕立の多い夏季）**
- **谷状地形，地山との接続部等で水が溜まりやすい**
- **湧水量が多い**
- **土質が細粒土（粘性土）地盤**

などがあげられます。これらの中から実際の現場に合うものをピックアップします。次に，「これらの問題点をクリアして品質を確保するためにどうするか」という順序で記述をまとめていきます。

(1) 具体的な現場状況と特に留意した技術的課題

本工事は，切土量18,200m^3，盛土量16,500m^{3}の△△△団地建設に伴う造成工事である。6月～10月の施工で，雨水により地盤支持力の低下の恐れがあった。構造物の不同沈下防止し，所定の品質を確保するためには，以下の項目が課題となった。

① 支持力の確保

② 施工時のトラフィカビリティの確保

③ 排水対策の見直し

[技術的課題を解決するために検討した項目と検討理由及び検討内容]

次に，課題を解決するために，どのようなことを検討したかについて記述します。考え方のポイントとしては「使用材料」「排水」「施工機械・施工方法」「検査」等について分けて考えると答えが導きやすくなります。

また，この項目の［検討理由及び検討内容］と次項の［上記検討の結果，現場で実施した対応処置とその評価］の記述内容が重複してしまいがちなので，実施したことと分けて考えていきます。

この項目に何を書けばいいのか手が止まってしまう場合は，⑶の［上記検討の結果，現場で実施した対応処置とその評価］から先に記述し，「そのためには何の検討が必要なのか」という順序で記入した方がスムーズに書き進められます。

⑵　技術的課題を解決するために検討した項目と検討理由及び検討内容

①　施工面からの雨水の浸透によって，トラフィカビリティが低下し，支持力の低下につながる恐れがあったため，施工面における雨水の排水方法について検討した。

②　設計の排水計画では，急な降雨に対応できず，法面崩壊等の恐れがあったため，排水計画の見直しについて検討した。

③　使用材料を確認し，地盤改良の必要性を検討した。

④　所定の密度確保をするため，使用機械の機種等の選定について検討した。

⑤　各層ごとに，迅速に所定の締固め度を確認するため，RI 計器の使用を検討した。

※「検討した」とありますが，内容に合わせて元請けとして工事管理を行っている場合は「監督員と協議した」，下請けとして工事管理を行っている場合は「元請けに提案した」のように，それぞれの立場・内容に合わせた記述に変更して下さい。

［上記検討の結果，現場で実施した対応処置とその評価］

先ほどあげた，検討事項を基に，最終的に技術的課題にどう対応処置し，その結果どうなったかを記入します。

(3) 上記検討の結果，現場で実施した対応処置とその評価

① 盛土は各層ごと仕上がり面に排水勾配を設け，仕上がり面に雨水が溜まらないよう留意し，トラフィカビリティを確保した。

② 法面が雨水により乱されないように仮排水溝を増設した。

③ 盛土材料の含水率が高く，そのままでは所定の品質が確保できず，監督員と協議し生石灰を用いて地盤改良を行った。

④ 生石灰の添加量，締固め機械，巻き出し厚等は試験施工を行い決定し，高巻きを避け，所定の転圧回数を遵守し施工を行わせた。

⑤ RI 計器を用い，各層毎に締固め度を測定し，90％以上であることを確認した。

以上の対策を実施し，所定の品質を確保することが出来た。

施工経験記述（品質管理；コンクリート工事）

[具体的な現場状況と特に留意した技術的課題]

コンクリート工事において，品質を確保する上で課題となるポイントは**「施工時期（気温）」**です。コンクリート構造物を構築する上で，**密実なコンクリートを打設**し，**所定の強度を確保**することは，施工時期（気温）に関係なく求められます。現場特有の環境的課題として夏季の場合と，冬季の場合のコンクリート打設が，コンクリート工事において，不具合が生じやすい特殊な状況のため，施工上の管理ポイントが多く，施工経験記述としては記述しやすいテーマとなります。

現場特有の課題・問題点（例）

- **日平均気温が25度を超える夏季の施工の場合**→コールドジョイントの防止
- **日平均気温が４度以下となる寒中の施工の場合**→初期凍結の防止

実際の工事の施工時期に合わせて，このどちらかを記述の主題として盛り込むことで，その現場に即した施工経験記述となります。コンクリートを用いた工事を経験されている場合は，必ずこれらの対策は行っているはずです。

［記入例］

(1)　具体的な現場状況と特に留意した技術的課題

本工事は△△地域における○○自動車道の新設に伴う，RC ボックスカルバート４基を築造する工事である。コンクリート打設時期が7月～10月と日平均気温が25度を超える日が発生し暑中コンクリートとなるため，密実なコンクリートを打設し所定の強度を確保するためには，以下の事項が技術的課題となった。

①　スランプロスによる作業性の低下防止　②　コールドジョイントの防止　③　乾燥ひび割れの抑制

［技術的課題を解決するために検討した項目と検討理由及び検討内容］

コンクリート工事の場合は，**「使用材料（配合・運搬）」「施工方法（人員配置・打設準備）」「養生」**について分けて考えると答えが導きやすくなります。

また，この項目の［検討理由及び検討内容］と次項の［上記検討の結果，現場で実施した対応処置とその評価］の記述内容が重複してしまいがちなので，実施したことと分けて考えていきましょう。

(2)　技術的課題を解決するために検討した項目と検討理由及び検討内容

①　コンクリート温度上昇により，スランプロスやコールドジョイントの恐れがあるため，配合および混和剤の使用について検討した。

②　直射日光や高温による，コンクリートの品質低下を防止する方法について検討した。

③　作業手順や適切な人員配置によって，品質が大きく左右されるため，関係労働者に対して，作業手順等を周知する方法について検討した。

④　気温が高く，炎天下でのコンクリートの養生で，通常の湿潤養生のみでは，乾燥ひび割れ発生のおそれがあるため，コンクリート表面の水分逸散を防止する方法について検討した。

[上記検討の結果，現場で実施した対応処置とその評価]

先ほどあげた，検討事項を基に，最終的に技術的課題にどう対応処置し，その結果どうなったかを記入します。

(3) 上記検討の結果，現場で実施した対応処置とその評価

① コンクリート温度上昇を防ぐため，練り混ぜ水に冷水を使用し，混和剤に遅延型 AE 剤を使用するよう，生コン工場に指定した。

② 打設前に型枠および，打設箇所に散水を行い湿潤状態にし，足場の上部にワイヤーを張り，シートで覆い直射日光による温度上昇と乾燥を緩和させた。

③ コンクリート打設計画書を作成し，人員配置や作業手順についてあらかじめ打ち合わせを行い，打ち重ね時間間隔（2 時間以内）を厳守し作業を行った。

④ 打設後は，膜養生材を散布し水分の逸散を防止した。

以上の措置を実施し，所定の品質を確保することができた。

※③では「コンクリート打設計画書を作成し…」と記載していますが，これは「元請けの立場の場合」の記述となっています。下請けとして工事管理を行っている場合は「元請けの作成した，コンクリート打設計画書を基に…」のように，それぞれの立場に合わせた記述に変更してください。

また，ここでは夏季の暑中コンクリートの場合の記述例をあげましたが，**冬季の場合**は，以下の文書を参考に，記述してください。

・**配合について**→初期凍害防止のため，練り混ぜ水の温水の使用，粗骨材の加熱を指示した。
・**混和剤について**→耐凍害性のある AE 減水材を使用した。
・**施工手順について**→打設箇所周囲をブルーシートで覆い，風雪による温度低下を防止した。
・**養生方法について**→初期凍害防止のため，ジェットヒーターを用いた給熱養生を実施した。

これらの結果，「所定の強度を確保し，品質を確保することができた」等，夏季のコンクリートと同様に，記述を締めくくります。

施工経験記述（品質管理；舗装工事）

[具体的な現場状況と特に留意した技術的課題]

舗装工事において，品質を確保する上で課題となるポイントは**「施工時期(気温)」**です。特に冬季の温度管理は，不具合が生じやすい特殊な状況のため施工上の管理ポイントが多く，施工経験記述としては記述しやすいテーマとなります。

現場特有の課題・問題点（例）

- **アスファルト混合物の温度低下防止対策**
- **施工時の温度管理**

これが，舗装工事では最重要の管理項目となります。後は，作業手順の周知徹底や，品質確認のための検査等について記述します。

［記入例］

(1) 具体的な現場状況と特に留意した技術的課題

本工事は，○○における水道管敷設工事に伴う，総延長2,300m・幅６ｍ道路土工及びアスファルト舗装工事である。舗装時期が2月で，厳冬期の工事であったため，所定の品質を確保するためには以下の事項が技術的課題となった。

① アスファルト混合物の温度低下防止対策

② 運搬時のアスファルト混合物の温度管理

③ 作業員への施工計画の周知徹底

[技術的課題を解決するために検討した項目と検討理由及び検討内容]

舗装工事の場合は，**「使用材料(配合・出荷温度)」「運搬温度」「施工方法(人員配置・舗設準備)」**について分けて考えると答えが導きやすくなります。

また，この項目の［検討理由及び検討内容］と次項の［上記検討の結果，現場で実施した対応処置とその評価］の記述内容が重複してしまいがちなので，実施したことと分けて考えていきましょう。

(2) 技術的課題を解決するために検討した項目と検討理由及び検討内容

所定の品質確保を確保するため，以下の項目について検討した。

① 出荷時温度の調整について

冬季のアスファルト舗装工事では，アスファルト混合物の温度が低下しやすく，現場到着時温度を一定以上に保つことが品質の向上につながるため。

② 運搬時の温度低下防止について

運搬・待機時に温度低下が考えられ，アスファルト混合物の仕上り品質低下の恐れがあるため。

③ 作業員への作業手順等の周知方法について

適切な作業手順，作業方法は舗装の仕上がりを大きく左右するため。

[上記検討の結果，現場で実施した対応処置とその評価]

先ほどあげた，検討事項を基に，最終的に技術的課題にどう対応処置し，その結果どうなったかを記入します。

(3) 上記検討の結果，現場で実施した対応処置とその評価

① 到着時温度が160℃程度になるように，出荷時のアスファルト混合物の温度を通常より10℃高めに指定した。

② 運搬車の荷台に養生シートを2枚重ねて使用し，その上からビニール製の特殊保温シートを使用させ保温性を向上させた。また，敷均し時のアスファルト温度が110℃以上かどうかの確認を行い，締固め度96％以上を確保した。

③ 元請けの作成した作業手順書を基に，事前に入念な打ち合わせを行い，作業手順・人員の配置について作業員への周知徹底を行い，作業手順書通りの作業が行えているか，現場の巡視・確認を行った。

以上の措置により，所定の品質を確保することができた。

※テキストに記載している施工経験記述はあくまで一例です。このまま覚えるのではなく，例文を参考に自身の経験した工事に置き換え，オリジナルの文章を作り上げて試験に臨むようにしてください。

テーマ別留意事項（工程管理）

工程管理では,**「工期を守って工事を進めるために留意したこと」「現場特有の問題によって工事が遅れた場合→その遅れを取り戻すための方法」「現場特有の問題によって工事が遅れる可能性がある場合→遅れないように施工をすすめるための予防策」**などに伴って発生する技術的課題について記述していきます。

※工程管理の記述方法は工種を分けずに，工事全般で使用できるポイントを解説していきます。

具体的な現場状況と特に留意した技術的課題

まずは,工事が遅延する可能性のある現場固有の特殊性(気象・環境・地形・地質）を箇条書きであげていきます。

現場固有の特殊性（例）

- 梅雨時期，台風，大雨等により作業の遅れが発生
- 施工区間が長く，各工種の時間短縮が必要
- 材料の搬入の遅れにより作業の遅れが発生
- 市街地の工事で，作業時間に制限があり，工期に遅れが発生
- 想定していた以上の，地質・湧水・流量等があり，工事を進めるのに遅れが発生
- 設計変更があり，工期短縮が必要となった

［記入例］

土工事の場合

梅雨時期の工事で，梅雨と夏の急な豪雨なども予想され，作業をスムーズに行うために雨水の処理・トラフィカビリティの確保，および各作業の工程の短縮が課題となった。

コンクリート工事の場合

橋脚下部工10基と，施工箇所複数あり，土工事・鉄筋工事・型枠工事・コンクリート工事の繰り返し作業となり，各工種の工期短縮および取り合い調整が工期内完成のための課題となった。

工事全般

【設計変更／材料の搬入の遅れ等】のため，工事に〇〇日の遅れが生じ，工期内完成のため各作業の工程の短縮が課題となった。

上記のように，現場特有の環境や状況的課題をもりこみ，「工事の遅れをとりもどすため，○○が課題となった」もしくは「工期内完成のため○○が課題となった」のようにまとめていきます。

また，1日毎に時間の制限がある交通規制を伴う道路工事や，鉄道工事等では以上のようにまとめる方法もあります。

道路を規制しての工事の場合

道路を規制しての工事のため，日々の道路を復旧し交通開放までの施工時間に規制があり，各作業の効率化と，時間調整が課題となった。

鉄道工事の場合

電車の営業が終了する終電後から始発前までの限られた時間内での作業となるため，作業時間が限定されており，各作業の効率化と時間管理が課題となった。

技術的課題を解決するために検討した項目と検討理由・内容および現場で実施した対応処置

上記であげた，遅延の可能性がある事象等に対して，何を検討し，どう対応処置し，その結果どうなったかを記入していきます。

検討内容及び実施した対応処置としては，**「施工量の増加」「工事の遅延及び残施工量の把握（フォローアップ）」「工事の効率化」「創意工夫による作業の短縮」**などが一般的な工程管理の方法となります。

[具体的な検討・実施内容例]

①**「施工量の増加」**

…作業班の増員，使用機械の数量や規格をUP等

※ただ施工量を増やすだけではなく，「過去の類似工事の歩掛りを基に必要な数量を確保した」「切土と盛土の施工量の調整を行った」のように，現場を管理する上でどのような確認や調整を行ったのか等，具体的な数量を入れて記入してください。

②**「工事の遅延及び残施工量の把握（フォローアップ）」**

…歩掛りの確認，ネットワーク工程表・出来高累計工程表（バナナ曲線）の作

成，遅延の把握，クリティカルパス等の確認を行い，現状を確認した上で，工期内に工事を完了できるような工程表を再計画する。

③「工事の効率化」

…（土工事）

・排水計画の見直し・鉄板の敷設等による，トラフィカビリティの向上（作業性 UP）

・ストックヤードを近隣に確保（搬出・搬入にかかる手間を減らせる）

…（工事全般）

・他の作業との作業箇所の調整（先行作業可能箇所の調整等）

・揚重機を空き時間を利用し，材料を必要箇所に荷揚げ（仮置きスペースの確保）

・作業員に対し，作業手順等を周知することにより作業をスムーズに進める

・休憩室にタイムスケジュールを貼り出し，１日の作業の流れの意識づけ

④「創意工夫による作業の短縮」

…ユニット型枠（大版の型枠の使用），特殊工法による足場の使用等

［現場で実施した対応処置とその評価］と［技術的課題を解決するために検討した項目と検討理由及び検討内容］が混同してしまいがちなので，実施したことを先にリストアップし，実施に伴う準備段階として何が必要かをまとめて，記述を整理していきましょう。

上記のような対策を組み合わせ実施した結果**「工期内に工事を完成することができた」「〇〇日の工期短縮となり工期内に工事を完成することができた」「日々の時間制限の中で，遅延することなく作業を実施することが出来た」**のように，**評価を記入**して下さい。

※テキストに記載している施工経験記述はあくまで一例です。このまま覚えるのではなく，例文を参考に自身の経験した工事に置き換え，オリジナルの文章を作り上げて試験に臨むようにしてください。

施工経験記述例（工程管理；土工事）

⑴　具体的な現場状況と特に留意した技術的課題

本工事は，○○○○団地の建設用地確保のための切土量18,200m^3，盛土量16,500m^3，敷地面積16,800m^2の造成工事であった。梅雨時期の工事で，伐採工程に遅れが生じた。また，その後の施工においても，夕立や台風の時期のため，急な豪雨も予想され，作業に遅延が生じる恐れがあった。雨水の処理を適切に行い，施工中のトラフィカビリティを確保すること，および効率的な作業の進行が工期内完成のため技術的課題となった。

⑵　技術的課題を解決するために検討した項目と検討理由及び検討内容

作業の遅延を防止するため，以下の項目について検討した。

① 作業をスムーズに進めるためにはトラフィカビリティを確保しなければならないが，設計上配置されている排水だけでは，予想される雨水の排水には十分ではない可能性があるため，排水計画の見直しを検討した。

② 掘削土量，盛土量を増やし，バランスよく施工を実施するため，施工機械の増台・選定，および，人員の増加の検討を行った。

③ 先行作業に遅延が発生しており，当初に計画していた工程のままでは，フォローアップが必要となったため，工程表の見直しについて検討した。

⑶　上記検討の結果，現場で実施した対応処置とその評価

① 各層の仕上がり面に，4～5％程度の排水勾配を設けた。また，仮排水を増設することで，スムーズに施工箇所から排水し，施工面のトラフィカビリティを確保した。

② 掘削・盛土箇所ともに，建設機械の台数・人員を増やし，施工量を増やすことで，作業の必要日数を短縮することができた。

③ 工期内に終了するよう，基本工程を再計画した。また，日々の歩掛りを確認し，バナナ曲線を用いて進捗管理，またネットワーク工程表を用いて随時，遅延作業へのフォローアップを行った。

以上の処置を行うことで，先行工程の遅れを取り戻し，工期内に工事を終えることができた。

施工経験記述例（工程管理；コンクリート工事）

(1) 具体的な現場状況と特に留意した技術的課題

本工事は国道〇〇号線，△△バイパスの立体交差化に伴う，掘削土量6000m³・埋戻し4600m³・コンクリート量2200m³・鉄筋300 t・型枠2250m²のRC橋脚10基の下部工工事である。

施工箇所が複数あり，土工事・鉄筋工事・型枠工事・コンクリート工事を各2班で施工する計画であり，各作業が繰り返しとなる。

よって工期内に工事を完成させるためには，各工種の工期短縮および，各工種の取り合い調整が技術的課題となった。

(2) 技術的課題を解決するために検討した項目と検討理由及び検討内容

工期内に工事を完了するため，次の事項について検討した。

① クリティカルパスの選定と各工種の取り合いについて

複数の施工箇所に複数の業種が出入りするため，重点管理工種の把握と，各工種の取り合い調整を行うため。

② 遅延の恐れのある作業の施工量の調整について

特定の工種の遅れが，全体工程の遅れにつながるため。

③ 大版のユニット型枠の使用について

ユニット型枠を仮置きするスペースの確保，側圧の計算，クレーンの定格荷重の確認，建込手順等について検討した。

(3) 上記検討の結果，現場で実施した対応処置とその評価

① ネットワーク工程表を作成し，クリティカルとなる作業を重点管理し，下請け業者にはバーチャート工程表を用い，入念に打ち合わせを行い，作業の開始・終了のタイミングを調整した。

② 各工種の取り合いで，遅れが見込まれた鉄筋工は2班から3班体制とすることで，遅延することなく作業を進行できた。

③ 橋脚の両側面・底板の型枠を大版のユニット型枠を2セット作製し，セット毎に転用することで，型枠の組みばらしが一括となり工期を大幅に短縮することができた。

以上の対策を行うことで，遅延することなく，スムーズに工事を進め，工期内に完成することができた。

施工経験記述例（工程管理；舗装工事）

⑴　具体的な現場状況と特に留意した技術的課題

⑴　特に留意した技術的課題

本工事は，○○における道路改修工事で１日当たりの施工量が約延長150m・幅6mであった。

２車線道路において，１車線ずつを交通規制しての夜間工事で，所定の時間内に道路を開放する必要があった。作業可能時間が限定されており，日々の工程管理上，必要作業人員及び使用機械の調整・スムーズな作業の進行・作業員への工期遵守の意識づけが技術的課題となった。

⑵　技術的課題を解決するために検討した項目と検討理由及び検討内容

日々の交通開放時間を厳守するために以下の項目について検討した。

①　作業人員・使用機械の調整について

作業人員，使用機械の台数及び規格に不足があると，作業の効率が低下する恐れがあるため。

②　待機用地の確保について

重機の入れ替え時のタイムロス，及びアスファルト混合物の供給時の待ち時間を短縮するため。

③　作業員への施工手順等の周知方法について

作業員への作業手順・人員の配置を周知することにより，円滑に作業を進行させることができるため。

⑶　上記検討の結果，現場で実施した対応処置とその評価

①　過去の類似工事を基に，必要な作業員数・機械の台数を決定した。また，日々の作業進行に合わせて，人員の調整を行った。

②　施工場所の近隣に待機用地を確保した。重機及び，アスファルト合材搬入用ダンプの待機場所とすることで，無駄な手待ちを省き，円滑に作業を進めることが出来た。

③　元請けの作成した作業手順書を基に，作業手順の周知徹底を行った。また，休憩所に作業日ごとのタイムスケジュール（バーチャート工程表）を張り出し，時間管理を行い，作業員に対し交通開放予定時間までの作業段取りの意識づけを徹底した。

以上の措置により，開放時間を厳守し工事を進めることができた。

テーマ別留意事項（安全管理）

安全管理を記述する上でのポイントは，現場で発生する労働災害・第三者災害（公衆災害）の防止です。これらについて記述していきます。

まずは，現場で発生しうる労働災害及び第三者災害にどのようなものがあるかを考えてみましょう。そこに労働災害（第三者災害）を防止するために実際の現場で行っていることを，現場特有の問題点と合わせて，系統立ててまとめていきます。

具体的な現場状況と特に留意した技術的課題

現場で発生しうる災害（事故）

- 高所作業での転落・墜落事故
- 材料や工具等の飛散・落下事故
- 第三者災害(道路工事などにおける交通事故)
- 足場やクレーンの倒壊事故
- 重機との接触・転倒事故
- 熱中症の発生

こうやって例を上げると，現場で安全管理として実施している事項が思い浮かぶのではないでしょうか。では，これらの災害（事故）防止するための現場特有の技術的課題をあげていきます。

発生しうる労働災害	現場特有の状況と技術的課題【例】
高所作業での転落・墜落事故	高さ○ m の橋脚下部工工事であったため，高所からの転落・墜落事故防止が技術的課題となった。
足場の倒壊事故	台風時期の施工で，強風による足場の倒壊の恐れがあったため，倒壊防止対策が技術的課題となった。
材料や工具等の飛散・落下事故	公道に張り出した吊り足場を設置しての，橋梁耐震補強工事のため，足場からの材料や工具等の飛散・落下事故防止が技術的課題となった。
重機との接触事故	○○ m^2の大規模な造成工事で，複数の重機と手元作業員が混在作業のため，重機との接触事故防止が技術的課題となった。
重機の転倒事故	軟弱地盤における雨期の造成工事で，傾斜もあり重機の転倒の恐れがあったため，排水対策およびトラフィカビリティの確保が技術的課題となった。
第三者災害	交通量の多い，国道沿いの○○工事で，一般車両および歩行者との接触事故防止が技術的課題となった。
運搬車両との交通事故	市街地における切土工事で日々の搬出車両台数が多く，搬出車両と第三者との交通事故防止が技術的課題となった。
熱中症の発生（体調不良による事故）	夏季のコンクリート打設工事で，労働者の熱中症の防止が技術的課題となった。

※解答欄の行数が埋まらない場合は，現場の状況を詳しく説明するか，起こりうる災害（事故）を2項目以上を合わせて記入します。

技術的課題を解決するために検討した項目と検討理由・内容および現場で実施した対応処置

［現場で実施した対応処置とその評価］と［技術的課題を解決するために検討した項目と検討理由及び検討内容］が混同してしまいがちなので，ここでは併記して記述を整理していきましょう。

<table>
<tr><th></th><th>問題解決のための検討項目
（理由・内容）</th><th>現場で実施した対応・処置</th></tr>
<tr><td>高所作業での
転落事故および
墜落事故の防止</td><td rowspan="2">・使用材料の点検の徹底
・足場組立手順の周知徹底
・作業計画書の作成
・各作業の作業主任者の選任
・飛散防止ネット，落下防止のセーフティーネットの設置箇所
・5S 運動の周知</td><td>・作業主任者を選任し，直接指揮のもと作業を実施した。
・作業計画書通りの手順，方法で作業が行われているか巡視し，指導・確認を行う。
・親綱を設置し，要求性能墜落制止用器具の使用を徹底させる。</td></tr>
<tr><td>材料や工具等の
飛散・落下事故</td><td>・始業前に開口部・危険個所がないか等，巡視を行う。
・足場上の整理整頓を徹底する。</td></tr>
<tr><td>足場の倒壊事故</td><td>・足場脚部の安定性確保
・壁つなぎの間隔
・暴風対策</td><td>・足場の脚部には敷板を設置し，根がらみで確実に固定し滑動・沈下防止対策を行う。
・壁つなぎの間隔を基準の8m×9mより間隔を狭めて設置し，暴風に対する安定性を増す。
・台風接近時は，足場に設置していたメッシュシートを一時的に取り外し，支柱に束ねて結束固定する。</td></tr>
<tr><td>重機との接触事故
重機の転倒事故</td><td>・作業手順の周知徹底
・死角での手元作業員との接触回避
・排水工法の見直し（トラフィカビリティを確保し，重機の転倒防止のため）</td><td>・作業計画書を作成し，作業時の危険箇所を労働者に周知徹底する。
（関係労働者以外の立入禁止措置）
・誘導員を配置し，誘導のもと作業を実施する。
・盛土の仕上がり面に排水勾配をつけてトラフィカビリティを確保する。
※鉄板の敷設・地盤改良等でも可</td></tr>
<tr><td>第三者災害</td><td>・注意看板の設置位置
・道路規制の手順（迂回道路の確保，誘導標識の設置位置等）</td><td>・誘導標識，単管バリケード，照明等の設置，および交通誘導員を配置し車線交通を確保する。
・仮歩道をもうけ，第三者通路の安全を確保する。</td></tr>
<tr><td>運搬車両との
交通事故</td><td>・運搬経路の選定</td><td>・車道の幅員や交通量を調査し，安全な運搬経路の選定を行う。</td></tr>
<tr><td>工事全般
（安全施工サイクル）</td><td>・作業のマンネリ化による意識の低下</td><td>安全大会を実施し，現場の危険箇所について指導，周知徹底を行う。
朝礼時，KY 活動を行い，作業ごとに危険箇所を確認し，作業員への周知徹底を行う。</td></tr>
</table>

これらの対策を行った結果，**「無事故で工事を終えることができた」**のように，安全に作業が終えたと記述して締めくくります。

施工経験記述例（安全管理；土工事）

(1)　具体的な現場状況と特に留意した技術的課題

本工事は，○○高速道路新設に伴う，工場移設用地を確保するための切土88,000m^3，盛土80,000m^3，残土処理17,600m^3，敷地面積42,000m^{2}を造成する工事である。施工時期が6月～10月と梅雨・夕立・台風など急な豪雨の影響で地盤が不安定な状態になり建設機械の作業時の転倒や土砂の崩壊が懸念された。また，複数の重機と手元作業員の混在作業となるため，トラフィカビリティの確保，および接触事故防止対策が技術的課題であった。

(2)　技術的課題を解決するために検討した項目と検討理由及び検討内容

安全に作業を行う為，以下の項目について検討を行った。

①　ゲリラ豪雨が発生した場合，設計の排水設備のみでは，施工時のトラフィカビリティ確保が難しいと予想されたため，排水計画を見直し，仮排水設置計画の検討を行い，施主の承諾を得た。

②　労働災害を防止する為には，管理者のみではなく関係労働者すべての安全意識を向上させる必要があるため，関係労働者全員に周知徹底する方法について検討を行った。

③　手元作業員と建設機械の接触事故防止するため，手元作業員が，重機から見やすくする方法を検討し，死角になる可能性もあるため，誘導員の配置についても検討を行った。

(3)　上記検討の結果，現場で実施した対応処置とその評価

①　盛土施工時は，仕上がり面に4～5％程度の排水勾配を設け，新設した仮排水溝・排水管より，雨水の排水を行い，施工面のトラフィカビリティを確保し，転倒事故を防止した。

②　安全大会を実施し，現場に隠れている危険箇所について，関係労働者への周知徹底を行った。また，作業時は現場を巡視し，危険作業が無いように確認，指導を随時行った。

③　作業員が重機と同一箇所で作業を行う場合は，作業員には反射ベストを着用させ，目立つようにすると共に，誘導員を配置した。

以上の対策を行い，事故無く，安全性を確保し，無事故で工事を終えることが出来た。

施工経験記述例（安全管理；橋脚補修工事）

⑴　具体的な現場状況と特に留意した技術的課題

本工事は，〇〇高速道路の橋脚15基，塗装量3200m²，モルタル補修95m³，アラミド繊維補強850m²の耐震補強工事である。地上15mの位置に吊り足場を使用しての作業，および高速道路を規制しての作業もあるため，以下の事項が技術的課題となった。

①　足場設置時の墜落災害防止

②　足場上からの材料の飛散防止・工具等の落下防止

③　一般車両との接触事故防止

⑵　技術的課題を解決するために検討した項目と検討理由及び検討内容

技術的課題解決のために，以下の項目について検討した。

①　安全に作業を実施するためには，管理者のみでなく，作業員の安全意識の向上が不可欠となるため，関係作業員への安全意識を向上させるための周知方法について検討した。

②　吊り足場での作業においては，わずかな隙間でも材料の落下による第三者災害の恐れがあるため，材料の飛散・落下防止対策について検討した。

③　高速道路上の規制は，車両のスピードが速く，通常の道路規制以上に重大事故となる可能性があるため，安全な道路規制方法について検討した。

⑶　上記検討の結果，現場で実施した対応処置とその評価

①　足場組立・解体作業の手順書を作成し，作業着手前に入念な打ち合わせを行い，作業手順の周知徹底及び，関係労働者への安全意識の向上をはかった。また，作業時は現場を巡視し，安全作業の実施と足場の設置基準を満たしているかの確認・指導を行った。

②　吊り足場の作業床，および外周はブルーシートを内側から2重に覆いタッカー・ガムテープで固定し，材料の落下・飛散を防止した。

③　道路規制時は，道路工事標識車による誘導標識，カラーコーン，照明灯を設置，交通誘導員を配置し，一般車両の交通を確保した。

以上の対策を行い，事故無く，安全性を確保し，工事を終えることが出来た。

施工経験記述例（安全管理；舗装工事）

(1) 具体的な現場状況と特に留意した技術的課題

本工事は，○○における国道○○号線の道路拡幅に伴う，総延長350m・幅12mのアスファルト舗装打ち換え工事である。

作業時のアスファルト温度は100℃前後で，7月～9月は最高気温が35℃を超える日もあり，炎天下では作業箇所の温度は40℃を超えることが予想された。そのため，関係労働者の熱中症発生による重症事故の発生も懸念されたため，熱中症予防対策が安全上，特に重要な技術的課題となった。

(2) 技術的課題を解決するために検討した項目と検討理由及び検討内容

熱中症を防止し，安全に作業を実施するために以下の項目について検討した。

① 施工箇所周辺には，日陰になる休憩場所がなく作業員の体温上昇の恐れがあり休憩場所の整備について検討した。また，連続作業時間が長くならないよう，作業量の配分について検討した。

② 作業前の自己申告だけでは，熱中症防止対策としては不十分であるため，日々の体調の確認方法について検討した。

③ 熱中症は命に係わる危険性があり，全作業員の共通認識として危険性を知ることで熱中症防止対策となるため，関係作業員に対する，熱中症の危険性の周知方法について検討した。

(3) 上記検討の結果，現場で実施した対応処置とその評価

① 休憩所としてクーラー完備した休憩車を設置し，いつでも水分と塩分を補給できるよう給水ボトルと塩分タブレットを常備した。また，連続作業時間に注意し休憩時間を適宜取るように指導した。

② 朝礼時，作業開始前に全作業員の体調確認を実施し，作業中は巡視・声掛けを行い，顔色や発汗等，作業員の体調に異常がないかの確認を行った。

③ 事前に関係労働者に対して，熱中症の概要及び対策について安全衛生教育を実施し，危険性の周知徹底を行った。

以上の対策を実施することで，熱中症を発生させることなく安全に作業を終えることが出来た。

土工

出題概要（過去の出題傾向と予想）

「土工」からは2～3問が出題されます。令和3年の試験制度改正により出題問題数は年度によりばらつきがみられています。

出題内容は，盛土（材料・排水・高含水比の施工…），切土の施工，軟弱地盤対策，法面保護工等から空欄に適切な語句・数値を記入する**穴埋め問題**，施工上の留意点や工法（工法名もしくは特徴）を記述する**記述式問題**が出題されます。

	盛土の施工	現場発生土 高含水比粘性土	裏込め盛土	軟弱地盤対策	盛土・切土の排水 （仮排水）	のり面保護	土止め工 （掘削底面の破壊）
R5	△	○	○	◎	◎	○	△
R4	穴埋め （情報化施工）						記述
R3		穴埋め （建設発生土）		記述			
R2		穴埋め （建設発生土）			記述 （切土排水）		
R1				穴埋め		記述	
H30	穴埋め	記述 （固化材）					
H29			穴埋め	記述			
H28		穴埋め （建設発生土）			記述 （盛土排水）		
H27			記述	穴埋め			
H26		穴埋め （材料＋軟弱地盤）					記述
H25				記述	穴埋め （盛土排水）		
H24					記述 （のり面の点検）		穴埋め
H23	穴埋め （施工＋排水）			記述			

※ここに記載しているものは，過去問題の傾向と対策であり，実際の試験ではこの傾向通り出題されるとは限りません。

ひげごろーのアドバイス

文章中の**下線部**は，過去の試験問題において，穴埋め問題で出題された重要ワードとなります。しっかり前後の文章との兼ね合いを記憶していってください。

※過去問で出題された文章の周辺からも新たに出題されることはよくあるため，周辺のキーとなりそうな用語も併せて覚えておくと，捻った問題にも対応できるようになります。

盛土の施工

(1)　盛土工の基本

盛土の実施にあたっては，築造物の使用目的との適合性，構造物の安全性，繰返し荷重による沈下や法面の侵食に対する**耐久性**，施工品質の確保，維持管理の容易さ，環境との調和，経済性などを考慮しなければならない。

(2)　盛土施工上の留意点

①　盛土材料

盛土に用いる材料は，敷均し・締固めが容易で締固め後の**せん断強度が高く**，**圧縮性が小さく**，雨水などの侵食に強いとともに，吸水による**膨潤性**が低いことが望ましい。粒度配合のよい礫質土や砂質土がこれにあたる。

②　基礎地盤の処理

・基礎地盤は，盛土の施工に先立って適切な処理を行わなければならない。特に，沢部や湧水の多い箇所での盛土の施工においては適切な**排水処理**を行う。

※切土工事等からの建設発生土，あるいは土取り場から採取・運搬された土が利用する場合，これらの材料は**粒度分布**，組成等が設計段階では不明なものが多く，実際に切土後に盛土材料としての試験・判断が必要となる。

・軟弱地盤に盛土や土工構造物を施工する場合は，**施工機械**のトラフィカビリティの確保と所要の排水性能の確保が必要であり，このため**サンドマット**工法又は**表層混合処理工法**などが併用されることが多い。

③　敷均し及び含水量調節

盛土を締め固めた際の一層の平均仕上がり厚さ及び締固め程度が管理基準値を満足するよう，敷均しを行う。また，原則として，締固め時に規定される**施工含水比**が得られるように，敷均し時にばっ気と散水等により**含水量調節**を行うものとする。ただし，**含水量調節**を行うことが困難な場合には，**薄層**で念入りに転圧するなど適切な対応を行う。

④　**締固め**

高まきを避け，水平に**薄層**に敷き均し，均等に締め固める。

敷均し厚さは，盛土材料の粒度や土質，締固め機械，施工方法などの条件に左右されるが，一般的に**路体**では1層の締固め後の仕上り厚さを**30cm以下**とする。また，**路床**では1層の締固め後の仕上がり厚さは**20cm以下**とする。

⑤　**排水処理**

- 盛土施工中の豪雨による**崩壊**を防止し盛土の品質を確保するためには，施工中の表面水や地下水などの適切な処理が重要である。
- 施工段階で地山からの**湧水量**は，調査時点で明確にならないことが多く，盛土工事に着手し地山を整形する時点で**湧水量**が多いことが判明した場合は，十分な**地下排水対策**をとらなければならない。

⑥　**品質および安全性の確保**

情報化施工による盛土の構築時に，高含水比の粘性土など品質がよくない盛土材料を用いる場合には，観測施工により施工中の**現場計測**によって得られる情報を分析しながら次段階の設計や施工に利用することにより，施工中の安全性や品質の確保に努める。

土工事の情報化施工（TS・GNSSを用いた盛土の締固め管理システム）

- 盛土工においてICTを導入することで，測量を含む計測の合理化と効率化，施工の効率化と精度向上及び安全性を向上させるものである。
- ブルドーザやグレーダなどのマシンガイダンス技術は，次元設計データを建設機械に入力しTSやGNSS（人工衛星による測位システム）の計測により所要の施工精度を得るもので，**丁張り**を用いずに施工できる。
- TS・GNSSを用いた盛土の締固め管理システムは盛土の品質管理においては，**工法規定方式**に該当する。

①　**準備，事前調査**

- 締固め管理システムの適用可否を，使用機械，施工現場の地形や立地条件，施工規模及び**土質**の変化などの条件を踏まえて判断しなければならない。
- 締固め管理システムの適用にあたっては，地形条件や**電波障害**の有無等を事前に調査し，システムの適用可否を確認する。
- 施工現場周辺の計測障害の有無，TS・GNSSを用いた盛土の締固め管理システムの精度・機能について確認した結果を**監督職員**に提出する。

② **試験施工**

・事前に**試験施工**を行い，所定の**締固め度**を得るための，締固め機械の**機種**，**締固め回数**などを定める。**土質**が変化した場合や締固め機械を変更した場合，改めて試験施工を実施し，所定の**締固め回数**を定めなければならない。

・盛土施工の施工仕様（**まき出し厚**や**締固め回数**）は，使用予定材料の種類毎に事前に**試験施工**で決定する。システムが正常に作動することを，試験施工で確認してもよい。

・**締固め回数**が多いと**過転圧**が懸念される土質の場合は，**過転圧**が発生する**締固め回数**を把握して，本施工での締固め回数の**上限値**を決定する。

③ **盛土材料の品質**

・盛土材料は，使用を予定している土取場から搬入する。従来の管理方法と同様に，**目視**による色の確認や手触り等による性状確認，その他の手段により，盛土に使用する材料が，事前の**土質試験や試験施工**で品質・施工仕様を確認したものと同じ土質であることを確認する。もし異なっている場合は，その材料について**土質試験・試験施工**を改めて実施し，品質や施工仕様を確認したうえで盛土に使用する。

・盛土に使用する材料の**含水比**が，所定の**締固め度**が得られる**含水比**の範囲内であることを確認し，補助データとして施工当日の気象状況（天気・湿度・気温等）も記録する。

④ **材料のまき出し**

・盛土材料をまき出す際には，盛土施工範囲の**全面**にわたって，**試験施工**で決定した**まき出し厚**以下となるように**まき出し**作業を実施し，その結果を確認する。

⑤ **締固め**

・盛土材料を締固める際には，盛土施工範囲の全面にわたって，試験施工で決定した**締固め回数**を確保するよう，TS・GNSS を用いた盛土の締固め管理システムによって管理するものとし，車載パソコンのモニタに表示される**締固め回数**分布図において，施工範囲の**管理ブロックの全て**が，規定回数だけ締固めたことを示す色になるまで締固めるものとする。なお，**過転圧**が懸念される土質においては，**過転圧**となる締固め回数を超えて締固めないものとする。

関連問題&よくわかる解説

問題１ □□□

盛土工に関する次の文章の［　　］の（イ）～（ホ）に当てはまる適切な語句を解答欄に記述しなさい。 H23【問題２】－〔設問１〕

⑴　盛土の実施にあたっては，築造物の使用目的との適合性，構造物の安全性，繰返し荷重による沈下や法面の侵食に対する［（イ）］，施工品質の確保，維持管理の容易さ，環境との調和，経済性などを考慮しなければならない。

⑵　盛土材料には，切土工事等からの建設発生土，あるいは土取り場から採取・運搬された土が利用される。これらの材料は［（ロ）］，組成等が設計段階では不明なものが多く，実際に切土後に盛土材料としての試験・判断が必要となる。

⑶　盛土施工中の豪雨による［（ハ）］を防止し盛土の品質を確保するためには，施工中の表面水や地下水などの適切な処理が重要である。

⑷　施工段階で地山からの［（ニ）］は，調査時点で明確にならないことが多く，盛土工事に着手し地山を整形する時点で［（ニ）］が多いことが判明した場合は，十分な地下排水対策をとらなければならない。

⑸　情報化施工による盛土の構築時に，高含水比の粘性土など品質がよくない盛土材料を用いる場合には，観測施工により施工中の現場［（ホ）］によって得られる情報を分析しながら次段階の設計や施工に利用することにより，施工中の安全性や品質の確保に努める。

解答　**道路土工－盛土工指針・道路土工要綱**より

⑴　盛土の実施にあたっては，築造物の使用目的との適合性，構造物の安全性，繰返し荷重による沈下や法面の侵食に対する**［（イ）耐久性］**，施工品質の確保，維持管理の容易さ，環境との調和，経済性などを考慮しなければならない。

⑵　盛土材料には，切土工事等からの建設発生土，あるいは土取り場から採取・運搬された土が利用される。これらの材料は**［（ロ）粒度分布］**，組成等が設計段階では不明なものが多く，実際に切土後に盛土材料としての試験・判断が必要となる。

⑶　盛土施工中の豪雨による**［（ハ）崩壊］**を防止し盛土の品質を確保するためには，施工中の表面水や地下水などの適切な処理が重要である。

⑷　施工段階で地山からの（二）湧水量は，調査時点で明確にならないことが多く，盛土工事に着手し地山を整形する時点で（二）湧水量が多いことが判明した場合は，十分な地下排水対策をとらなければならない。

⑸　情報化施工による盛土の構築時に，高含水比の粘性土など品質がよくない盛土材料を用いる場合には，観測施工により施工中の現場（ホ）計測によって得られる情報を分析しながら次段階の設計や施工に利用することにより，施工中の安全性や品質の確保に努める。

問題2　□□□

盛土の施工に関する次の文章の［　　］の（イ）～（ホ）に当てはまる適切な語句を解答欄に記述しなさい。　平成30年度【問題 2】

⑴　盛土の基礎地盤は，盛土の施工に先立って適切な処理を行わなければならない。特に，沢部や湧水の多い箇所での盛土の施工においては，適切な［（イ）］を行うものとする。

⑵　盛土に用いる材料は，敷均し・締固めが容易で締固め後の［（ロ）］が高く，圧縮性が小さく，雨水などの侵食に強いとともに，吸水による［（ハ）］が低いことが望ましい。粒度配合のよい礫質土や砂質土がこれにあたる。

⑶　敷均し厚さは，盛土材料の粒度や土質，締固め機械，施工方法などの条件に左右されるが，一般的に路体では1層の締固め後の仕上り厚さを［（ニ）］cm 以下とする。

⑷　原則として締固め時に規定される施工含水比が得られるように，敷均し時には［（ホ）］を行うものとする。［（ホ）］には，ばっ気と散水がある。

解答　**道路土工－盛土工指針・道路土工要綱**より

⑴　盛土の基礎地盤は，盛土の施工に先立って適切な処理を行わなければならない。特に，沢部や湧水の多い箇所での盛土の施工においては，適切な（イ）排水処理を行うものとする。

⑵　盛土に用いる材料は，敷均し・締固めが容易で締固め後の（ロ）せん断強度が高く，圧縮性が小さく，雨水などの侵食に強いとともに，吸水による（ハ）膨潤性が低いことが望ましい。粒度配合のよい礫質土や砂質土がこれにあたる。

⑶　敷均し厚さは，盛土材料の粒度や土質，締固め機械，施工方法などの条件に左右されるが，一般的に路体では層の締固め後の仕上り厚さを（二）30cm 以下とする。

(4) 原則として締固め時に規定される施工含水比が得られるように，敷均し時には **(ホ)含水量調節** を行うものとする。**(ホ)含水量調節** には，ばっ気と散水がある。

問題3 □□□

情報化施工におけるTS（トータルステーション）・GNSS（全球測位衛星システム）を用いた盛土の締固め管理に関する次の文章の□□□の（イ）～（ホ）に当てはまる適切な語句又は数値を解答欄に記述しなさい。

令和 4 年度【問題 7】

(1) 施工現場周辺のシステム運用障害の有無，TS・GNSSを用いた盛土の締固め管理システムの精度・機能について確認した結果を［（イ）］に提出する。

(2) 試験施工において，締固め回数が多いと［（ロ）］が懸念される土質の場合，［（ロ）］が発生する締固め回数を把握して，本施工での締固め回数の上限値を決定する。

(3) 本施工の盛土に使用する材料の［（ハ）］が，所定の締固め度が得られる［（ハ）］の範囲内であることを確認し，補助データとして施工当日の気象状況（天気・湿度・気温等）も記録する。

(4) 本施工では盛土施工範囲の［（ニ）］にわたって，試験施工で決定した［（ホ）］厚以下となるように［（ホ）］作業を実施し，その結果を確認するものとする。

解答 **TS・GNSSを用いた盛土の締固め管理要領（国土交通省）**より

(1) 施工現場周辺のシステム運用障害の有無，TS・GNSSを用いた盛土の締固め管理システムの精度・機能について確認した結果を **(イ)；監督職員** に提出する。

(2) 試験施工において，締固め回数が多いと **(ロ)；過転圧** が懸念される土質の場合，**(ロ)；過転圧** が発生する締固め回数を把握して，本施工での締固め回数の上限値を決定する。

(3) 本施工の盛土に使用する材料の **(ハ)；含水比** が，所定の締固め度が得られる **(ハ)；含水比** の範囲内であることを確認し，補助データとして施工当日の気象状況（天気・湿度・気温等）も記録する。

(4) 本施工では盛土施工範囲の **(ニ)；全面** にわたって，試験施工で決定した **(ホ)；まき出し** 厚以下となるように **(ホ)；まき出し** 作業を実施し，その結果を確認するものとする。

盛土材料（現場発生土・高含水比の粘性土）

(1) 建設発生土の使用

・現地発生土の有効利用盛土の設計に当っては，処理方法や用途について検討を行い，発生土の有効利用及び適正処理に努める。

・環境保全の観点から，盛土の構築にあたっては建設発生土を有効利用することが望ましく，建設発生土は，その性状や**コーン**指数により第1種建設発生土～第4種建設発生土に分類される。

建設発生土の区分（コーン指数）と利用用途

区　分		コーン指数 (kN/m²)	利用用途
第1種建設発生土	砂，礫及びこれらに準ずるもの	—	工作物の埋戻し材料・土木構造物の裏込材・道路盛土材料・宅地造成用材料
第2種建設発生土	砂質土，礫質土及びこれらに準ずるもの	800以上	土木構造物の裏込材・道路盛土材料・河川築堤材料・宅地造成用材料
第3種建設発生土	通常の施工性が確保される粘性土及びこれに準ずるもの	400以上	［土質改良必要］土木構造物の裏込材・道路盛土材料
			河川築堤材料・宅地造成用材料
第4種建設発生土	粘性土及びこれに準ずるもの（第3種建設発生土を除く）	200以上	［土質改良必要］土木構造物の裏込材・道路路体用盛土材料・河川築堤材料・宅地造成用材料
			水面埋立て用材料
泥土		200未満	［土質改良必要］水面埋立て用材料

・高含水比状態にある材料あるいは強度の不足するおそれのある材料を盛土材料として利用する場合，できるだけ場内で有効活用をするために，なるべく薄く敷き均した後，十分な放置期間をとり，**天日**乾燥（**ばっ気**乾燥）などによる**脱水**処理を行い使用するか，処理材（固化材）を**混合**調整した，安定処理を行う。

・セメントや石灰等の固化材による安定処理工法は，主に基礎地盤や**路床**，路盤の改良に利用されている。道路土工への利用範囲として主なものをあげると，強度の不足する**路床**として利用するための改良や高含水比粘性土等の**トラフィカビリティ**の確保のための改良がある。

・有用な現場発生土（有機物を含む粘性土等）は，可能な限り**仮置き**を行い，法面の**土羽土**として有効利用する。
・**透水性**のよい**砂質土**や**礫質土**は**排水材料**として使用する。また，岩塊や**礫質土**は，排水処理と安定性向上のため**法尻**への使用を図る。
・やむを得ず**スレーキング**しやすい材料を盛土の路体に用いる場合には，施工後の圧縮**沈下**を軽減するために，空気間隙率が所定の基準内となるように締め固めることが望ましい。

用語解説 **スレーキング**…塊状の物質（土塊や軟岩）が乾燥，吸水を繰り返すことにより，細かくばらばらに崩壊する現象

・安定が懸念される材料は，盛土法面**勾配**の変更，**ジオテキスタイル**補強盛土やサンドイッチ工法の適用や排水処理工法などの対策を講じる，あるいはセメントや石灰による安定処理を行う。

(2) 盛土材料の改良

・一般に安定処理に用いられる固化材は，**セメント・セメント系**固化材や石灰・石灰系固化材であり，石灰・石灰系固化材は改良対象土質の範囲が広く，**粘性土**で特に**トラフィカビリティ**の改良目的とするときには，改良効果が早期に期待できる**生石灰**（きせっかい）による安定処理が望ましい。

固化材の特徴と施工上の留意事項

	石灰・石灰系固化材	セメント・セメント系固化材
特　徴	・石灰を母材に複数の有効成分を添加したもので，主に**軟弱土の改善**を目的とした残土や泥土の処理等に用いられる。（**生石灰**は，**粘性土**でトラフィカビリティの確保を目的とするとき，**改良効果が早期に期待**できる。） ・固化剤を添加して土の安定性と耐久性を増大させることができる。	・セメントを母材に複数の有効成分を添加したもので，幅広い土質において長期にわたって安定した強度が得られる。（特に，山砂等のシルトや細粒分を多く含む**砂質土**に適している。）
施工上の留意事項	・事前に配合試験を行い，添加量を決定する。 ・現場内で保管する場合は，地上から50cm以上離し，シート等を用いて水分の侵入を避ける。 ・粘性土を使用する場合は特に，石灰・石灰系固化材との混合を十分に行う。 ・改良材との撹拌後は，十分な**養生**期間をとる。 ・生石灰は，発熱により火傷をしないよう衣服・手袋を着用する。	・事前に配合試験を行い，添加量を決定する。 ・粘性土の塊は，粉砕してから固化材を混合する。 ・粘性土の場合には，粉砕と混合が十分行わなければならない。 ・埋戻し土の場合，配合土は極力仮置き期間を作らず，配合後，**速やかに敷均し・締固め**を行う。 ・施工中は排水に充分留意し，表面が乾燥する時は散水する。

	・作業者はマスク，防じん**眼鏡**を使用する。 ・作業の際は風速，**風向**に注意し粉じんの発生を抑える。	・冬期，寒冷地における施工ではセメントの水和反応が低下するおそれがあるため，温度対策が必要である。 ・六価クロム溶出試験を実施し，**六価クロム**溶出量が土壌環境基準以下であることを確認する。

関連問題&よくわかる解説

問題１ □□□

建設発生土の現場利用のための安定処理に関する次の文章の［　　］の（イ）～（ホ）に当てはまる適切な語句又は数値を解答欄に記述しなさい。

令和３年度【問題４】

⑴　高含水比状態にある材料あるいは強度の不足するおそれのある材料を盛土材料として利用する場合，一般に［（イ）］乾燥等による脱水処理が行われる。

［（イ）］乾燥で含水比を低下させることが困難な場合は，できるだけ場内で有効活用をするために固化材による安定処理が行われている。

⑵　セメントや石灰等の固化材による安定処理工法は，主に基礎地盤や［（ロ）］，路盤の改良に利用されている。道路土工への利用範囲として主なものをあげると，強度の不足する［（ロ）］材料として利用するための改良や高含水比粘性土等の［（ハ）］の確保のための改良がある。

⑶　安定処理の施工上の留意点として，石灰・石灰系固化材の場合，白色粉末の石灰は作業中に粉塵が発生すると，作業者のみならず近隣にも影響を与えるので，作業の際は，風速，風向に注意し，粉塵の発生を極力抑えるようにする。また，作業者はマスク，防塵［（ニ）］を使用する。

石灰・石灰系固化材と土との反応はかなり緩慢なため，十分な［（ホ）］期間が必要である。

解答 **道路土工－盛土工指針・盛土材料**より

⑴ 高含水比状態にある材料あるいは強度の不足するおそれのある材料を盛土材料として利用する場合，一般に **(イ)；天日** 乾燥等による脱水処理が行われる。

(イ)；天日 乾燥で含水比を低下させることが困難な場合は，できるだけ場内で有効活用をするために固化材による安定処理が行われている。

⑵ セメントや石灰等の固化材による安定処理工法は，主に基礎地盤や **(ロ)；路床**，路盤の改良に利用されている。道路土工への利用範囲として主なものをあげると，強度の不足する **(ロ)；路床** として利用するための改良や高含水比粘性土等の **(ハ)；トラフィカビリティ** の確保のための改良がある。

⑶ 安定処理の施工上の留意点として，石灰・石灰系固化材の場合，白色粉末の石灰は作業中に粉塵が発生すると，作業者のみならず近隣にも影響を与えるので，作業の際は，風速，風向に注意し，粉塵の発生を極力抑えるようにする。また，作業者はマスク，防塵 **(ニ)；眼鏡（メガネ）** を使用する。

石灰・石灰系固化材と土との反応はかなり緩慢なため，十分な **(ホ)；養生** 期間が必要である。

問題2 □□□

建設発生土の有効利用に関する次の文章の［　　　］の（イ）～（ホ）に当てはまる適切な語句を解答欄に記述しなさい。 令和２年度【問題２】

⑴ 高含水比の材料は，なるべく薄く敷き均した後，十分な放置期間をとり，ばっ気乾燥を行い使用するか，処理材を［（イ）］調整し使用する。

⑵ 安定が懸念される材料は，盛土法面［（ロ）］の変更，ジオテキスタイル補強盛土やサンドイッチ工法の適用や排水処理などの対策を講じるか，あるいはセメントや石灰による安定処理を行う。

⑶ 有用な現場発生土は，可能な限り［（ハ）］を行い，土羽土として有効利用する。

⑷ ［（ニ）］のよい砂質土や礫質土は，排水材料への使用をはかる。

⑸ やむを得ずスレーキングしやすい材料を盛土の路体に用いる場合には，施工後の圧縮［（ホ）］を軽減するために，空気間隙率が所定の基準内となるように締め固めることが望ましい。

解答 **道路土工－盛土工指針・盛土材料**より

⑴　高含水比の材料は，なるべく薄く敷き均した後，十分な放置期間をとり，ばっ気乾燥を行い使用するか，処理材を **（イ）混合** 調整し使用する。

⑵　安定が懸念される材料は，盛土法面 **（ロ）勾配** の変更，ジオテキスタイル補強盛土やサンドイッチ工法の適用や排水処理などの対策を講じるか，あるいはセメントや石灰による安定処理を行う。

⑶　有用な現場発生土は，可能な限り **（ハ）仮置き** を行い，土羽土として有効利用する。

⑷　**（ニ）透水性** のよい砂質土や礫質土は，排水材料への使用をはかる。

⑸　やむを得ずスレーキングしやすい材料を盛土の路体に用いる場合には，施工後の圧縮 **（ホ）沈下** を軽減するために，空気間隙率が所定の基準内となるように締め固めることが望ましい。

土工

問題３ □□□

建設発生土の現場利用に関する次の文章の［　　］の（イ）～（ホ）に当てはまる適切な語句を解答欄に記述しなさい。　平成28年度【問題２】

⑴　高含水比状態にある材料あるいは強度の不足するおそれのある材料を盛土材料として利用する場合，一般に天日乾燥などによる［（イ）］処理が行われる。天日乾燥などによる［（イ）］処理が困難な場合，できるだけ場内で有効活用をするために，固化材による安定処理が行われている。

⑵　一般に安定処理に用いられる固化材は，［（ロ）］固化材や石灰・石灰系固化材であり，石灰・石灰系固化材は改良対象土質の範囲が広く，粘性土で特にトラフィカビリティの改良目的とするときには，改良効果が早期に期待できる［（ハ）］による安定処理が望ましい。

⑶　安定処理の施工上の留意点として，石灰・石灰系固化材の場合，白色粉末の石灰は作業中に粉じんが発生すると，作業者のみならず近隣にも影響を与えるので，作業の際は風速，［（ニ）］に注意し，粉じんの発生を極力抑えるようにして，作業者はマスク，防じんメガネを使用する。石灰・石灰系固化材と土との反応はかなり緩慢なため，十分な［（ホ）］期間が必要である。

解答 **道路土工－盛土工指針・盛土材料**より

⑴　高含水比状態にある材料あるいは強度の不足するおそれのある材料を盛土材料として利用する場合，一般に天日乾燥などによる **(イ) 脱水** 処理が行われる。天日乾燥などによる **(イ) 脱水** 処理が困難な場合，できるだけ場内で有効活用をするために，固化材による安定処理が行われている。

⑵　一般に安定処理に用いられる固化材は，**(ロ)セメント・セメント系(セメント系)** 固化材や石灰・石灰系固化材であり，石灰・石灰系固化材は改良対象土質の範囲が広く，粘性土で特にトラフィカビリティの改良目的とするときには，改良効果が早期に期待できる **(ハ) 生石灰** による安定処理が望ましい。

⑶　安定処理の施工上の留意点として，石灰・石灰系固化材の場合，白色粉末の石灰は作業中に粉じんが発生すると，作業者のみならず近隣にも影響を与えるので，作業の際は風速，**(ニ) 風向** に注意し，粉じんの発生を極力抑えるようにして，作業者はマスク，防じんメガネを使用する。石灰・石灰系固化材と土との反応はかなり緩慢なため，十分な **(ホ) 養生** 期間が必要である。

問題４ □□□

土工に関する次の文章の [　　] の（イ）～（ホ）に当てはまる適切な語句を解答欄に記述しなさい。　平成26年度【問題２】－〔設問１〕

⑴　環境保全の観点から，盛土の構築にあたっては建設発生土を有効利用することが望ましく，建設発生土は，その性状や [（イ）] 指数により第１種建設発生土～第４種建設発生土に分類される。

⑵　安定が懸念される材料は，盛土法面勾配の変更，[（ロ）] 補強盛土やサンドイッチ工法の適用や排水処理工法などの対策を講じる，あるいはセメントや石灰による安定処理を行う。

⑶　有用な発生土は，可能な限り仮置きを行い，法面の土羽土として有効利用するほか，[（ハ）] のよい砂質土や礫質土は排水材料として使用する。

⑷　軟弱地盤対策を実施する場合には，対策工をできるだけ早期に完了して，盛土などの土工構造物の施工を始める前に地盤を安定させる。

⑸　軟弱地盤に盛土や土工構造物を施工する場合は，[（ニ）] のトラフィカビリティの確保と所要の排水性能の確保が必要であり，このため [（ホ）] 工法又は表層混合処理工法などが併用されることが多い。

解答 **道路土工－盛土工指針・軟弱地盤対策工指針**より

(1) 環境保全の観点から，盛土の構築にあたっては建設発生土を有効利用することが望ましく，建設発生土は，その性状や **(イ) コーン** 指数により第 1 種建設発生土～第 4 種建設発生土に分類される。

(2) 安定が懸念される材料は，盛土法面勾配の変更， **(ロ) ジオテキスタイル** 補強盛土やサンドイッチ工法の適用や排水処理工法などの対策を講じる，あるいはセメントや石灰による安定処理を行う。

(3) 有用な発生土は，可能な限り仮置きを行い，法面の土羽土として有効利用するほか， **(ハ) 透水性** のよい砂質土や礫質土は排水材料として使用する。

(4) 軟弱地盤対策を実施する場合には，対策工をできるだけ早期に完了して，盛土などの土工構造物の施工を始める前に地盤を安定させる。

(5) 軟弱地盤に盛土や土工構造物を施工する場合は， **(ニ) 施工機械** のトラフィカビリティの確保と所要の排水性能の確保が必要であり，このため **(ホ) サンドマット** 工法又は表層混合処理工法などが併用されることが多い。

問題５ □□□

盛土材料の改良に用いる固化材に関する，次の2項目について，それぞれ1つずつ特徴又は施工上の留意事項を解答欄に記述しなさい。
ただし，⑴と⑵の解答はそれぞれ異なるものとする。 平成30年度【問題 7】

⑴ 石灰・石灰系固化材

⑵ セメント・セメント系固化材

<解答欄>

⑴ 石灰・石灰系固化材

⑵ セメント・セメント系固化材

解答

盛土材料の改良に用いる固化材に関しては，「**道路土工－盛土工指針**」の「**盛土材料の改良**」に固化材の種類，混合方法，施工上の留意点が記載されています。

(1)　石灰・石灰系固化材	
特徴	・石灰を母材に複数の有効成分を添加したもので，主に軟弱土の改善を目的とした残土や泥土の処理等に用いられる。 ・生石灰は，粘性土でトラフィカビリティの確保を目的とするとき，改良効果が早期に期待できる。 ・固化剤を添加して土の安定性と耐久性を増大させることができる。
施工上の留意事項	・事前に配合試験を行い，添加量を決定する。 ・現場内で保管する場合は，地上から50cm以上離し，シート等を用いて水分の侵入を避ける。 ・粘性土で使用する場合は特に，石灰・石灰系固化材との混合を十分に行う。 ・改良材との撹拌後は，十分な養生期間をとる。 ・生石灰は，発熱により火傷をしないよう衣服・手袋を着用する。 ・作業者はマスク，防じん眼鏡を使用する。 ・作業の際は風速，風向に注意し粉じんの発生を抑える。
(2)　セメント・セメント系固化材	
特徴	・セメントを母材に複数の有効成分を添加したもので，幅広い土質において長期にわたって安定した強度が得られる。（特に，山砂等のシルトや細粒分を多く含む砂質土に適している。） ・セメントの接着硬化能力によって土を改良し，強度を持たせることができる。
施工上の留意事項	・事前に配合試験を行い，添加量を決定する。 ・粘性土の塊は，粉砕してから固化材を混合する。 ・粘性土の場合には，粉砕と混合が十分行わなければならない。 ・埋戻し土の場合，配合土は極力仮置き期間を作らず，配合後，速やかに敷均し，締固めを行う。 ・施工中は排水に充分留意し，表面が乾燥する時は散水する。 ・冬期，寒冷地における施工ではセメントの水和反応が低下するおそれがあるため，温度対策が必要である。 ・六価クロム溶出試験を実施し，六価クロム溶出量が土壌環境基準以下であることを確認する。

※ここに記載しているものは一例であり，内容が同様であればこの通りでなくても正解となります。また，ここに記載している以外に正解となるものもあります。

特殊な配慮の必要な箇所の盛土（裏込め盛土）

裏込め盛土

ボックスカルバートや橋台などの構造物との接続部では，盛土部の基礎地盤の沈下および盛土自体の沈下等により段差が生じやすいため，使用材料及び施工方法には留意する必要がある。

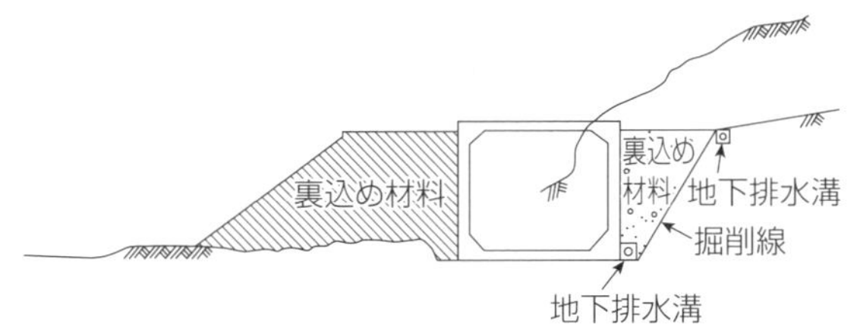

裏込め盛土

(1) 使用材料

・橋台やカルバートなどの裏込め材料としては，非圧縮性で**透水**性があり，水の浸入による強度の低下が少ない安定した材料（砂利，切込み砕石等）を用いる。

・地震による沈下の被害が少なく透水性や粒度分布のよい**粗粒土**を用いることが望ましく，粘土分含有量を低く抑えるために**塑性指数**の範囲を設定する。

(2) 施工時の留意事項

① 構造物の移動や変形を防止するため，**偏土圧**がかからないように，両側から**均等**に**薄層**で施工する。高まき出しを避け**一層の仕上り厚さが20cm以下**になるよう，**入念に締め固める**。

② 底部が**くさび形**になり面積が狭く，締固め作業が困難となり締固めが不十分となりやすいため，**小型の締固め機械を使用するなどして入念に締め固める**。

③ 施工中や施工後において水が集まりやすいため，施工中の排水**勾配**を確保し，また構造物壁面に沿って裏込め排水工を設け，構造物の水抜き孔に接続するなどの**十分な排水対策を講じる**。裏込め排水工は，構造物壁面に沿って設置し栗石や土木用合

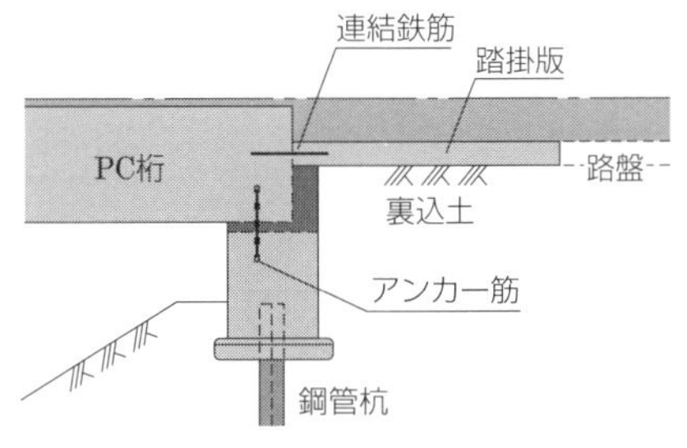

土工

成繊維で作られた透水性材料などを用い，これに水抜き孔を接続して集水したものを盛土外に排水する。

④　盛土と橋台などの構造物との取付け部には**踏掛版**（ふみかけばん）を設置し，その境界に生じる段差の影響を緩和する。

関連問題&よくわかる解説

問題1　□□□

橋台，カルバートなどの構造物と盛土との接続部分では，不同沈下による段差が生じやすく，平坦性が損なわれることがある。その段差を生じさせないようにするための施工上の留意点に関する次の文章の［　　］の（イ）～（ホ）に当てはまる適切な語句を解答欄に記述しなさい。

平成29年度【問題 2】

(1)　橋台やカルバートなどの裏込め材料としては，非圧縮性で［（イ）］性があり，水の浸入による強度の低下が少ない安定した材料を用いる。

(2)　盛土を先行して施工する場合の裏込め部の施工は，底部が［（ロ）］になり面積が狭く，締固め作業が困難となり締固めが不十分となりやすいので，盛土材料を厚く敷き均しせず，小型の機械で入念に施工を行う。

(3)　構造物裏込め付近は，施工中や施工後において水が集まりやすいため，施工中の排水［（ハ）］を確保し，また構造物壁面に沿って裏込め排水工を設け，構造物の水抜き孔に接続するなどの十分な排水対策を講じる。

(4)　構造物が十分な強度を発揮した後でも裏込めやその付近の盛土は，構造物に偏土圧を加えないよう両側から［（ニ）］に薄層で施工する。

(5)　［（ホ）］は，盛土と橋台などの構造物との取付け部に設置し，その境界に生じる段差の影響を緩和するものである。

解答　**道路土工－盛土工指針・盛土と他の構造物との取付部の施工**より

(1)　橋台やカルバートなどの裏込め材料としては，非圧縮性で［**（イ）透水**］性があり，水の浸入による強度の低下が少ない安定した材料を用いる。

(2)　盛土を先行して施工する場合の裏込め部の施工は，底部が［**（ロ）くさび形**］になり面積が狭く，締固め作業が困難となり締固めが不十分となりやすいので，盛土材料を厚く敷き均しせず，小型の機械で入念に施工を行う。

⑶　構造物裏込め付近は，施工中や施工後において水が集まりやすいため，施工中の排水 **（ハ）勾配** を確保し，また構造物壁面に沿って裏込め排水工を設け，構造物の水抜き孔に接続するなどの十分な排水対策を講じる。

⑷　構造物が十分な強度を発揮した後でも裏込めやその付近の盛土は，構造物に偏土圧を加えないよう両側から **（ニ）均等** に薄層で施工する。

⑸　**（ホ）踏掛版** は，盛土と橋台などの構造物との取付け部に設置し，その境界に生じる段差の影響を緩和するものである。

問題2　□□□

橋台やカルバートなどの構造物と盛土との接続部分では，不同沈下による段差などが生じやすくなる。接続部の段差などの変状を抑制するための施工上留意すべき事項を 2 つ解答欄に記述しなさい。 平成27年度【問題 2】

<解答欄>

⑴	
⑵	

解答

以下の中から，**類似しない内容の記述を2つ記入**する。

① 圧縮性が小さく，透水性が良好な良質材料を用いる。

② 偏土圧がかからないよう，両側から均等に薄層で締め固める。

③ 小型の締固め機械を使用するなどして入念に締め固める。

④ 施工中の排水処理を十分に行うとともに，必要に応じて地下排水溝等を設置する。

※ここに記載しているものは一例であり，内容が同様であればこの通りでなくても正解となります。また，ここに記載している以外に正解となるものもあります。

軟弱地盤対策

軟弱地盤とは，①粘性土ないし有機質土からなり，含水量がきわめて大きい軟弱な地盤と②砂質土からなり，緩い飽和状態の軟弱な地盤を指す。軟弱地盤上に盛土などを建設すると，地盤の安定性の不足や過大な沈下によって問題を起こすことが多い。また，施工の際も，地盤の排水の難しいことやトラフィカビリティの不足などによって困難な問題が生じるとされている。

(1) 軟弱地盤対策工の目的と効果

対策工の目的	対策工の効果	
沈下対策	圧密沈下の促進	地盤の**圧密を促進**して，残留沈下量を低減する。
	全沈下量の減少	**全沈下量を低減**することで，残留沈下量を低減する。
安定の確保	せん断変形の抑制	盛土の沈下によって**周辺の地盤が膨れ上がり**や，沈下に伴う**側方移動を抑制**する。
	強度低下の抑制	地盤の**強度が盛土などの荷重によって低下することを抑制**し，安定を図る。
	強度増加の促進	地盤の**強度を増加**させることによって，安定を図る。
	すべり抵抗の増加	盛土形状を変えたり地盤の一部を置き換えることによって，**すべり抵抗を増加**し安定を図る。
液状化対策	液状化の防止	砂質地盤の**液状化の発生を抑制**する。

(2) 軟弱地盤対策工の種類と効果

工　法		工法の説明	期待される効果
表層処理工法	サンドマット工法	**軟弱地盤上**に**透水性の高い砂**を50～120cmの厚さに**敷きならす**工法。軟弱層の**圧密のための上部排水層**の役割を果たすものである。盛土作業に必要な施工機械の**トラフィカビリティ**を確保する。	すべり抵抗の増加 せん断変形の抑制
	表層混合処理工法	基礎地盤の**表面を石灰やセメントで処理**する工法。地盤の**強度**を増加し，安定性増大，変形抑制及び施工機械の**トラフィカビリティ**の確保をはかる工法である。	強度低下の抑制 強度増加の促進 すべり抵抗の増加
	敷設(ふせつ)材工法	軟弱地盤の**表層**を**処理する工法**で，**ジオテキスタイル・鉄網**などを敷広げ**トラフィカビリティを確保**する工法。	すべり抵抗の増加 せん断変形の抑制
緩速(かんそく)載荷工法		時間をかけ**ゆっくりと盛土を仕上げる**工法。（圧密の進行に伴って増加する地盤のせん断強さを期待する工法）圧密が収束するまで長期間を要するが，土工以外の工種はないので，経済性に優れている。	強度低下の抑制 せん断変形の抑制
押え盛土工法 （矢板工法・杭工法）		施工している盛土が沈下して**側方流動を防ぐ**ために，計画の盛土の**側方部を押えるための盛土（矢板・杭）を設置する**ことで，盛土の安定をはかる工法。	すべり抵抗の増加 せん断変形の抑制
置換(ちかん)工法		軟弱層の一部または全部を**除去し，良質材で置き換える**工法である。	全沈下量の減少 せん断変形の抑制 すべり抵抗の増加 液状化の防止
盛土補強工法		**盛土中**に鋼製ネット，**ジオテキスタイル**等を設置し，**盛土を補強**する工法。**地盤の側方流動**およびすべり破壊を**抑制**する。	すべり抵抗の増加 せん断変形の抑制
荷重軽減工法 軽量盛土工法		盛土本体の**重量を軽減**する工法。盛土材として，発泡スチロール，軽石，スラグなどが使用される。	全沈下量の減少 強度低下の抑制

分類	工法	概要	効果
	盛土載荷重工法（プレロード工法）	**将来建設される構造物の荷重と同等か，それ以上の荷重を載荷**して基礎地盤の**圧密沈下を促進**させ，**残留沈下量**の低減や地盤の強度増加をはかる工法である。地盤強度を増加させた後，積荷重を除去して構造物を構築する。	圧密沈下の促進 強度増加の促進
	バーチカルドレーン工法（排水工法）	**軟弱地盤中**に**鉛直方向**に**砂柱・カードボード・礫（砂利）**などを設置し，水平方向の**圧密排水距離を短縮**し，**圧密沈下を促進**し合わせて**強度増加**を図る工法。 ※排水材料によって工法名が異なる。 ・砂………………サンドドレーン工法 ・カードボード…カードボードドレーン工法 ・礫(砂利)………グラベルドレーン工法	圧密沈下の促進 せん断変形の抑制 強度増加の促進
締固め工法	サンドコンパクションパイル工法	**軟弱地盤中**に振動あるいは**衝撃荷重**により**砂を打ち込み**，密度が高く強い**砂杭を造成**するとともに，軟弱層を**締め固める**ことにより，沈下の減少などをはかる工法。	全沈下量の減少 すべり抵抗の増加 液状化の防止
締固め工法	バイブロフローテーション工法	**緩い砂地盤中**に棒状の**振動機**を入れ，水を注水し，振動と注水により**地盤を締固め**，**砂杭を形成**する工法。	全沈下量の減少 すべり抵抗の増加 液状化の防止
固結工法	深層混合処理工法（石灰パイル工法）	**軟弱地盤中**において**セメント（や石灰等の固化材）**を撹拌混合し，地盤の強度を増加させる工法。	全沈下量の減少 すべり抵抗の増加
固結工法	薬液注入工法	**軟弱地盤中**に薬液を注入して，薬液の凝結効果により地盤の**透水性を低下**させ，また，**土粒子間を固結**させ現地地盤強度を増大させる工法。	全沈下量の減少 すべり抵抗の増加
地下水位低下工法	ディープウェル工法	**地下水位を低下**させることにより，地盤がそれまで受けていた**浮力**に相当する荷重を下層の軟弱層に載荷して**圧密沈下**を促進し強度増加をはかる工法である。**透水性が大きい砂質土・礫質土**で，**排水量が多い**場合に用いられる。	圧密沈下の促進
地下水位低下工法	ウェルポイント工法	ディープウェル工法と同様に，圧密沈下を促進し強度増加をはかる工法である。真空ポンプを用いて強制的にくみ上げるため，**透水係数の小さい土質にも適用**できる。	圧密沈下の促進

最重要 軟弱地盤対策　　合格ノート

☆表層処理工法

トラフィカビリティの確保

・表層混合処理工法…地盤の表層にセメント，石灰をかくはんして固める

・サンドマット工法…表層に砂のマット（排水層）0.5～1.2m を敷く

・敷設材工法…ジオテキスタイルを敷設　すべり抵抗の増加

☆緩速　載荷工法……時間をかけてゆっくり盛土を立上げる
ゆっくり　盛土
強度低下の抑制

☆押え盛土工法…盛土の側方に押え盛土を築造
本体盛土を押える　すべり抵抗の増加

沈下
側方流動

☆置換工法…軟弱地盤の一部または
置き換える
全部除去し，良質材で置き換える
全沈下量の減少

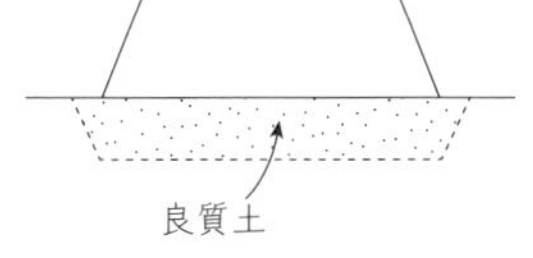

☆盛土補強工法…ジオテキスタイル等で
盛土中
盛土を補強する
すべり抵抗の増加

☆軽量盛土工法…盛土本体の重量を軽減　全沈下量の減少
軽い材量
（発泡材，軽石，スラグ等）

☆載荷重工法…計画されている荷重と同等以上の荷重（盛土）を載荷
荷重を載せる
（盛土）
圧密沈下の促進

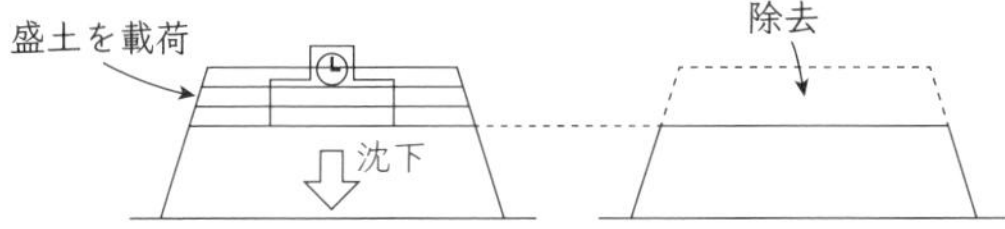

☆バーチカル　ドレーン工法
鉛直　排水

…軟弱地盤中に，鉛直方向に砂柱やカードボード，砂利などを設置し地盤中の排水を促す

圧密沈下を促進

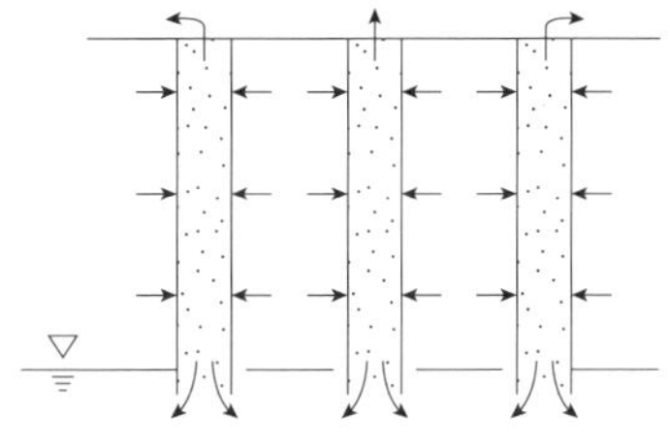

・サンドドレーン（砂排水）
・グラベルドレーン（砂利排水）
・カードボードドレーン（カードボード排水）

☆強度が出るわけではない
排水を促すための材料!!

☆サンド コンパクション パイル工法
砂 締固め 杭

…軟弱地盤中に，砂杭を造成し

杭の支持力によって安定を増す 全沈下量の減少

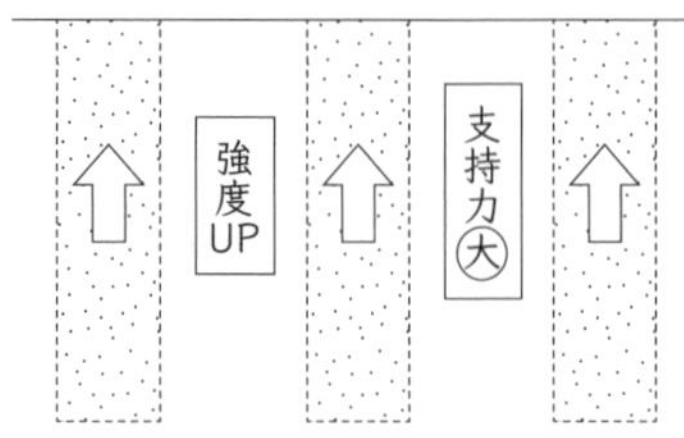

☆バイブロフローテーション工法…ゆるい砂質地盤に，棒状の振動機を用いて，水締めによって締め固める。 全沈下量の減少

振動

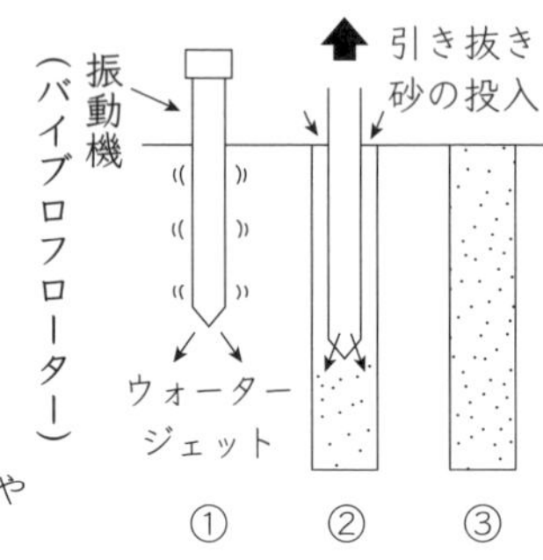

☆固結工法

・深層混合処理工法…かくはん機を用いて，軟弱地盤中にセメントや石灰を混合し地盤改良

全沈下量の減少

深層

（石灰パイル工法）

・薬液注入工法…薬液によって軟弱地盤中の透水性の減少，土粒子間を固結させ安定させる。 全沈下量の減少

☆地下水低下工法…地下水位を低下させることによって，圧密沈下の促進

・ディープウェル工法（深井戸排水工法）…透水性の大きい土質に対応

排水量が大きい

・ウェルポイント工法…比較的透水性の小さい土質にも対応

(3) 軟弱地盤上の盛土

- 準備排水は，施工機械のトラフィカビリティが確保できるように，軟弱地盤の表面に**素掘り**排水溝を設けて，表面排水の処理に役立てる。
- 基礎地盤の安定性を確保するためにも，**急速**施工を避け，基礎地盤の処理を行い，所定の厚さにまき出して十分な転圧を行って盛り上げなければならない。
- サンドマット施工時や盛土高が低い間は，サンドマット材や盛土材を1箇所に集中して荷下ろしすると，局部**沈下**を生ずるので注意が必要である。同様に局部**沈下**を防ぐために，法尻から盛土**中央**に向かって施工することが望ましい。

・盛土**中央**付近の沈下量が法肩部付近に比較して大きいので，盛土施工中はできるだけ施工面に**4～5%程度の横断勾配**をつけて，表面を平滑に仕上げ，雨水の**浸透**を防止する。
・軟弱地盤上の盛土では，降雨や軟弱層からの浸透水が盛土の法尻に**集中**し，法面の小崩壊を起すことがあるので，法尻部にフィルター層を設けるなど水処理については，特に留意する必要がある。
・**側方**移動や沈下によって丁張りが移動や傾斜したりすることがあるので，盛土施工の途中で盛土形状や寸法のチェックを行う。また，盛土荷重による沈下量の大きい区間では，沈下によって盛土天端の幅員が不足した場合，**腹付け**盛土が必要となるため，法面勾配を計画勾配に対して，供用後の沈下をあらかじめ見込んだ勾配で仕上げ，余裕幅を設けて施工することが望ましい。

関連問題&よくわかる解説

問題1 □□□

軟弱地盤上の盛土施工の留意点に関する次の文章の［　　］の（イ）～（ホ）に当てはまる適切な語句を解答欄に記述しなさい。

令和1年度【問題2】

⑴ 準備排水は，施工機械のトラフィカビリティが確保できるように，軟弱地盤の表面に［（イ）］排水溝を設けて，表面排水の処理に役立てる。

⑵ 軟弱地盤上の盛土では，盛土［（ロ）］付近の沈下量が法肩部付近に比較して大きいので，盛土施工中はできるだけ施工面に４％～５％程度の横断勾配をつけて，表面を平滑に仕上げ，雨水の［（ハ）］を防止する。

⑶ 軟弱地盤においては，［（ニ）］移動や沈下によって丁張りが移動や傾斜したりすることがあるので，盛土施工の途中で盛土形状や寸法のチェックを忘れてはならない。

⑷ 盛土荷重による沈下量の大きい区間では，法面勾配を計画勾配で仕上げると，沈下によって盛土天端の幅員が不足し，［（ホ）］盛土が必要となることが多い。このため，供用後の沈下をあらかじめ見込んだ勾配で仕上げ，余裕幅を設けて施工することが望ましい。

解答 **道路土工－軟弱地盤対策工指針・盛土工**の留意点より

(1) 準備排水は，施工機械のトラフィカビリティが確保できるように，軟弱地盤の表面に **(イ) 素掘り** 排水溝を設けて，表面排水の処理に役立てる。

(2) 軟弱地盤上の盛土では，盛土 **(ロ) 中央** 付近の沈下量が法肩部付近に比較して大きいので，盛土施工中はできるだけ施工面に４％～５％程度の横断勾配をつけて，表面を平滑に仕上げ，雨水の **(ハ) 浸透** を防止する。

(3) 軟弱地盤においては， **(ニ) 側方** 移動や沈下によって丁張りが移動や傾斜したりすることがあるので，盛土施工の途中で盛土形状や寸法のチェックを忘れてはならない。

(4) 盛土荷重による沈下量の大きい区間では，法面勾配を計画勾配で仕上げると，沈下によって盛土天端の幅員が不足し， **(ホ) 腹付け** 盛土がとなることが多い。このため，供用後の沈下をあらかじめ見込んだ勾配で仕上げ，余裕幅を設けて施工することが望ましい。

問題２ □□□

軟弱地盤上の盛土施工の留意点に関する次の文章の［　　　］の（イ）～（ホ）に当てはまる適切な語句を解答欄に記述しなさい。

令和１年度（再試験）【問題２】

(1) 軟弱地盤の場合，どのような工法を採用するとしても，施工機械の［（イ）］の確保が必要であり，このためサンドマット工法または表層混合処理工法等が併用されることが多い。

(2) 基礎地盤の安定性を確保するためにも，［（ロ）］施工を避け，基礎地盤の処理を行い，所定の厚さにまき出して十分な転圧を行って盛り上げなければならない。

(3) サンドマット施工時や盛土高が低い間は，サンドマット材や盛土材を1箇所に集中して荷下ろしすると，局部［（ハ）］を生ずるので注意が必要である。同様に局部［（ハ）］を防ぐために，法尻から盛土［（ニ）］に向かって施工することが望ましい。

(4) 軟弱地盤上の盛土では，降雨や軟弱層からの浸透水が盛土の法尻に［（ホ）］し，法面の小崩壊を起すことがあるので，法尻部にフィルター層を設けるなど水処理については，特に留意する必要がある。

解答 **道路土工－軟弱地盤対策工指針・盛土工の留意点**より

(1) 軟弱地盤の場合，どのような工法を採用するとしても，施工機械の **(イ) トラフィカビリティ** の確保が必要であり，このためサンドマット工法または表層混合処理工法等が併用されることが多い。

(2) 基礎地盤の安定性を確保するためにも，**(ロ) 急速** 施工を避け，基礎地盤の処理を行い，所定の厚さにまき出して十分な転圧を行って盛り上げなければならない。

(3) サンドマット施工時や盛土高が低い間は，サンドマット材や盛土材を1箇所に集中して荷下ろしすると，局部 **(ハ) 沈下** を生ずるので注意が必要である。同様に局部 **(ハ) 沈下** を防ぐために，法尻から盛土 **(ニ) 中央** に向かって施工することが望ましい。

(4) 軟弱地盤上の盛土では，降雨や軟弱層からの浸透水が盛土の法尻に **(ホ) 集中** し，法面の小崩壊を起すことがあるので，法尻部にフィルター層を設けるなど水処理については，特に留意する必要がある。

問題３ □□□

軟弱地盤対策工法に関する次の文章の ＿＿ の（イ）～（ホ）に当てはまる適切な語句を解答欄に記述しなさい。

平成27年度【問題 2】

(1) 盛土載荷重工法は，構造物の建設前に軟弱地盤に荷重をあらかじめ載荷させておくことにより，粘土層の圧密を進行させ， （イ） の低減や地盤の強度増加をはかる工法である。

(2) 地下水位低下工法は，地下水位を低下させることにより，地盤がそれまで受けていた （ロ） に相当する荷重を下層の軟弱層に載荷して （ハ） を促進し強度増加をはかる工法である。

(3) 表層混合処理工法は，軟弱地盤の表層部分の土とセメント系や石灰系などの添加材をかくはん混合することにより，地盤の （ニ） を増加し，安定性増大，変形抑制及び施工機械の （ホ） の確保をはかる工法である。

解答 道路土工－軟弱地盤対策工指針より

(1) 盛土載荷重工法は，構造物の建設前に軟弱地盤に荷重をあらかじめ載荷させておくことにより，粘土層の圧密を進行させ，**(イ) 残留沈下量** の低減や地盤の強度増加をはかる工法である。

(2) 地下水位低下工法は，地下水位を低下させることにより，地盤がそれまで受けていた **(ロ) 浮力** に相当する荷重を下層の軟弱層に載荷して **(ハ) 圧密沈下** を促進し強度増加をはかる工法である。

(3) 表層混合処理工法は，軟弱地盤の表層部分の土とセメント系や石灰系などの添加材をかくはん混合することにより，地盤の **(ニ) 強度** を増加し，安定性増大，変形抑制及び施工機械の **(ホ) トラフィカビリティ** の確保をはかる工法である。

問題4 □□□

軟弱地盤上に盛土を行う場合に用いられる軟弱地盤対策として，下記の5つの工法の中から2つ選び，その工法の概要と期待される効果をそれぞれ解答欄に記述しなさい。

令和３年【問題２】＋平成29・25・23年度

※平成23年度～令和3年度に出題されたものをすべて記載しております。試験問題としては5つの工法が出題され，2つを選んで解答します。

・深層混合処理工法（機械攪拌工法）（R3，H25，H23）
・サンドコンパクションパイル工法（H29，H23）
・薬液注入工法（R3，H29）
・載荷盛土工法（H29，H23）
・押え盛土工法（H29，H23）
・盛土補強工法（H25）
・サンドマット工法（R3）
・掘削置換工法（R3，H25）
・荷重軽減工法（H29，H23）
・サンドドレーン工法（R3，H25）
・ウェルポイント工法（H25）

＜解答欄＞

工法名

(1)	工法名	
	工法の概要	
	期待される効果	
(2)	工法名	
	工法の概要	
	期待される効果	

解答

※ここに記載しているものは一例であり，内容が同様であればこの通りでなくても正解となります。また，ここに記載している内容以外の場合でも正解となるものもあります。下記の工法より，出題された工法に対して，解答欄の大きさに合わせて「**工法の説明**」と「**期待される効果**」をそれぞれ記入します。

工　法	工法の説明	効　果
深層混合処理工法	**軟弱地盤中**において**セメント系固化材等**を撹拌混合し，地盤の強度を増加させる工法。	全沈下量の減少 すべり抵抗の増加
サンドコンパクションパイル工法	軟弱地盤中に振動あるいは**衝撃荷重**により砂を打ち込み，密度が高く強い**砂杭を造成**するとともに，軟弱層を締め固めることにより，沈下の減少などをはかる工法。	全沈下量の減少 すべり抵抗の増加 液状化の防止
薬液注入工法	**軟弱地盤中**に薬液を注入して，薬液の凝結効果により地盤の**透水性を低下**させ，また，**土粒子間を固結**させ現地地盤強度を増大させる工法。	全沈下量の減少 すべり抵抗の増加
掘削置換工法（置換工法）	軟弱層の一部または全部を**除去し，良質材で置き換える**工法である。	全沈下量の減少 せん断変形の抑制 すべり抵抗の増加 液状化の防止

載荷重工法 （盛土載荷重工法・ プレロード工法）	**将来建設される構造物の荷重と同等かそれ以上の荷重を載荷**して基礎地盤の**圧密沈下を促進**させ，残留沈下量の低減や地盤の強度増加をはかる工法である。地盤強度を増加させた後，積荷重を除去して構造物を構築する。	圧密沈下の促進 強度増加の促進
荷重軽減工法 （軽量盛土工法）	盛土本体の**重量を軽減**する工法。盛土材として，発泡スチロール，軽石，スラグなどが使用される。	全沈下量の減少 強度低下の抑制
押え盛土工法	施工している盛土が沈下して**側方流動（側方へのすべり）を防ぐ**ために，計画の盛土の**側方部を押えるための盛土を設置する**ことで，盛土の安定をはかる工法。	すべり抵抗の増加 せん断変形の抑制
サンドドレーン工法	**軟弱地盤中**に鉛直方向に**砂柱**を設置し，水平方向の**圧密排水距離を短縮**し，**圧密沈下を促進**し合わせて**強度増加**を図る工法。	圧密沈下の促進 せん断変形の抑制 強度増加の促進
盛土補強工法	**盛土中**に鋼製ネット，**ジオテキスタイル**等を設置し，**盛土を補強**する工法。**地盤の側方流動**およびすべり破壊を**抑制**する。	すべり抵抗の増加 せん断変形の抑制
ウェルポイント工法	地下水位を低下させることにより，地盤がそれまで受けていた浮力に相当する荷重を下層の軟弱層に載荷して，**圧密沈下を促進**し**強度増加をはかる**工法。真空ポンプを用いて強制的にくみ上げるため，**透水係数の小さい土質にも適用**できる。	圧密沈下の促進
サンドマット工法	**軟弱地盤上**に**透水性の高い砂**を50～120cm の厚さに敷きならす工法。軟弱層の圧密のための**上部排水層**の役割を果たすものである。盛土作業に必要な**施工機械のトラフィカビリティを確保**する。	すべり抵抗の増加

盛土・切土の排水（のり面の点検）

盛土部の排水処理

⑴　**盛土部における排水処理の目的**

① 降雨，融雪，地表水，地下水による**盛土の軟弱化防止**

② 盛土のり面の崩壊防止

③ 施工時の**トラフィカビリティの確保**

④ **濁水や土砂の流出**による周辺への被害防止

盛土の施工にあたっては，自然排水が容易な勾配に整形し，雨水が盛土内に浸透しないように排水しなければならない。

⑵　**施工上の留意点**

・土砂法面を水が流下し，法面表面を侵食させないために，排水施設を設ける。法肩部に**法肩排水溝**，小段に**小段排水溝**，これらの水を法尻に導く**縦排水溝**などがある。

・**地下排水工**は，のり面の安定に悪影響をもつ浸透水を地中で排除する施設である。地表に掘った溝の中に砂利，粗砂などを詰め，上に土をかぶせたものである。地下排水溝と併用して，じゃかごを埋め込むこともある。また，排水能力を大きくするために，地下排水溝の中に穴あき管（有孔管）を設置することもある。のり面から湧水のある場合には，のり面に水平に横孔をあけて，穴あき管（有孔管）など（**水平排水孔**）を挿入して水を抜く。

・高含水比の粘性土を用いた高盛土では，盛土内の**間隙水圧を低下**させ，のり面の安定を保つために，砂の水平排水層を設けることがある。排水材料として高い排水機能を持つ**ジオテキスタイル**を使用する場合もある。

・盛土内に雨水が浸透し土が軟弱化するのを防ぐためには，盛土面に**4～5**％程度の横断勾配を設ける。

・施工中に降雨が予想される際には転圧機械，土運搬機械のわだちのあとが残らないように，施工の**作業終了**時にローラなどで滑らかな表面にし，排水を良好にして雨水の土中への浸入を最小限に防ぐ。

・盛土材料が**粘性土**の場合，一度高含水比になると含水比を低下させることは困難であるので，施工時の排水を十分に行い，施工機械の**トラフィカビリティ**を確保する。

・盛土材料が**砂質土**の場合，盛土表面から雨水が浸透しやすく盛土内の含水比が増加して，**せん断強度**が低下するために表層がすべりやすくなるので，雨水の浸透防止をはかるために，のり肩やのり面は十分に締め固め**ビニールシートなどでのり面を被覆**して保護する。

・高盛土で盛土表面の幅が大きい場合で，のり面が表面水によって洗堀崩壊の恐れがある場合は，**のり肩に素掘り側溝（トレンチ）**を設けて，のり面へ雨水が流下するのを防止する。

・のり面の集排水設備やのり面の保護は，なるべく早めにのり面の仕上げを追いかけて施工する。

切土部の排水処理

⑴　切土法面排水の目的

・降雨，融雪により隣接地からのり面や工事区域内に**表流水の流入を防止**するため。

・円滑な表面排水を確保し，雨水等の**切土部への浸透による脆弱化を防ぐ**ため。

・雨水による**法面侵食や崩壊を防止**するため。

・地下水位の高い切取り部の**水位を低下**させるため。（地下水位面の上昇防止）

⑵　切土法面施工時における排水処理の留意点

・素掘り側溝（暗きょ等）を設け，工事区域内への水の侵入を防止する。

・切土面の上部には**3%程度の勾配**をとり，**滑らかに整形**し表面排水を促す。

・**法肩，小段に排水路**を設け，**縦排水で法尻までの排水**を促す。

・**水平排水孔**を設け法面内の湧水を排出する。

・地形の低い場所で自然排水が不可能な場合は，**釜場（集水ます）**を設けポンプ排水する。

・切土と盛土の接続区間では，施工の途中で切土側から盛土側に雨水が流れ込むのを防ぐために切土と盛土の境界付近に**トレンチ(素掘り側溝)**を設ける。

切土のり面の施工における注意事項

・切土のり面の崩壊発生の諸現象のチェックポイント

①　対象区域の地表面の踏査

②　のり肩部より上方の亀裂発生（小崩壊や小石の落下）の有無の確認

③　のり面の地層変化部の状況確認

④　浮石の状況変化の確認

⑤　湧水，浸透水の発生の有無（湧水の濁りの有無）または湧水量の変化の確認

⑥　凍結融解状況の確認

⑦　周辺の地山斜面の崩壊，切土のり面の崩壊事例との対比

関連問題&よくわかる解説

問題１ □□□

盛土施工時の排水に関する次の文章の ____ の（イ）～（ホ）に当てはまる適切な語句又は数値を解答欄に記述しなさい。

平成25年度【問題２】-〔設問１〕

⑴ 盛土施工中の法面の一部に水が集中すると，盛土の安定に悪影響を及ぼすので，法肩部をソイルセメントなどで仮に固め，適当な間隔で法面に （イ） を設けて雨水を法尻に導くようにする。

⑵ 盛土内に雨水が浸透し土が軟弱化するのを防ぐためには，盛土面に （ロ） %程度の横断勾配を付けておく。また，施工中に降雨が予想される際には転圧機械などのわだちのあとが残らないように，施工の （ハ） 時にローラなどで滑らかな表面にし，排水を良好にして雨水の土中への浸入を最小限に防ぐようにする。

⑶ 盛土材料が粘性土の場合，一度高含水比になると含水比を低下させることは困難であるので，施工時の排水を十分に行い，施工機械の （ニ） を確保する。

⑷ 盛土材料が砂質土の場合，盛土表面から雨水が浸透しやすく盛土内の含水比が増加して， （ホ） が低下するために表層がすべりやすくなるので，雨水の浸透防止をはかるためにはビニールシートなどで法面を被覆して保護する。

解答 **道路土工－盛土工指針・盛土施工時の排水**より

⑴ 盛土施工中の法面の一部に水が集中すると，盛土の安定に悪影響を及ぼすので，法肩部をソイルセメントなどで仮に固め，適当な間隔で法面に **（イ）（仮）縦排水溝** を設けて雨水を法尻に導くようにする。

⑵ 盛土内に雨水が浸透し土が軟弱化するのを防ぐためには，盛土面に **（ロ）4～5** %程度の横断勾配を付けておく。また，施工中に降雨が予想される際には転圧機械などのわだちのあとが残らないように，施工の **（ハ）作業終了** 時にローラなどで滑らかな表面にし，排水を良好にして雨水の土中への浸入を最小限に防ぐようにする。

⑶　盛土材料が粘性土の場合，一度高含水比になると含水比を低下させることは困難であるので，施工時の排水を十分に行い，施工機械の **(ニ)トラフィカビリティ** を確保する。

⑷　盛土材料が砂質土の場合，盛土表面から雨水が浸透しやすく盛土内の含水比が増加して， **(ホ) せん断強度** が低下するために表層がすべりやすくなるので，雨水の浸透防止をはかるためにはビニールシートなどで法面を被覆して保護する。

問題2 □□□

切土法面排水に関する，下記の⑴，⑵についてそれぞれ1つ解答欄に記述しなさい。

令和 2 年度【問題 7】

⑴　切土法面排水の目的

⑵　切土法面施工時における排水処理の留意点

<解答欄>

⑴　切土法面排水の目的

⑵　切土法面施工時における排水処理の留意点

解答

法面排水に関しては「**道路土工ー切土工・斜面安定工指針**」の「**のり面排水**」に以下のように記述されている。

⑴　**切土法面排水の目的**

・降雨，融雪により隣接地からのり面や工事区域内に表流水の流入を防止する。

・円滑な表面排水を確保し，雨水等の切土部への浸透による脆弱化を防ぐ。

・雨水による法面侵食や崩壊を防止する。

・地下水位の高い切り取り部の水位を低下させる。(地下水位面の上昇防止)

⑵　**切土法面施工時における排水処理の留意点**

・素掘り側溝（暗きょ等）を設け，工事区域内への水の侵入を防止する。

・切土面の上部には 3 ％程度の勾配をとり，滑らかに整形し表面排水を促す。

・法肩，小段に仮排水路を設け，縦排水で法尻までの排水を促す。
・水平排水孔を設け法面内の湧水を排出する。
・地形の低い場所で自然排水が不可能な場合は，釜場（集水ます）を設けポンプ排水する。
・切り盛りの接続区間では，雨水等が盛土部に流入するのを防ぐために，切土と盛土の境界付近にトレンチを設ける。

以上より⑴，⑵の項目について，それぞれ1つ選び簡潔に記述する。

問題3 □□□

盛土施工中に行う仮排水に関する，下記の⑴，⑵についてそれぞれ1つ解答欄に記述しなさい。 平成28年度【問題7】

⑴　仮排水の目的
⑵　仮排水処理の施工上の留意点

＜解答欄＞

⑴　仮排水の目的

⑵　仮排水処理の施工上の留意点

解答

⑴　仮排水の目的

①　降雨，融雪，地表水，地下水による盛土の軟弱化を防止する。
②　盛土のり面の崩壊を防止する。
③　施工時のトラフィカビリティを確保する。

⑵　仮排水処理の施工上の留意点

①　雨水浸透による盛土の軟弱化を防ぐため，盛土面には4～5％程度の横断勾配を保つよう敷均しながら施工する。
②　施工中に降雨が予想される際には転圧機械，土運搬機械のわだちのあとが残らないように作業終了時にローラなどで表面を滑らかにし，雨水の土中への浸

入を防ぐようにする。

③　のり肩に素掘り側溝を設けて，のり面へ雨水が流下するのを防止する。

④　砂または砂質土で盛土施工の場合は，のり肩やのり面は十分に締め固めビニールシートなどでのり面を被覆して保護する。

⑤　切盛りの接続区間では，施工の途中で切土側から盛土側に雨水が流れ込むのを防ぐために切土と盛土の境界付近にトレンチ（排水溝）を設ける。

⑥　のり面の集排水設備やのり面の保護は，なるべく早めにのり面の仕上げを追いかけて施工する。

以上より⑴，⑵の項目について，それぞれ1つ選び簡潔に記述する。

問題4　□□□

切土法面の施工に関して，施工中において常に崩壊や落石の前兆を見逃さないようにしなければならないが，そのための施工時の法面のチェック項目について2つ解答欄に記述しなさい。　平成24年度【問題2】－〔設問2〕

<解答欄>

⑴

⑵

解答

切土法面（切土のり面）の施工時のチェック項目に関しては，「**道路土工−切土工・斜面　安定工指針**」及び「**労働安全衛生規則**」にそれぞれ規定されている。

○切土のり面の施工における注意事項（切土のり面の崩壊発生の諸現象のチェックポイント）

①　のり肩部より上方の亀裂発生（小崩壊や小石の落下）の有無の確認

②　のり面の地層変化部の状況確認

③　浮石の状況変化の確認

④　湧水，浸透水の発生の有無（湧水の濁りの有無）または湧水量の変化の確認

⑤　凍結融解状況の確認

⑥　周辺の地山斜面の崩壊，切土のり面の崩壊事例との対比

上記の①～⑥から2つを選んで解答欄に簡潔に記述する。

のり面保護

(1)　のり面保護の種類

法面保護工は，法面の風化，侵食を防止し，法面の安定を図るもので次の2種類に大きく大別される。主な工種と目的を表に示す。

①　植物を用いて法面を保護する植生工

②　コンクリートや石材などの構造物による保護工

<table>
<tr><th colspan="2">工　種</th><th>目的・特徴</th></tr>
<tr><td rowspan="2">植生工</td><td>種子散布（客土吹付）工，張芝工，植生マット（シート）工</td><td rowspan="2">侵食防止
植生・緑化（景観形成）</td></tr>
<tr><td>植生筋工，植生土のう工</td></tr>
<tr><td rowspan="6">構造物による法面保護工</td><td>モルタル・コンクリート吹付工，石張工，ブロック張工</td><td>侵食防止</td></tr>
<tr><td>編柵工(あみしがら工)，じゃかご工</td><td rowspan="2">法面表層の崩落防止
侵食や湧水による
土砂流出抑制
土圧対策【小】</td></tr>
<tr><td>コンクリート張工，吹付け枠工，現場打ちコンクリート枠工</td></tr>
<tr><td>石積工，ブロック積擁壁工，ふとんかご工</td><td rowspan="2">ある程度の土圧に対抗
土圧対策【中】</td></tr>
<tr><td>井桁組擁壁工，コンクリート擁壁工</td></tr>
<tr><td>補強土工，ロックボルト工，グラウンドアンカー工，杭工</td><td>すべり土塊の滑動力に対抗
土圧対策【大】</td></tr>
</table>

⑴　各種のり面保護工の概要と施工上の留意点

植生工	工法の概要	施工上の留意点
種子散布工 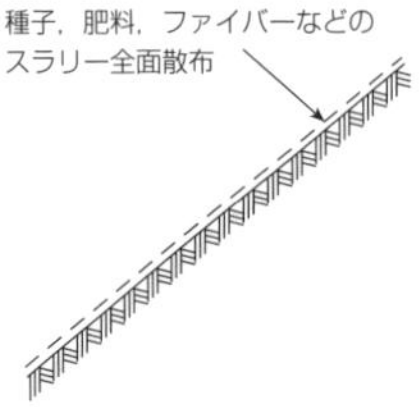	種子・肥料・木質材料（ファイバー）を混合し，低粘度スラリー状に吹き付ける工法。 のり面勾配がゆるく透水性のよい安定した土砂の盛土法面に適している。	降雨の直前や降雨の中での施工は避ける。 材料は十分撹拌してムラなく散布する。 吹付け面が乾燥している場合は散水する。 1:1.0より緩勾配の場合に用いる。
客土吹付工 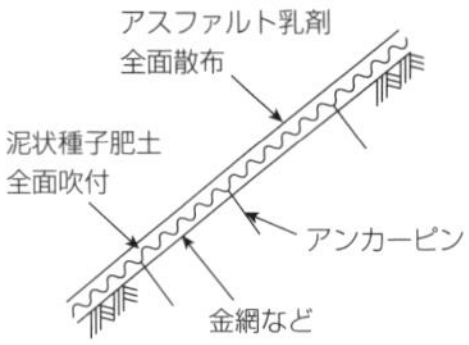	種子・肥料・客土を水と混合した泥土状の種肥土を，ポンプ等を用いて吹き付ける工法。 比較的，急勾配の箇所での施工が可能である。	降雨の直前や降雨の中での施工は避ける。 材料は十分撹拌してムラなく散布する。 吹付け面が乾燥している場合は散水する。 1：0.8より緩勾配の場合に用いる。
張芝工 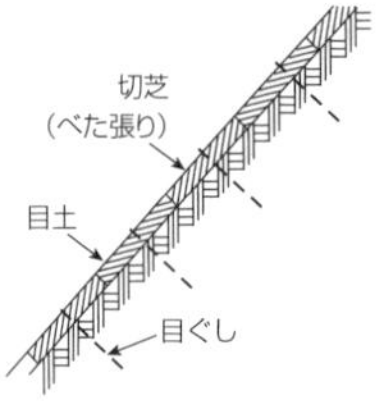	芝をのり全面に張り付けることにより，完成と同時にのり面を保護することができる。 侵食されやすいのり面に適している。	のり表面に養分の多い土を客土を散布する。 芝がずり落ちないよう，目ぐしで法面に固定する。 発根促進のため芝を貼付け後，目土を撒く。
植生マット工 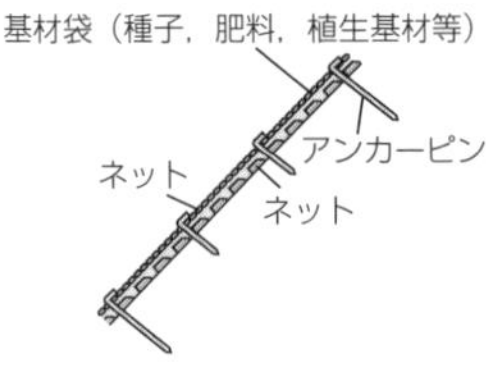	種子・肥料・植生基材等を装着した植生マットを法面に敷き詰め，アンカーピン等を使用し，マットを地面と密着固定させる工法。 マットの保護効果により，植生が生育するまでの間にも法面の安定をはかることができる。	法面が凹凸だとマットが付着しにくくなるため，あらかじめ法面を平滑に仕上げる。 マットの境界に隙間が生じないように，目ぐしまたはアンカーピンで固定する。 マットが自重により破損しないように，ネットを取り付ける。

植栽工 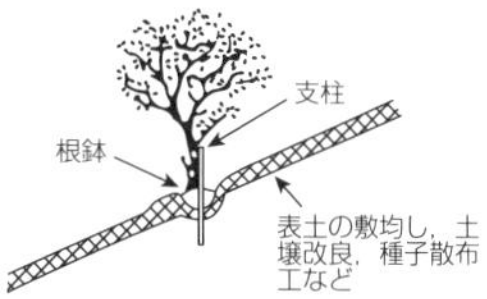	施工対象の法面に樹木を植え付けて法面の保護をはかる工法。 周辺環境との調和や景観の向上を目的として用いられる。	倒木対策として，盛土はローラ等で転圧し，客土の施工は客土を敷均した後，植栽に支障のない程度に締固め，所定の断面に仕上げる。

構造物によるのり面保護工	工法の概要	施工上の留意点
じゃかご工 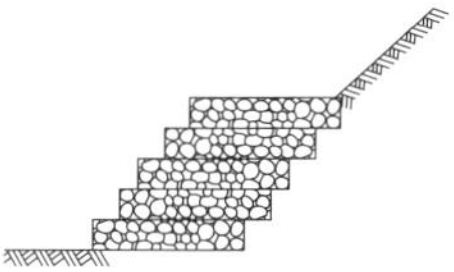 ふとんかご  じゃかご	鉄線（および竹材）で編んだ籠に玉石や栗石を詰め込んだもので，斜面の補強に使用される。 法面に湧水があり土砂の流出の恐れがある場合に用いられる。（**角型じゃかご**を**ふとんかご**と言い，法面保護よりも土留め用として用いられる）	詰石の施工については，できるだけ空隙を少なくする。 詰石の施工の際，側壁，仕切りが偏平にならないように留意する。
モルタル・コンクリート吹付工 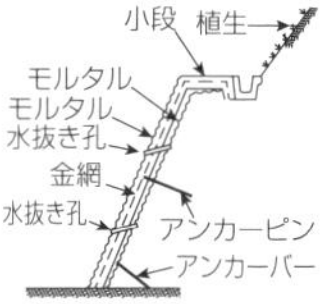 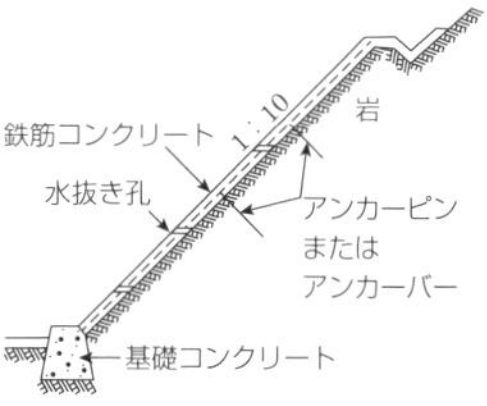	ラス金網上にコンプレッサーの圧縮空気でモルタル・コンクリートを吹付ける工法。 亀裂の多い岩の法面における風化やはく落，崩壊を防ぐ。	法面の状況や気象条件を考慮し，最適な吹付厚を設定する。（一般的にモルタル5～10cm，コンクリート10～20cm） 吹付コンクリート・モルタルのはく落を防止するため，アンカーピンやアンカーバーを設置する。 吹付ノズルは常に吹付面に直角になるよう保持する。 伸縮目地をのり面縦方向に10m間隔に設置する。

プレキャスト枠工 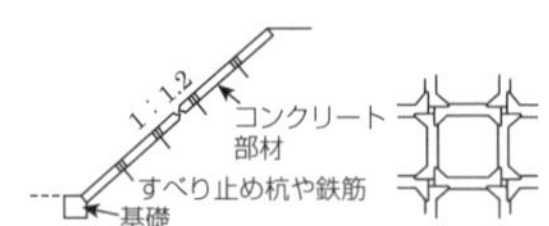	プラスチック，コンクリート等のプレキャスト枠を，アンカーピン等で固定し，雨水等の侵食から法面を保護する工法。	寒冷地等で凍上によるのり枠の浮上がりが懸念される場合は使用しない。 枠と地山間に隙間ができないよう地山を平坦に仕上げる。 法勾配1：1.0までの緩勾配に適用する。
現場打ちコンクリート枠工 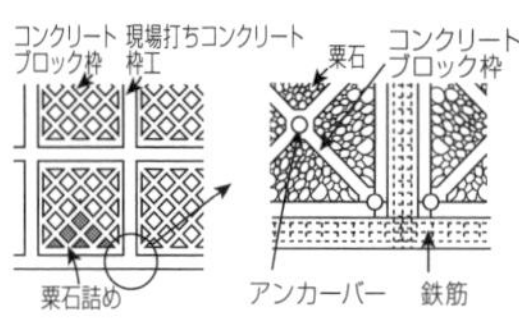	法面に格子状の型枠を設置し，コンクリートポンプなどでコンクリートを打設し法面を保護する工法。 湧水を伴う風化岩やのり面の安定性に不安があるのり面等で用いられる。	施工は法尻から行う。 枠の交点部分にアンカーピンを使用し，ずれが生じないように施工する。
ブロック積擁壁工 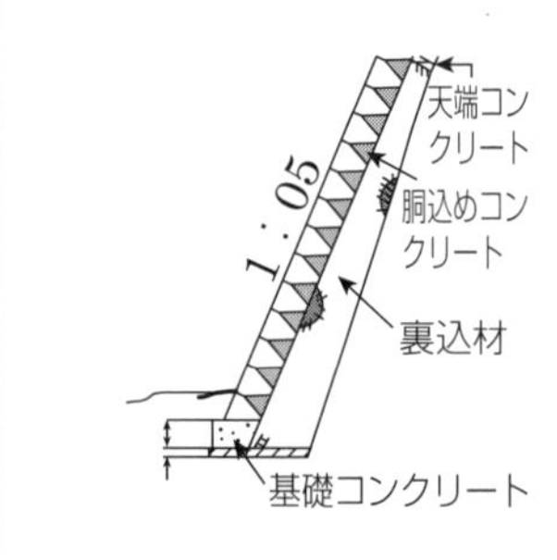	間知ブロックを１列ずつ積み上げながら裏込めコンクリート等で一体化させた土留め擁壁築造する工法。 コンクリートブロックを，1：1.0より急な法面に施工する。 背面の地山が締まっている切土，比較的良質の裏込め土で十分に締固めがされている盛土など土圧が小さい場合に適用する。	基礎工の目地は，ブロック積の伸縮目地に合わせて設ける。 裏込め材は，透水性の良い材料を使用し，擁壁背面に裏込めコンクリートを設ける。 基礎工の目地は，ブロック積の伸縮目地に合わせて設ける水抜孔を設ける。

関連問題&よくわかる解説

問題１　□□□

切土・盛土の法面保護工として実施する次の4つの工法の中から2つ選び，その工法の説明（概要）と施工上の留意点について，解答欄の（例）を参考にして，それぞれの解答欄に記述しなさい。
ただし，工法の説明（概要）及び施工上の留意点の同一解答は不可とする。

令和元年度【問題７】

［通常試験問題］
- 種子散布工
- 張芝工
- プレキャスト枠工
- ブロック積擁壁工

［再試験問題］
- 植生マット工
- 植栽工
- 現場打ちコンクリート枠工
- モルタル・コンクリート吹付工

＜解答欄＞

(1)	工法名	
	概要	
	留意点	
(2)	工法名	
	概要	
	留意点	

解答

次表の工法名の中から2つ選んで解答欄に，工法の説明（概要）施工上の留意点を簡潔に記述してください。

土工

	工法の概要	施工上の留意点
種子散布工	散布工　種子・肥料・木質材料（ファイバー）を混合し，低粘度スラリー状に吹き付ける工法。 のり面勾配がゆるく透水性のよい安定した土砂の盛土法面に適している。	色粉を混入して均一な散布を行う。 降雨の直前や降雨の中での施工は避ける。 材料は十分撹拌してムラなく散布する。 吹付け面が乾燥している場合は散水する。 1：1.0より緩勾配の場合に用いる。
張芝工	芝をのり全面に張り付けることにより，完成と同時にのり面を保護することができる。 侵食されやすいのり面に適している。	のり表面に養分の多い土を客土，もしくは化学肥料を散布する。 芝がずり落ちないよう，目ぐしで法面に固定する。 発根促進のため芝を貼付け後，目土を撒く。
プレキャスト枠工	プラスチック，コンクリート等のプレキャスト枠を，アンカーピン等で固定し，雨水等の侵食から法面を保護する工法。	寒冷地等で凍上によるのり枠の浮上がりが懸念される場合は使用しない。 枠と地山間に隙間ができないよう地山を平坦に仕上げる。
ブロック積擁壁工	間知ブロックを１列ずつ積み上げながら裏込めコンクリート等で一体化させた土留め擁壁である。 1：1.0より急な法面に施工する。 背面の地山が締まっている切土，比較的良質の裏込め土で十分に締固めがされている盛土など土圧が小さい場合に適用する。	基礎工の目地は，ブロック積の伸縮目地に合わせて設ける。 裏込め材は，透水性の良い材料を使用し，擁壁背面に裏込めコンクリートを設ける。 基礎工の目地は，ブロック積の伸縮目地に合わせて設ける。 ϕ50mm程度の水抜き孔を2.0-3.0m²に１箇所設ける。
植生マット工	種子・肥料・植生基材等を装着した植生マットを法面に敷き詰め，アンカーピン等を使用し，マットを地面と密着固定させる工法。 マットの保護効果により，植生が生育するまでの間にも法面の安定をはかることができる。	法面が凹凸だとマットが付着しにくくなるため，あらかじめ法面を平滑に仕上げる。 マットの境界に隙間が生じないように，目ぐしまたはアンカーピンで固定する。 マットが自重により破損しないように，ネットを取り付ける。
植栽工	施工対象の法面に樹木を植え付けて法面の保護をはかる工法。 周辺環境との調和や景観の向上を目的として用いられる。	倒木対策として，盛土はローラ等で転圧し，客土の施工は客土を敷均した後，植栽に支障のない程度に締固め，所定の断面に仕上げる。
現場打ちコンクリート枠工	法面に格子状の型枠を設置し，コンクリートポンプなどでコンクリートを打設し法面を保護する工法。 湧水を伴う風化岩やのり面の安定性に不安があるのり面等で用いられる。	施工は法尻から行う。 枠の交点部分にアンカーピンを使用し，ずれが生じないように施工する。
モルタル・コンクリート吹付工	ラス金網上にコンプレッサーの圧縮空気でモルタル・コンクリートを吹付ける工法。 亀裂の多い岩の法面における風化やはく落，崩壊を防ぐ。	法面の状況や気象条件を考慮し，最適な吹付厚を設定する。 はく落を防止するため，アンカーピンやアンカーバーを設置する。 吹付ノズルは常に吹付面に直角になるよう保持する。 伸縮目地をのり面縦方向に10m間隔に設置する。

土止め工（掘削底面の破壊現象）

土止め工の実施方法又は留意点

・切土面に，その箇所の土質に見合った勾配を保って掘削できる場合を除き掘削する**深さが1.5mを越える場合**には，原則として**土止め支保工を施す**。

・根入れ長は，原則として，**土止め杭（親杭）の場合においては1.5m，鋼矢板等の場合においては3.0mを下回ってはならない**。

・掘削した土砂は，埋め戻す時まで**土止め壁から2m以上はなれた所に積み上げる**。

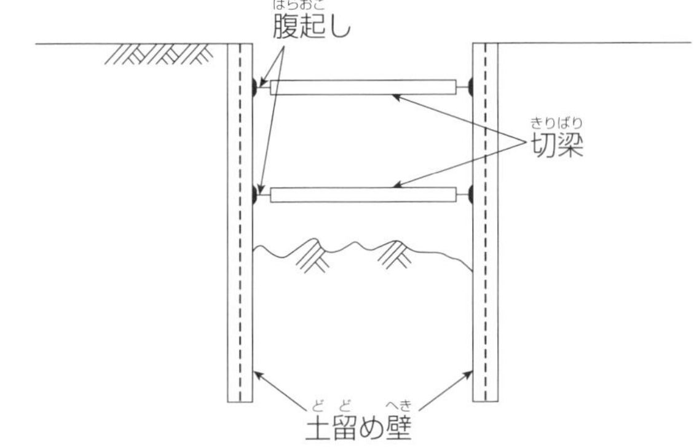

① 掘削順序

・向き合った**土留め**鋼矢板に土圧が同じようにかかるよう，**左右対称に掘削作業を進める**。（応力的に不利な状態をできるだけ短期間にするため，中央部分から掘削する。）

・山止め支保工の設置高さの－1.0mまで掘削を行って，支保工を架設する。

・最終掘削面の掘削は**最下段の腹起し，切ばりを設置してから行う**。

② 軟弱粘性土地盤の掘削

・土留め壁の**根入れ及び剛性を確保**し，背面土圧によるヒービングの発生に留意する。

・掘削底面の下に被圧地下水層が存在する場合には，地下水位低下対策を行う等の盤ぶくれの安全性に留意する。

③ 漏水，出水時の処理

・グラウト工，薬液注入工等を行い，土砂の流出，地盤のゆるみ等を防止する。

・掘削底面に釜場を設け水中ポンプを使用し，湧水を排水する。

土
工

掘削底面の破壊現象

掘削の進行に伴い，掘削面側と鋼矢板土留め壁背面側の力の不均衡が増大し，掘削底面の**安定**が損なわれると地盤の状況に応じた種々の現象が発生する。

⑴ ボイリング（パイピング）

① 地盤の状況・現象

・掘削底面が**透水性の高い砂質土**で**地下水位の高い場合に発生**しやすい。掘削の進行に伴って土留め壁背面側と掘削面側の**水位差が徐々に大きく**なり，この水位差によって，**上向きの浸透流**が発生し，**お湯が沸き立つように砂が掘削面に流出**してくる現象を**ボイリング**という。

※上向きの浸透流によって**水みち**が生じ，土粒子が移動することを**パイピング**という。

② ボイリング対策

・土留め壁の根入れを長くする。　・背面側の**地下水位を低下**させる。

・掘削底面下の地盤改良を行う。

⑵ 盤ぶくれ

(i) 地盤の状況・現象

・掘削底面下に**粘性土地盤や細粒分の多い細砂層のような難透水層**があり，その難透水層の下に水圧の高い透水層が存在する場合は，掘削底面が浮かび上がる現象を**盤ぶくれ**という。

・発生する条件は「ボイリング」と同様だが，難透水層があるため，上向きの水圧が作用し，掘削底面が浮き上がる現象。最終的には，ボイリング状の破壊に至る。

(ii) 盤ぶくれ対策

・土留め壁の**根入れを長く**する。　・**地下水位を低下**させる。

・掘削底面下の**地盤改**良を行う。

・盛土などで押さえる。（**不透水層の層厚を増加**させる）

⑶ ヒービング

(i) 地盤の状況・現象

・軟らかい粘性土（沖積粘性土地盤のような軟弱地盤）で発生しやすい。

・掘削の進行に伴って**鋼矢板土留め壁背面の土の重量（背面土圧）**などにより，土留め壁背面の土が掘削底面へ回り込んで掘削底面の隆起，土留め壁のはらみ（土留めの崩壊），周辺地盤の沈下が生じる。この状態を**ヒービング**という。

(ii) ヒービング対策

・土留め壁の**根入れ長さと剛性を増す**。　・掘削底面下の**地盤改良**を行う。

・**背面の土をすき取る**など，背面の重量を軽減させる。

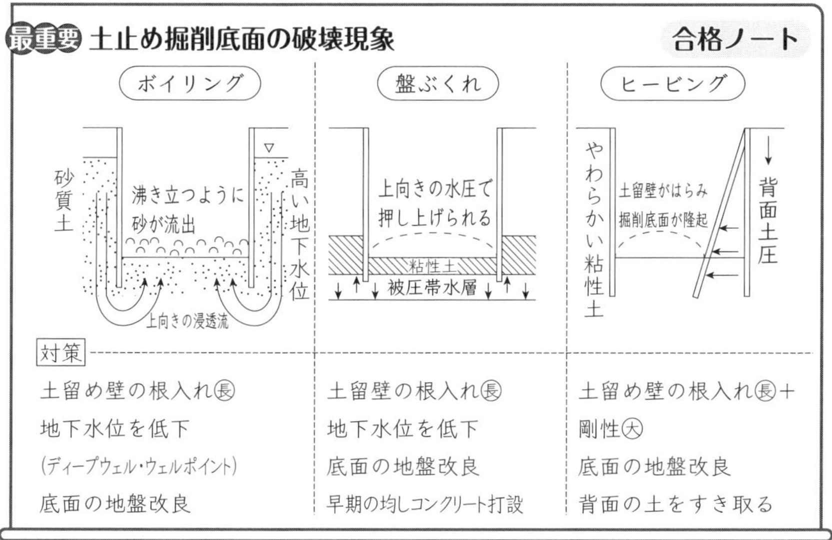

計測管理

上記に記載している種々の掘削底面の破壊に対して，掘削底面の隆起状況を**目視**による監視や観測井，間げき水圧計などで計測管理する。

(1) 計測管理の主な留意事項

① 計測項目，計測器の設置位置，計測器の個数は，計測の目的，工事の規模，周辺構造物の状況及び重要度，地盤条件を考慮して決める。

② 管理基準値は，設計条件や周辺環境条件から決定する。

③ 施工前に管理基準値や限界値を超えた場合の対応策を考えておく。

④ 計測機器のみに頼るのでなく，日常の**目視**による地表面の状態，掘削底面の状態，地下水の湧水量などについても点検を行う。

関連問題&よくわかる解説

問題1 □□□

鋼矢板土留め工による掘削時の留意事項に関する次の文章の［　　］の（イ）～（ホ）に当てはまる適切な語句を解答欄に記述しなさい。

平成24年度【問題2】

⑴　掘削の進行に伴い，掘削面側と鋼矢板土留め壁背面側の力の不均衡が増大し，掘削底面の［（イ）］が損なわれると地盤の状況に応じた種々の現象が発生する。

⑵　透水性の大きい砂質土地盤で鋼矢板土留め壁を用いて掘削する場合は，掘削の進行に伴って土留め壁背面側と掘削面側の水位差が徐々に大きくなる。

この水位差のため，掘削面側の地盤内に上向きの浸透圧が生じ，この浸透圧が掘削面側の地盤の有効重量を超えるようになると，砂の粒子が湧きたつ状態となり，この状態を［（ロ）］という。

⑶　沖積粘性土地盤のような軟弱地盤の場合には，掘削の進行に伴って鋼矢板土留め壁背面の土の重量などにより，土留め壁背面の土が掘削底面へ回り込んで掘削底面の隆起，土留め壁のはらみ，周辺地盤の沈下が生じる。この状態を［（ハ）］という。

⑷　掘削底面下に粘性土地盤や細粒分の多い細砂層のような難透水層があり，その難透水層の下に水圧の高い透水層が存在する場合は，掘削底面に［（ニ）］が発生する。

⑸　これらの掘削底面の破壊現象に対して，掘削底面の隆起状況を［（ホ）］による監視や観測井，観劇水圧計などで計測管理する。

その計測管理の主な留意事項として，

①　計測項目，計測器の設置位置，計測器の個数は，計測の目的，工事の規模，周辺構造物の状況及び重要度，地盤条件を考慮して決める。

②　管理基準値は，設計条件や周辺環境条件から決定する。

③　施工前に管理基準値や限界値を超えた場合の対応策を考えておく。

④　計測機器のみに頼るのでなく，日常の［（ホ）］による地表面の状態，掘削底面の状態，地下水の湧水量などについても点検を行う。

解答

「道路土工－仮設構造物工指針」の「掘削底面の安定」および**「仮設構造物の計画と施工」「計測管理工」**より

(1) 掘削の進行に伴い，掘削面側と鋼矢板土留め壁背面側の力の不均衡が増大し，掘削底面の **(イ) 安定** が損なわれると地盤の状況に応じた種々の現象が発生する。

(2) 透水性の大きい砂質土地盤で鋼矢板土留め壁を用いて掘削する場合は，掘削の進行に伴って土留め壁背面側と掘削面側の水位差が徐々に大きくなる。この水位差のため，掘削面側の地盤内に上向きの浸透圧が生じ，この浸透圧が掘削面側の地盤の有効重量を超えるようになると，砂の粒子が湧きたつ状態となり，この状態を **(ロ) ボイリング** という。

(3) 沖積粘性土地盤のような軟弱地盤の場合には，掘削の進行に伴って鋼矢板土留め壁背面の土の重量などにより，土留め壁背面の土が掘削底面へ回り込んで掘削底面の隆起，土留め壁のはらみ，周辺地盤の沈下が生じる。

この状態を **(ハ) ヒービング** という。

(4) 掘削底面下に粘性土地盤や細粒分の多い細砂層のような難透水層があり，その難透水層の下に水圧の高い透水層が存在する場合は，掘削底面に **(ニ) 盤ぶくれ** が発生する。

(5) これらの掘削底面の破壊現象に対して，掘削底面の隆起状況を **(ホ) 目視** その計測管理の主な留意事項として，

① 計測項目，計測器の設置位置，計測器の個数は，計測の目的，工事の規模，周辺構造物の状況及び重要度，地盤条件を考慮して決める。

② 管理基準値は，設計条件や周辺環境条件から決定する。

③ 施工前に管理基準値や限界値を超えた場合の対応策を考えておく。

④ 計測機器のみに頼るのでなく，日常の **(ホ) 目視** による地表面の状態，掘削底面の状態，地下水の湧水量などについても点検を行う。

問題2 □□□

下図のような切梁式土留め支保工内の掘削に当たって，下記の項目①～③から2つ選び，その番号，実施方法又は留意点を解答欄に記述しなさい。ただし，解答欄の（例）と同一内容は不可とする。 令和4年度【問題8】

① 掘削順序

② 軟弱粘性土地盤の掘削

③ 漏水，出水時の処理

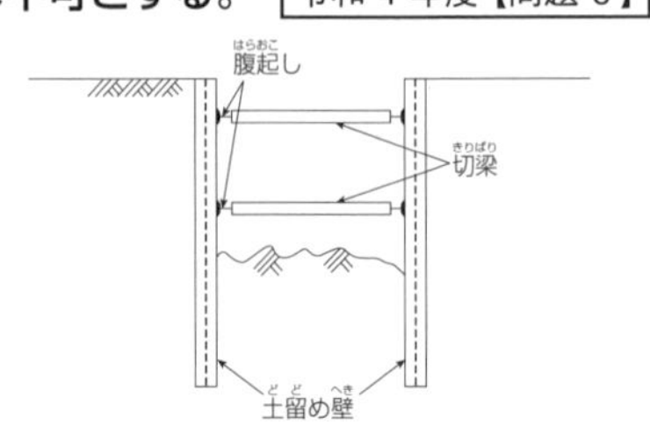

＜解答欄＞

番号	実施方法又は留意点

解答

以下の項目から2つ選び解答する。

番号	項目	実施方法又は留意点
①	掘削順序	・偏土圧が作用しないよう左右対称に行い，応力的に不利な状態をできるだけ短期間にするため，中央部分から掘削する。 ・山留支保工の設置高さの－1.0mまで掘削を行って，支保工を架設する。
②	軟弱粘性土地盤の掘削	・土留め壁の根入れ及び剛性を確保し，背面土圧によるヒービングの発生に留意する。 ・背面の土をすき取るなど，背面の重量を軽減させ，ヒービングの発生に留意する。 ・掘削底面の下に被圧地下水層が存在する場合には，地下水位低下対策を行う等の盤ぶくれの安全性に留意する。
③	漏水，出水時の処理	・グラウト工，薬液注入工等を行い，土砂の流出，地盤のゆるみ等を防止する。 ・掘削底面に釜場を設け水中ポンプを使用し，湧水を排水する。

問題3 □□□

下図のような山留工法を用いて掘削を行った場合に地盤の状況に応じて発生する掘削底面の破壊現象名を2つあげ，それぞれの現象の内容又は対策方法のいずれかを解答欄に記述しなさい。平成26年度【問題 2】－〔設問 2〕

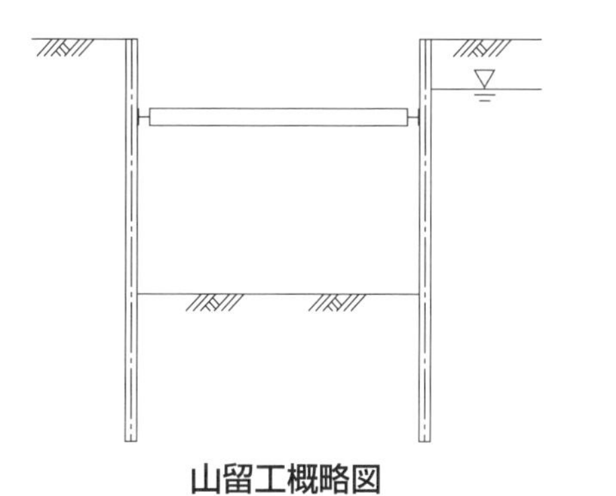

山留工概略図

＜解答欄＞

(1)	破壊現象名	
	現象の内容 対策方法	
(2)	破壊現象名	
	現象の内容 対策方法	

解答

※ここに記載しているものは一例であり，内容が同様であればこの通りでなくても正解となります。また，ここに記載している文章以外に正解となるものもあります。

破壊現象名	現象の内容	対策方法
ボイリング	透水性の高い砂質土で地下水位の高い場合に発生しやすく，土留め壁背面側と掘削面側の水位差によって，上向きの浸透流が発生し，お湯が沸き立つように砂が掘削面に流出してくる現象	・土留め壁の根入れを長くし，浸透流を遮断する。 ・背面側の地下水位を低下させる。 ・掘削底面下の地盤改良を行う。
パイピング	上向きの浸透流によって水みちが生じ，土粒子が移動する現象	
盤ぶくれ	掘削底面下に粘性土地盤や細粒分の多い細砂層のような難透水層があり，その難透水層の下に水圧の高い透水層が存在する場合に，掘削底面に浮き上がる現象	・土留め壁の根入れを長くし，被圧帯水層の縁を切り圧力を軽減させる。 ・地下水位を低下させる。 ・掘削底面下の地盤改良を行う。 ・盛土などで押さえる。（不透水層の層厚を増加させる）
ヒービング	軟らかい粘性土で発生しやすく，鋼矢板土留め壁の背面土圧により，土留め壁背面の土が掘削底面へ回り込んで掘削底面の隆起，土留め壁のはらみ，周辺地盤の沈下が生じる	・土留め壁の根入れ長さと剛性を増す。 ・掘削底面下の地盤改良を行う。 ・背面の土をすき取るなど，背面の重量を軽減させる。

上記の中から2つ破壊現象名を選んで，その現象の内容又は対策方法のいずれかを記載する。（類似する内容のものは避けるのが望ましい）

コンクリート工

出題概要（過去の出題傾向と予想）

「コンクリート工」からは2～3問が出題されます。令和3年の試験制度改正により出題問題数は年度によりばらつきがみられています。

出題内容は，コンクリート構造物の施工（運搬・打込み・締固め・打継ぎ・養生），鉄筋型枠の組立，特殊な配慮が必要なコンクリート（暑中，寒中，マスコンクリート），コンクリートの劣化要因等から空欄に適切な語句・数値を記入する**穴埋め問題**，施工上の留意点や工法等を記述する**記述式問題**，文章中の誤りを訂正する**間違い訂正問題**等が出題されます。

	施工	材料(混和材) 鉄筋・継手	養生	打継目	特殊なコンクリート (ひび割れ防止)	劣化要因
R5	○	○	○	△	◎	△
R4				穴埋め	(品質：ひび割れ)	
R3	間違訂正		穴埋め			
R2		穴埋め (混和剤)			記述 (沈みひび割れ・マスコン)	
R1'			穴埋め		記述 (暑中コンクリート)	
R1	記述 (打重ね)		穴埋め			
H30			穴埋め	記述		
H29	穴埋め (場内運搬)				記述 (暑中コンクリート)	
H28	穴埋め (打込・締固め)				記述 (寒中コンクリート)	
H27				穴埋め	記述 (暑中コンクリート)	
H26			穴埋め			記述
H25					記述 (暑中・マスコンクリート)	
H24		記述 (混和剤)		穴埋め		
H23	間違訂正				記述 (暑中・寒中)	

※ここに記載しているものは，過去問題の傾向と対策であり，実際の試験ではこの傾向通り出題されるとは限りません。

コンクリートの基本概要

コンクリートとは，セメント，水，骨材および必要に応じて加える混和材料を構成材料とし，これらを練混ぜて一体化したものをいう。コンクリートは，セメントと水が**水和反応（発熱）**することによって硬化する水硬性材料である。そのため，**使用時の温度が高い**ほど凝結は早くなり，**初期における強度発現は大きくなる**。

また，**コンクリートは，初期強度が大きくなると長期強度が小さくなり，初期強度の発生を抑えると長期強度は大きくなる**という特性を持っている。

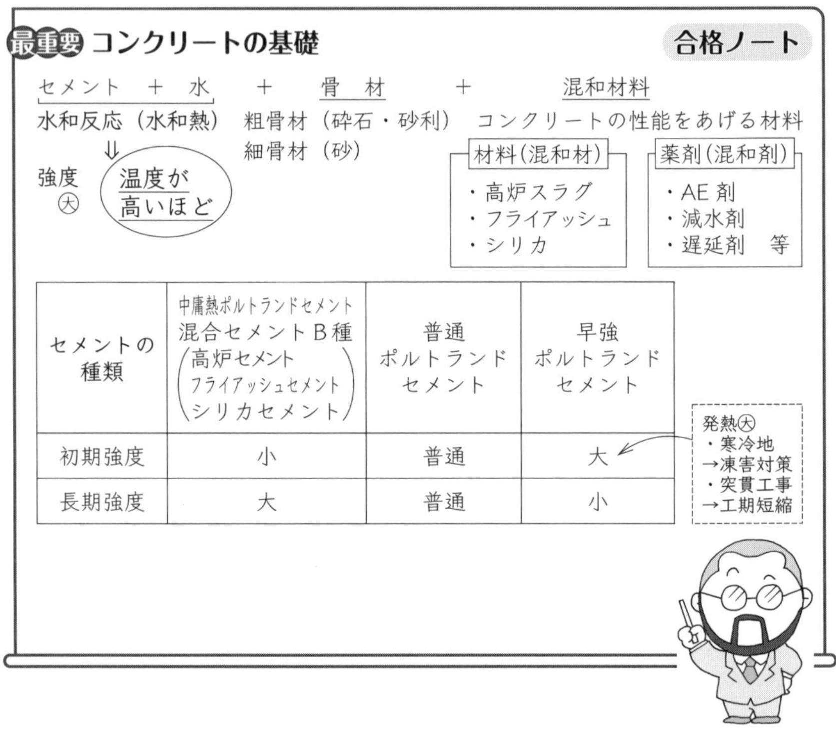

セメントの種類	中庸熱ポルトランドセメント 混合セメントB種 （高炉セメント フライアッシュセメント シリカセメント）	普通 ポルトランド セメント	早強 ポルトランド セメント
初期強度	小	普通	大
長期強度	大	普通	小

セメント

セメントは，大別して**ポルトランドセメント**(普通，早強，超早強，中庸熱，低熱および耐硫酸塩）と**混合セメント**（高炉セメント，シリカセメント，フライアッシュセメント）とに分けられる。

⑴ **ポルトランドセメント**

① 普通ポルトランドセメント…特殊な目的で製造されたものではなく，土木，建築工事やセメント製品に最も多量に使用されている。

② 早強ポルトランドセメント…普通ポルトランドセメントよりけい酸三カルシウムやせっこうが多く，**微粉砕されているので初期強度が大きい**。**冬期工事や寒冷地の工事**，および**早く十分な強度が望まれる工事**に適している。また，初期強度を要するプレストレストコンクリート工事などに使用される。

③ 中庸熱ポルトランドセメント…普通ポルトランドセメントより，アルミン酸三石灰（C3A）が少なく，けい酸二石灰（C2S）が多いため，**初期の発熱を抑制し長期強度を高める**。そのため，ダムのような**マスコンクリートに多く使用**される。

⑵ **混合セメント（ポルトランドセメントに混和材を添加）**

① **高炉セメント**…ポルトランドセメントに高炉スラグを混合したセメントである。**早期の強度発現が緩慢**で湿潤養生期間を長くする必要があるが，**長期にわたり強度の増進**がある。**化学抵抗性が大きい**，水和熱が小さいのに加え**アルカリ骨材反応抑制対策**として使用されるなどの特徴を有する。

② **シリカセメント**…ポルトランドセメントに天然の**シリカ質混合材**（火山灰，凝灰岩，けい酸白土などの粉末）を混合したものである。**ポゾラン反応性により長期にわたる強度の増進**が大きく，**化学抵抗性も大きい**等の特徴を有し，水和熱も低い。**単位水量が多く**なり，**乾燥収縮がやや大きいため**，減水剤を併用するなど**ひび割れに注意**する必要がある。

③ **フライアッシュセメント**…ポルトランドセメントに**フライアッシュ**を混合したものである。**ワーカビリティが向上**し，**単位水量を低減**できる。早期強度は小さいが**長期の強度の増進が大きい**，**化学抵抗性が大きい**，**水和熱が低い**，**乾燥収縮が少ない**等の特徴を有する。ダムなど**マスコンクリートに主として用いられている**。

材料（混和材料）

混和材料とは，**混和剤**と**混和材**に分けられ，**混和剤**は，使用量が少なく，それ自体の容積がコンクリートの容積に算入されないものをいい，**混和材**は，使用量が比較的多く，それ自体の容積がコンクリートなどの練上り容積に算入されるものをいう。

(1) 混和剤

JIS A 6204，6205に規定しているコンクリート用混和剤の分類と目的

分　類	目　的
AE 剤	コンクリート中に，多数の微細な独立した空気泡を一様に分布させ，ワーカビリティー及び耐凍害性を向上させる。
減水剤	所要のスランプを得るのに必要な単位水量を減少させる。
AE 減水剤	空気連行性能をもち，所要のスランプを得るのに必要な単位水量を減少させる。
高性能減水剤	所要のスランプを得るのに必要な単位水量を大幅に減少させるか，又は単位水量を変えることなくスランプを大幅に増加させる。
高性能 **AE 減水剤**	空気連行性能をもち，AE 減水剤よりも高い減水性能及び良好なスランプ保持性能をもつ。
硬化促進剤	セメントの水和反応を早め，初期材齢の強度を大きくする。
流動化剤	単位水量を増やすことなくコンクリートの流動性を増大させる。流動化後の**スランプロス**を低減させる。
防錆剤	コンクリート中の鉄筋の腐食を抑制する。

混和剤には以下の 3 つの形があり，季節や用途に合わせて使い分ける。

標準形…コンクリートの凝結時間をほとんど変化させないもの。

遅延形…コンクリートの凝結を遅延させるもの。

促進形…コンクリートの凝結及び初期強度の発現を促進させるもの。

※標準形と遅延形の 2 つの場合，もしくは標準形のみのもある。

(2) 混和材

一般に用いられている混和材は，次のように大別し分類することができる。

① **ポゾラン作用**のあるもの（**フライアッシュ**，**シリカフューム**，火山灰，珪けい酸白土）
② **潜在水硬性**のあるもの（**高炉スラグ微粉末**）
③ 硬化過程において膨張を起こさせるもの（**膨張材**）
④ オートクレーブ養生によって高強度を生じさせるもの（珪酸質微粉末）
⑤ その他（増量材，着色材（顔料），石灰石微粉末，シリカフュームやエトリンガイト系高強度混和材，超早強混和材など）

① **フライアッシュ**

…コンクリートの水和熱による温度上昇を低減し，長期強度の改善効果がある。また，コンクリートへの流動性を付与し，**ワーカビリティーを向上**させ，**単位水量を抑制**することができる。化学抵抗性があり，**アルカリシリカ反応抑制対策**としても用いられる。Ⅰ種～Ⅳ種があり，一般にはⅡ種が用いられることが多い。

② **高炉スラグ微粉末（鉱物質微粉末）**

…コンクリートの水和熱による温度上昇を低減し，長期強度の改善効果がある。また，硫酸，硫酸塩や海水に対する**化学抵抗性**があり，**アルカリシリカ反応抑制対策**としても用いられる。**ブリーディングの低減**にも効果が期待できる。

用語解説
高炉スラグ微粉末…高炉でせん鉄と同時に生成する溶融状態の高炉スラグを水によって急冷したものを高炉水砕スラグといい，これを乾燥・粉砕したもの，又はこれにせっこうを添加したものを高炉スラグ微粉末という。
ブリーディング…コンクリートの打設後，固体材料の沈降又は分離によって，練混ぜ水の一部が遊離して上昇する現象をいう。打設したコンクリートの材料の密度の差により，重いもの（セメント・骨材）は下に沈み，軽いもの（水）が浮き上がる。

③ **シリカフューム**

…ポルトランドセメントに天然のシリカ質混合材（火山灰，凝灰岩，けい酸白土などの粉末）を混合したものである。**ポゾラン反応性**により長期にわたる強度の増進が大きく，**化学抵抗性**も大きい等の特徴を有し，水和熱も低い。**単位水量が多く**なり，**乾燥収縮がやや大きい**ため，減水剤を併用するなどひび割れに注意する必要がある。

④ **膨張材**

…コンクリート又はモルタルを膨張させる作用のある混和材料で，乾燥収縮や硬化収縮に起因する**ひび割れ**の発生を低減できるなど優れた効果が得られる。

関連問題&よくわかる解説

問題1 □□□

コンクリートの混和材料に関する次の文章の［　　］の（イ）～（ホ）に当てはまる適切な語句を解答欄に記述しなさい。 令和2年度【問題3】

⑴ ［（イ）］は，水和熱による温度上昇の低減，長期材齢における強度増進など，優れた効果が期待でき，一般にはⅡ種が用いられることが多い混和材である。

⑵ 膨張材は，乾燥収縮や硬化収縮に起因する［（ロ）］の発生を低減できることなど優れた効果が得られる。

⑶ ［（ハ）］微粉末は，硫酸，硫酸塩や海水に対する化学抵抗性の改善，アルカリシリカ反応の抑制，高強度を得ることができる混和材である。

⑷ 流動化剤は，主として運搬時間が長い場合に，流動化後の［（ニ）］ロスを低減させる混和剤である。

⑸ 高性能［（ホ）］は，ワーカビリティーや圧送性の改善，単位水量の低減，耐凍害性の向上，水密性の改善など，多くの効果が期待でき，標準形と遅延形の2種類に分けられる混和剤である。

解答「コンクリート標準示方書−混和材・混和剤」より

⑴ **［（イ）フライアッシュ］**は，水和熱による温度上昇の低減，長期材齢における強度増進など，優れた効果が期待でき，一般にはⅡ種が用いられることが多い混和材である。

⑵ 膨張材は，乾燥収縮や硬化収縮に起因する**［（ロ）ひび割れ］**の発生を低減できることなど優れた効果が得られる。

⑶ **［（ハ）高炉スラグ］**微粉末は，硫酸，硫酸塩や海水に対する化学抵抗性の改善，アルカリシリカ反応の抑制，高強度を得ることができる混和材である。

⑷ 流動化剤は，主として運搬時間が長い場合に，流動化後の**［（ニ）スランプ］**ロスを低減させる混和剤である。

⑸ 高性能**［（ホ）AE減水剤］**は，ワーカビリティーや圧送性の改善，単位水量の低減，耐凍害性の向上，水密性の改善など，多くの効果が期待でき，標準形と遅延形の2種類に分けられる混和剤である。

問題2 □□□

コンクリートに特別の性能を与えるために，打込みを行う前までに必要に応じて加える混和剤（JIS A 6204，JIS A 6205に規定のもの）を2つあげ，その目的を解答欄に記述しなさい。 平成24年度【問題 8】－〔設問 1〕

＜解答欄＞

	混和剤の種類	目的
(1)		
(2)		

解答

次表より，混和剤を 2 つ選定し，目的を簡潔に解答欄に記述する。

分　類	目　的
AE 剤	コンクリート中に，多数の微細な独立した空気泡を一様に分布させ，ワーカビリティー及び耐凍害性を向上させる。
減水剤	所要のスランプを得るのに必要な単位水量を減少させる。
AE 減水剤	空気連行性能をもち，所要のスランプを得るのに必要な単位水量を減少させる。
高性能減水剤	所要のスランプを得るのに必要な単位水量を大幅に減少させるか，又は単位水量を変えることなくスランプを大幅に増加させる。
高性能 AE 減水剤	空気連行性能をもち，AE 減水剤よりも高い減水性能及び良好なスランプ保持性能をもつ。
硬化促進剤	セメントの水和反応を早め，初期材齢の強度を大きくする。
流動化剤	単位水量を増やすことなく，コンクリートの流動性を増大させ，スランプロスを軽減させる。
防錆剤	コンクリート中の鉄筋の腐食を抑制する。

JIS A 6204/6205［コンクリート用化学混和材/鉄筋コンクリート用防錆剤］より

運搬・打込み・締固め

コンクリートの現場内運搬

・現場内での運搬方法には，バケット，ベルトコンベア，コンクリートポンプ車などによる方法があるが，ベルトコンベアは，コンクリートを連続して運搬するには便利であるが材料分離がおこりやすい。この中で材料分離を最も少なくできる**運搬方法はバケット**である。

・バケットによるコンクリートの運搬では，バケットの**打込み速度**とコンクリートの品質変化を考慮し計画を立て，品質管理を行う必要がある。

コンクリートポンプ使用上の注意点

① コンクリートの圧送開始に先立ち，コンクリートポンプや配管内面の潤滑性を確保する目的で先送りモルタルを圧送する。この時の水セメント比は，使用するコンクリートの**水セメント比と同等以下**（同程度の品質以上のもの）とする。

② 吐出量が一定の場合，輸送管の管径が**大きい**ほど**圧送負荷(圧力損失)**は小さくなるので，管径の**大きい**輸送管の使用が望ましい。また，**粗骨材の最大寸法が大きい**方が管内の**圧力損失は大きく**なる。

③ 型枠，鉄筋が圧送の振動により揺らされると，コンクリートに有害な影響を与えるため，配管を固定する場合は，**型枠・鉄筋に固定してはならない**。

④ 配管内閉塞を防ぐためには，一定以上の**単位粉体量**を確保する必要がある。

・コンクリートポンプの機種及び台数は，圧送負荷，**吐出量**，単位時間当たりの打込み量，1日の総打込み量及び施工場所の環境条件などを考慮して定める。

・斜めシュートによってコンクリートを運搬する場合，コンクリートは**材料分離**が起こりやすくなるため，縦シュートの使用が標準とされている。

※やむを得ず斜めシュートを用いる場合には，シュートの傾きは，コンクリートが材料分離を起こさない程度のものであって，**水平2に対して鉛直1程度を標準**とする。縦シュートの下端とコンクリート打込み面との距離は**1.5m以下**としなければならない。

打込み・締固め

(1) 打込み準備

・型枠には，**はく離剤を塗布**し硬化したコンクリート表面からはがれ易くする。
・鉄筋，型枠等が設計図書で定められたとおりに配置されていることを確認する。
・型枠内部の点検清掃を行い，木製型枠や旧コンクリート等，乾いているとコンクリート内の水分を吸水し，品質を低下させるおそれがあるため，**散水し湿潤状態に保っておく。**
・コンクリートを打ち込む前に，鉄筋は正しい位置に配置されているか，鉄筋のかぶりを正しく保つために使用箇所に適した材質の**スペーサ**が必要な間隔に配置されているか，組み立てた鉄筋は打ち込む時に動かないように固定されているか，それぞれについて確認する。

(2) 打込み（締固め）

棒状バイブレーター（内部振動機）使用上の留意事項

・なるべく鉛直に差し込む。**挿入間隔**は，一般に**50cm 以下**にする。
・引抜きは**徐々に**行い，あとに穴が残らないようにする。
・型枠内にコンクリートを打ち込む場合に，型枠内で**横移動**させると**材料分離**が生じる可能性があるので，目的の位置にコンクリートをおろして打ち込む。
（内部振動機をコンクリートの**横移動**を目的として使用してはならない。）
・**挿入時間（加振時間）**の標準は，**5秒～15秒程度**とする。
・型枠内に複層にわたってコンクリートを打ち込む場合には，下層と上層の一体性を確保（コールドジョイントを防止）できるように下層のコンクリートが固まり始める前(許容打重ね時間間隔内)に上層のコンクリートを打ち込み，**下層のコンクリート中に10cm程度挿入する。**

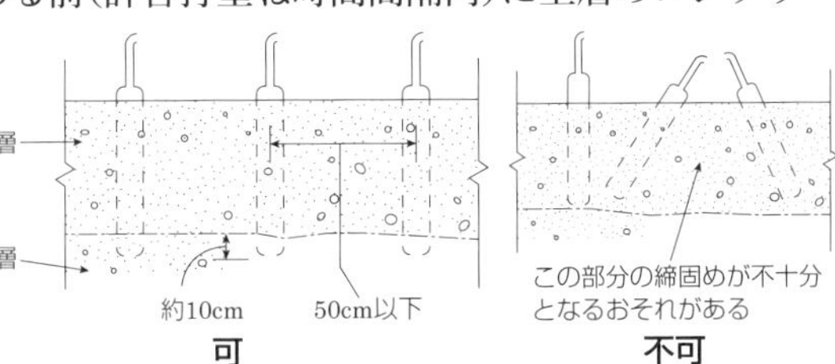

用語解説 **コールドジョイント**…先に打ち込んだコンクリートと後から打ち込んだコンクリートとの間が完全に一体化していない継目（不連続面）
※コールドジョイント対策…許容打ち重ね時間間隔の厳守する。下層のコンクリート中に棒型振動機を10cm程度挿入する。

輸送・運搬時間の限度／許容打重ね時間間隔

練混ぜ開始から荷卸しまで	練混ぜ開始から打設終了まで	許容打重ね時間間隔	外気温
1.5時間	1.5時間	2.0時間	**25℃を超える場合**
	2.0時間	2.5時間	**25℃以下の場合**

※**許容打重ね時間間隔**とは，下層のコンクリートの打込みと締固めが完了した後，静置時間をはさんで上層コンクリートが打ち込まれるまでの時間のことをいう。

・**1層当たりの打込み高さ**を**40〜50cm以下**とする。

・**打上り速度**は，一般の場合**30分当たり1.0〜1.5m程度**を標準とする。

※高さのある壁・柱では，コンクリートの打ちあがり速度が速すぎると，型枠に作用する圧力が増加する。**側圧を小さくするためには，打ち上がり速度は小さくする**。

・コンクリートの打上がり面に集まった**ブリーディング水**は，スポンジなどで水を取り除いてから次のコンクリートを打ち込む。

※**ブリーディング水**が多いコンクリートでは，型枠を取り外した後，コンクリート表面に砂すじを生じることがあるため，**ブリーディング水**の少ないコンクリートとなるように配合を見直す。

・コンクリートをいったん締め固めた後に，**再振動**を適切な時期に行うと，コンクリートは再び流動性を帯びて，コンクリート中にできた空げきや余剰水が少なくなり，コンクリート強度及び鉄筋との**付着**強度の増加や沈みひび割れの防止などに効果がある。再振動はコンクリート打設後，コンクリートの**締固めが可能な時間内で，できるだけ遅い時間**がよい。（**←再振動は沈下ひび割れ対策となる**）

用語解説 **沈下ひび割れ**…ブリーディングに伴いコンクリートが沈下した時，鉄筋やセパレーター上部は沈下が拘束されるため，拘束物に沿って直線的なひび割れが発生する現象を沈下ひび割れという。

・スラブのコンクリートが柱や壁のコンクリートと連続している場合は，沈下ひび割れを防止するために，**柱や壁のコンクリートの沈下が落ち着いてからスラブのコンクリートを打設する**。**沈下ひび割れ**が発生した場合には，直ちに**タンピング**や**再振動**により，**沈下ひび割れを消さなければならない**。

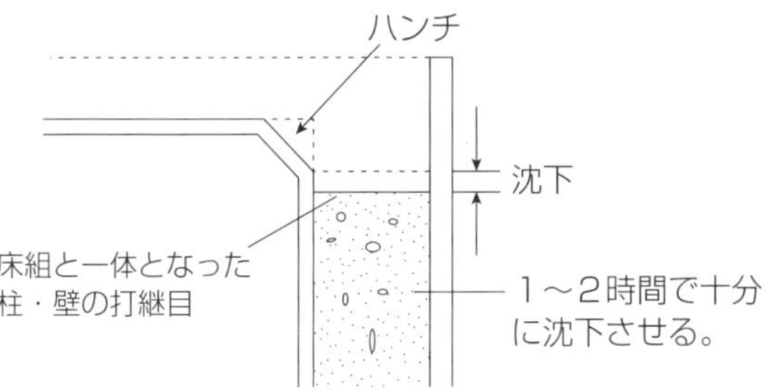

関連問題＆よくわかる解説

問題1 □□□

コンクリートの現場内運搬に関する次の文章の[　　]の（イ）～（ホ）に当てはまる適切な語句を解答欄に記述しなさい。 平成29年度【問題3】

⑴　コンクリートポンプによる圧送に先立ち，使用するコンクリートの[（イ）]以下の先送りモルタルを圧送しなければならない。

⑵　コンクリートポンプによる圧送の場合，輸送管の管径が[（ロ）]ほど圧送負荷は小さくなるので，管径の[（ロ）]輸送管の使用が望ましい。

⑶　コンクリートポンプの機種及び台数は，圧送負荷，[（ハ）]，単位時間当たりの打込み量，1日の総打込み量及び施工場所の環境条件などを考慮して定める。

⑷　斜めシュートによってコンクリートを運搬する場合，コンクリートは[（ニ）]が起こりやすくなるため，縦シュートの使用が標準とされている。

⑸　バケットによるコンクリートの運搬では，バケットの[（ホ）]とコンクリートの品質変化を考慮し，計画を立て，品質管理を行う必要がある。

解答

コンクリートの現場内運搬の留意点については，「コンクリート標準示方書（施工編)」に以下のように規定されている。

⑴ コンクリートポンプによる圧送に先立ち，使用するコンクリートの **（イ）水セメント比（水セメント比と同等）** 以下の先送りモルタルを圧送しなければならない。

⑵ コンクリートポンプによる圧送の場合，輸送管の管径が **（ロ）大きい** ほど圧送負荷は小さくなるので，管径の **（ロ）大きい** 輸送管の使用が望ましい。

⑶ コンクリートポンプの機種及び台数は，圧送負荷，**（ハ）吐出量**，単位時間当たりの打込み量，1日の総打込み量及び施工場所の環境条件などを考慮して定める。

⑷ 斜めシュートによってコンクリートを運搬する場合，コンクリートは **（ニ）材料分離** が起こりやすくなるため，縦シュートの使用が標準とされている。

⑸ バケットによるコンクリートの運搬では，バケットの **（ホ）打込み速度** とコンクリートの品質変化を考慮し，計画を立て，品質管理を行う必要がある。

問題2 □□□

コンクリートの打込み・締固めに関する次の文章の［　　］の（イ）～（ホ）に当てはまる適切な語句を解答欄に記述しなさい。

平成28年度【問題 3】

⑴ コンクリートを打ち込む前に，鉄筋は正しい位置に配置されているか，鉄筋のかぶりを正しく保つために使用箇所に適した材質の［（イ）］が必要な間隔に配置されているか，組み立てた鉄筋は打ち込む時に動かないように固定されているか，それぞれについて確認する。

⑵ コンクリートの打込みは，目的の位置から遠いところに打ち込むと，目的の位置まで移動させる必要がある。コンクリートは移動させると［（ロ）］を生じる可能性が高くなるため，目的の位置にコンクリートをおろして打ち込むことが大切である。また，コンクリートの打込み中，表面に集まった［（ハ）］水は，適当な方法で取り除いてからコンクリートを打ち込まなければならない。

⑶ コンクリートをいったん締め固めた後に，［（ニ）］を適切な時期に行うと，コンクリートは再び流動性を帯びて，コンクリート中にできた空げきや余剰水が少なくなり，コンクリート強度及び鉄筋との［（ホ）］強度の増加や沈みひび割れの防止などに効果がある。

解答

(1) コンクリートを打ち込む前に，鉄筋は正しい位置に配置されているか，鉄筋のかぶりを正しく保つために使用箇所に適した材質の **(イ) スペーサ** が必要な間隔に配置されているか，組み立てた鉄筋は打ち込む時に動かないように固定されているか，それぞれについて確認する。

(2) コンクリートの打込みは，目的の位置から遠いところに打ち込むと，目的の位置まで移動させる必要がある。コンクリートは移動させると **(ロ) 材料分離** を生じる可能性が高くなるため，目的の位置にコンクリートをおろして打ち込むことが大切である。また，コンクリートの打込み中，表面に集まった **(ハ) ブリーディング** 水は，適当な方法で取り除いてからコンクリートを打ち込まなければならない。

(3) コンクリートをいったん締め固めた後に， **(ニ) 再振動** を適切な時期に行うと，コンクリートは再び流動性を帯びて，コンクリート中にできた空げきや余剰水が少なくなり，コンクリート強度及び鉄筋との **(ホ) 付着** 強度の増加や沈みひび割れの防止などに効果がある。

問題3 □□□

コンクリート構造物の次の施工時に関して，コンクリートを打ち重ねる場合に，上層と下層を一体とするための施工上の留意点について，それぞれ1つずつ解答欄に記述しなさい。

令和元年度【問題 8】

(1) 打込み時

(2) 締固め時

＜解答欄＞

(1) 打込み時

(2) 締固め時

解答

※ここに記載しているものは一例であり，内容が同様であればこの通りでなくても正解となります。また，ここに記載している以外に正解となるものもあります。

	項目	施工上の留意点
(1)	打込み時	・許容打重ね時間間隔を厳守し，外気温25℃を超える場合は2.0時間以内，25℃以下の場合は2.5時間以内を標準とする。 ・1層当たりの打込み高さを40～50cm以下とする。
(2)	締固め時	・棒状バイブレータを下層のコンクリート中に10cm程度挿入し，下層と上層のコンクリートを一体化する。 ・コンクリートの打込み中，表面にブリーディング水がたまっている場合は，適当な方法で取り除いてから上層のコンクリートを打ち込む。

養生

・養生はその目的に応じて，「**湿潤**状態に保つこと」，「**温度**を**制御**すること」，「**有害な作用**に対して**保護**すること」の3項目に分類される。

・コンクリートの打込み後の一定期間は，十分な**湿潤**状態と適当な温度に保ち，かつ有害な作用の影響を受けないように養生をしなければならない。

(1) 湿潤養生

・コンクリートが，所要の強度，劣化に対する抵抗性などを確保するためには，セメントの**水和**反応を十分に進行させる必要がある。したがって，打込み後の一定期間は，コンクリートを適当な温度のもとで，十分な**湿潤**状態に保つ必要がある。

・コンクリートの打込み後は，コンクリート表面が乾燥すると**ひび割れ**の発生の原因となるので，硬化を始めるまでシートなどで日よけや風よけを用いて，日光の直射，風などによる水分の逸散を防がなければならない。

・コンクリートの露出面は，表面を荒らさないで作業ができる程度に硬化した後に，湛水（たんすい），散水，あるいは十分に水を含む**湿布（養生マット）**により給水による養生を行う。

・**膜養生剤**の散布あるいは塗布によって，コンクリートの露出面の養生を行う場合には，所要の性能が確保できる使用量や施工方法などを事前に確認する。
・膜養生は，十分な量の膜養生剤を適切な時期に，均一に散布し水の蒸発を防ぐ養生方法である。膜養生は，コンクリート表面の**水光りが消えた直後**に行う。
・湿潤養生に保つ期間は次表のように定められている。

日平均気温	中庸熱ポルトランドセメント 混合セメントB種	普通ポルトランドセメント	早強ポルトランドセメント
15℃以上	7日	5日	3日
10℃以上	9日	7日	4日
5℃以上	12日	9日	5日

※セメントの**水和**反応は，養生時のコンクリート温度に影響を受ける。養生温度が低い場合は，必要な圧縮強度を得るための期間は長く，逆に養生温度が高いと短くなる。
・フライアッシュセメントや高炉セメントなどの混合セメントを使用する場合，普通ポルトランドセメントに比べて養生期間を**長く**することが必要である。

(2) 温度制御

・コンクリートは，十分に硬化が進むまで，硬化に必要な温度条件に保ち，低温，高温，急激な温度変化による有害な影響を受けないように，必要に応じて養生時の温度を制御しなければならない。
・外気温が著しく低く日平均気温が4℃以下となるような寒中コンクリートの養生方法としては，コンクリートが打込み後の初期に**凍結**しないようにするために断熱性の高い材料でコンクリートの周囲を覆い，所定の強度が得られるまで**保温**養生する。

保温養生；コンクリート露出面，開口部，型枠の外側をシート類で覆う
給熱養生；ジェットヒーター，練炭等を用いた温度制御

・寒冷期は，コンクリートを寒気から保護し，打ち込み後は**普通コンクリートで5日以上**，早強ポルトランドセメントの場合で3日以上は，コンクリート温度を**2℃以上**に保たなければならない。

関連問題&よくわかる解説

問題1 □□□

コンクリートの養生に関する次の文章の[ ]の（イ）～（ホ）に当てはまる適切な語句又は数値を解答欄に記述しなさい。

令和3年度【問題2】

⑴ 打込み後のコンクリートは，セメントの[（イ）]反応が阻害されないように表面からの乾燥を防止する必要がある。

⑵ 打込み後のコンクリートは，その部位に応じた適切な養生方法により，一定期間は十分な[（ロ）]状態に保たなければならない。

⑶ 養生期間は，セメントの種類や環境温度等に応じて適切に定めなければならない。日平均気温15℃以上の場合，[（ハ）]を使用した際には，養生期間は7日を標準とする。

⑷ 暑中コンクリートでは，特に気温が高く，また，湿度が低い場合には，表面が急激に乾燥し[（ニ）]が生じやすいので，[（ホ）]又は覆い等による適切な処置を行い，表面の乾燥を抑えることが大切である。

解答 **「コンクリート標準示方書（施工編）」**より

⑴ 打込み後のコンクリートは，セメントの[**（イ）；水和**]反応が阻害されないように表面からの乾燥を防止する必要がある。

⑵ 打込み後のコンクリートは，その部位に応じた適切な養生方法により，一定期間は十分な[**（ロ）；湿潤**]状態に保たなければならない。

⑶ 養生期間は，セメントの種類や環境温度等に応じて適切に定めなければならない。日平均気温15℃以上の場合，[**（ハ）；混合セメントB種（中庸熱ポルトランドセメント）**]を使用した際には，養生期間は7日を標準とする。

⑷ 暑中コンクリートでは，特に気温が高く，また，湿度が低い場合には，表面が急激に乾燥し[**（ニ）；ひび割れ**]が生じやすいので，[**（ホ）；散水**]又は覆い等による適切な処置を行い，表面の乾燥を抑えることが大切である。

問題2 □□□

コンクリートの養生に関する次の文章の[　　]の（イ）～（ホ）に当てはまる適切な語句を解答欄に記述しなさい。 平成30年度【問題 3】

(1) コンクリートが，所要の強度，劣化に対する抵抗性などを確保するためには，セメントの[（イ）]反応を十分に進行させる必要がある。したがって，打込み後の一定期間は，コンクリートを適当な温度のもとで，十分な[（ロ）]状態に保つ必要がある。

(2) 打込み後のコンクリートの打上がり面は，日射や風の影響などによって水分の逸散を生じやすいので，湛水，散水，あるいは十分に水を含む[（ハ）]により給水による養生を行う。

(3) フライアッシュセメントや高炉セメントなどの混合セメントを使用する場合，普通ポルトランドセメントに比べて養生期間を[（ニ）]することが必要である。

(4) [（ホ）]剤の散布あるいは塗布によって，コンクリートの露出面の養生を行う場合には，所要の性能が確保できる使用量や施工方法などを事前に確認する。

解答

(1) コンクリートが，所要の強度，劣化に対する抵抗性などを確保するためには，セメントの**（イ）水和**反応を十分に進行させる必要がある。したがって，打込み後の一定期間は，コンクリートを適当な温度のもとで，十分な**（ロ）湿潤**状態に保つ必要がある。

(2) 打込み後のコンクリートの打上がり面は，日射や風の影響などによって水分の逸散を生じやすいので，湛水，散水，あるいは十分に水を含む**（ハ）湿布（養生マット）**により給水による養生を行う。

(3) フライアッシュセメントや高炉セメントなどの混合セメントを使用する場合，普通ポルトランドセメントに比べて養生期間を**（ニ）長く**することが必要である。

(4) **（ホ）膜養生**剤の散布あるいは塗布によって，コンクリートの露出面の養生を行う場合には， 所要の性能が確保できる使用量や施工方法などを事前に確認する。

問題3 □□□

コンクリートの養生に関する次の文章の［　　］の（イ）～（ホ）に当てはまる適切な語句を解答欄に記述しなさい。

平成26年度【問題 3】－〔設問 1〕

⑴ コンクリートの打込み後は，コンクリート表面が乾燥すると［（イ）］の発生の原因となるので，硬化を始めるまで，日光の直射，風などによる水分の逸散を防がなければならない。

また，コンクリートを適当な温度のもとで，十分な［（ロ）］状態に保ち，有害な作用の影響を受けないようにすることが必要である。

⑵ コンクリートは，十分に硬化が進むまで，硬化に必要な温度条件に保ち，低温，高温，急激な温度変化による有害な影響を受けないように，必要に応じて養生時の温度を制御しなければならない。

セメントの［（ハ）］反応は，養生時のコンクリート温度によって影響を受け，一般に養生温度や材齢が圧縮強度に及ぼす影響は，養生温度が低い場合は，必要な圧縮強度を得るための期間は長く，逆に養生温度が高いと短くなる。

⑶ 外気温が著しく低く日平均気温が4℃以下となるような寒中コンクリートの養生方法としては，コンクリートが打込み後の初期に［（ニ）］しないようにするために断熱性の高い材料でコンクリートの周囲を覆い，所定の強度が得られるまで［（ホ）］養生する。

解答

⑴ コンクリートの打込み後は，コンクリート表面が乾燥すると［**（イ）ひび割れ**］の発生の原因となるので，硬化を始めるまで，日光の直射，風などによる水分の逸散を防がなければならない。また，コンクリートを適当な温度のもとで，十分な［**（ロ）湿潤**］状態に保ち，有害な作用の影響を受けないようにすることが必要である。

⑵ コンクリートは，十分に硬化が進むまで，硬化に必要な温度条件に保ち，低温，高温，急激な温度変化による有害な影響を受けないように，必要に応じて養生時の温度を制御しなければならない。

セメントの［**（ハ）水和**］反応は，養生時のコンクリート温度によって影響を受け，一般に養生温度や材齢が圧縮強度に及ぼす影響は，養生温度が低い場合は，必要な圧縮強度を得るための期間は長く，逆に養生温度が高いと短くなる。

(3) 外気温が著しく低く日平均気温が4℃以下となるような寒中コンクリートの養生方法としては，コンクリートが打込み後の初期に **(ニ) 凍結** しないようにするために断熱性の高い材料でコンクリートの周囲を覆い，所定の強度が得られるまで **(ホ) 保温** 養生する。

問題4 □□□

コンクリートの打込み，締固め，養生における品質管理に関する次の文章の［　　］の（イ）～（ホ）に当てはまる適切な語句を解答欄に記述しなさい。

令和２年度【問題４】

(1) コンクリートを2層以上に分けて打ち込む場合，上層と下層が一体となるように施工しなければならない。また，許容打重ね時間間隔は，外気温25℃以下ではは［　(イ)　］時間以内を標準とする。

(2) ［　(ロ)　］が多いコンクリートでは，型枠を取り外した後，コンクリート表面に砂すじを生じることがあるため，［　(ロ)　］の少ないコンクリートとなるように配合を見直す必要がある。

(3) 壁とスラブとが連続しているコンクリート構造物などでは，コンクリートは断面の変わる箇所でいったん打ち止め，そのコンクリートの［　(ハ)　］が落ち着いてから上層コンクリートを打ち込む。

(4) コンクリートの締固めにおいて，棒状バイブレータは，なるべく鉛直に一様な間隔で差し込む。その間隔は，一般に［　(ニ)　］cm以下にするとよい。

(5) コンクリートの養生の目的は，［　(ホ)　］状態に保つこと，温度を制御すること，及び有害な作用に対して保護することである。

解答

(1) コンクリートを2層以上に分けて打ち込む場合，上層と下層が一体となるように施工しなければならない。また，許容打重ね時間間隔は，外気温25℃以下では **(イ)；2.5** 時間以内を標準とする。

(2) **(ロ)；ブリーディング水（ブリーディング）** が多いコンクリートでは，型枠を取り外した後，コンクリート表面に砂すじを生じることがあるため，**(ロ)；ブリーディング水（ブリーディング）** の少ないコンクリートとなるように配合を見直す必要がある。

⑶　壁とスラブとが連続しているコンクリート構造物などでは，コンクリートは断面の変わる箇所でいったん打ち止め，そのコンクリートの **(ハ)；沈下** が落ち着いてから上層コンクリートを打ち込む。

⑷　コンクリートの締固めにおいて，棒状バイブレータは，なるべく鉛直に一様な間隔で差し込む。その間隔は，一般に **(ニ)；50** cm 以下にするとよい。

⑸　コンクリートの養生の目的は， **(ホ)；湿潤** 状態に保つこと，温度を制御すること，及び有害な作用に対して保護することである。

※問題4については，品質管理として出題された問題ですが，施工に類する問題のため，コンクリート工に記載しています。

鉄筋・型枠の組立，打継目の施工

⑴　鉄筋組立時の留意事項

・鉄筋は，**常温**で曲げ加工とするのを原則とする。

・鉄筋は，組み立てる前に清掃し浮きさびなどを除去する。また，鉄筋を組み立ててからコンクリートの打ち込みまでに長時間が経過し，**(ごみ，泥土等)有害な付着物**や**浮き錆**が認められる場合は，再度鉄筋を清掃し，鉄筋とコンクリートとの付着を害しないようにする。

・組み立てた鉄筋の一部が長時間大気にさらされる場合には，鉄筋の**防錆処理**を行うか，シートなどによる保護を行う。

・鉄筋は，正しい位置に配置しないと，鉄筋コンクリート部材の耐力に影響を及ぼし，**かぶり**が不足すると構造物の耐久性を損なうため，所定の位置から動かないように固定しなければならない。鉄筋とせき板との間隔は，**スペーサ**を用いて正しく保ち，かぶりを確保しなければならない。

・スペーサは，本体コンクリートと同等以上の品質のモルタル又はコンクリート製スペーサによるものとし，梁，床版等で $1m^2$ あたり4個程度，壁および柱で $1m^2$ あたり2～4個程度配置する。

⑵　型枠組立時の留意事項

・せき板内面には，コンクリートが型枠に付着するのを防ぐとともに型枠の取外しを容易にするため，**はく離剤を塗布**することを原則とする。

・型枠，および支保工の取りはずし時期を判定するためのコンクリート強度は，**現場水中養生**（打込まれたコンクリートと同じ状態で養生したコンクリート供試体）の圧縮強度による。

※コンクリートプラント（工場）で，温度が20℃±2℃に保たれた水中において，供試体を養生することを**標準養生**という。（マスコンクリートでは標準養生の圧縮強度による）

・型枠に作用するフレッシュコンクリートによる圧力のことを，**側圧**という。**コンクリートの流動性が高いほど，重量が大きいほど側圧は大きくなる。**

条件・環境	コンクリートの側圧	
	大きくなる	小さくなる
コンクリートの状態	軟らかい	硬い
コンクリート温度	**低い**	高い
コンクリートの打込み速度	早い	遅い
コンクリート打設時の気温	低い	高い
コンクリートのスランプ	大きい	小さい
コンクリートの単位容積質量	大きい	小さい

(3) コンクリートの打継ぎ

・打継目は，できるだけ**せん断力の小さい位置**に設け，打継面を部材の圧縮力の作用方向と**直交**させるのを原則とする。

・打継目の位置は，温度応力，乾燥**収縮**等によって発生するおそれのあるひび割れを考慮して定めなければならない。

・打継面に敷くモルタルの水セメント比は，**使用するコンクリートの水セメント比以下**とする。

・コンクリート打継目には，水平打継目と鉛直打継目がある。

① 水平打継目

・できるだけ水平な直線になるようにする。

・打継目の処理としては，打継表面の処理時期を延長できる処理剤（凝結遅延材）を散布することもある。

・既に打ち込まれたコンクリートの表面の**レイタンス**，品質の悪いコンクリート，緩んだ**骨材粒**などを完全に取り除き，コンクリート表面を粗にした後に，十分に**吸水**させなければならない。

・既に打ち込まれた下層コンクリートの打継面の処理方法には，**硬化前**と**硬化後**の方法がある。

◎**硬化前**の処理方法→コンクリートの**凝結**終了後，高圧の空気または水でコンクリート表面の薄層を除去し，**骨材（粗骨材）**粒を露出させる。 ◎**硬化後**の処理方法→既に打ち込まれた下層コンクリートがあまり硬くなければ，高圧の空気及び水を吹き付けて入念に洗うか，水をかけながら，ワイヤブラシを用いて表面を**粗**にする。

② 鉛直打継目

- 表面処理は，既に打ち込まれ硬化したコンクリートの打継面は，ワイヤブラシで表面を削るか，**チッピング**などにより**粗**にして十分**吸水**させた後に，新しくコンクリートを打ち継ぐ。
- 新しいコンクリートの打込みにあたっては，打継面が十分に密着するように入念に締固める。
- 水密を要するコンクリートの鉛直打継目では，**止水板**を用いるのを原則とする。

③ 断面修復等

- 既設コンクリートに新たなコンクリートを打ち継ぐ場合には，既設コンクリート内部鋼材の腐食膨張や凍害，アルカリシリカ反応によるひび割れにより欠損部や中性化，**塩化物イオン**などの劣化因子を含む既設コンクリートの撤去した場合のコンクリートの修復をする。
- 断面修復の施工フローは，発錆している鋼材の裏側までコンクリートをはつり取り，鋼材の**防錆**処理を行い，既設コンクリートと新たなコンクリートの打継ぎの面にプライマーの塗布を行った後に，**ポリマー**セメントモルタルなどのセメント系材料を充てんする。

関連問題&よくわかる解説

問題 1 □□□

コンクリートの打継目の施工に関する次の文章の□□□の（イ）～（ホ）に当てはまる適切な語句又は数値を解答欄に記述しなさい。

令和 4 年度【問題 4】

(1) 打継目は，できるだけせん断力の□（イ）□位置に設け，打継面を部材の圧縮力の作用方向と直交させるのを原則とする。海洋及び港湾コンクリート構造物等では，外部塩分が打継目を浸透し，□（ロ）□の腐食を促進する可能性があるのでできるだけ設けないのがよい。

(2) コンクリートを水平に打ち継ぐ場合には，既に打ち込まれたコンクリートの表面のレイタンス，品質の悪いコンクリート，緩んだ骨材粒等を完全に取り除き，コンクリート表面を□（ハ）□にした後，十分に吸水させなければならない。

(3) 既に打ち込まれ硬化したコンクリートの鉛直打継面は，ワイヤブラシで表面を削るか，□（ニ）□等により□（ハ）□にして十分吸水させた後，新しいコンクリートを打ち継がなければならない。

(4) 水密性を要するコンクリート構造物の鉛直打継目には，□（ホ）□を用いることを原則とする。

解答

(1) 打継目は，できるだけせん断力の **（イ）；小さい** 位置に設け，打継面を部材の圧縮力の作用方向と直交させるのを原則とする。海洋及び港湾コンクリート構造物等では，外部塩分が打継目を浸透し，**（ロ）；鉄筋** の腐食を促進する可能性があるのでできるだけ設けないのがよい。

(2) コンクリートを水平に打ち継ぐ場合には，既に打ち込まれたコンクリートの表面のレイタンス，品質の悪いコンクリート，緩んだ骨材粒等を完全に取り除き，コンクリート表面を **（ハ）；粗** にした後，十分に吸水させなければならない。

(3) 既に打ち込まれ硬化したコンクリートの鉛直打継面は，ワイヤブラシで表面を削るか，**（ニ）；チッピング** 等により **（ハ）；粗** にして十分吸水させた後，新しいコンクリートを打ち継がなければならない。

(4) 水密性を要するコンクリート構造物の鉛直打継目には，**（ホ）；止水板** を用いることを原則とする。

問題2 □□□

コンクリート構造物の施工に関する次の文章の［　　］の（イ）～（ホ）に当てはまる適切な語句を解答欄に記述しなさい。

令和元年度（再試験）【問題 3】

⑴ 打継目の位置は，温度応力，乾燥［（イ）］等によって発生するおそれのあるひび割れを考慮して定めなければならない。

⑵ 鉄筋は，正しい位置に配置しないと，鉄筋コンクリート部材の耐力に影響を及ぼし，［（ロ）］が不足すると構造物の耐久性を損なうため，所定の位置から動かないように固定しなければならない。

⑶ 鉄筋を組み立ててからコンクリートの打ち込みまでに長時間が経過し，［（ハ）］や浮き錆が認められる場合は，再度鉄筋を清掃し，鉄筋への付着物を除去しなければならない。

⑷ 冬期におけるコンクリートの打込み等において，スランプの保持時間が長い場合，凝結が遅延する場合，打込み速度を大きくする場合には，想定よりも高い［（ニ）］が型枠に作用する可能性があるので注意が必要である。

⑸ 養生は，その目的に応じて，「湿潤状態に保つこと」，「［（ホ）］を制御すること」，「有害な作用に対して保護すること」の3項目に分類される。

解答

⑴ 打継目の位置は，温度応力，乾燥［**（イ）収縮**］等によって発生するおそれのあるひび割れを考慮して定めなければならない。

⑵ 鉄筋は，正しい位置に配置しないと，鉄筋コンクリート部材の耐力に影響を及ぼし，［**（ロ）かぶり**］が不足すると構造物の耐久性を損なうため，所定の位置から動かないように固定しなければならない。

⑶ 鉄筋を組み立ててからコンクリートの打ち込みまでに長時間が経過し，［**（ハ）（ごみ，泥土等）有害な付着物**］や浮き錆が認められる場合は，再度鉄筋を清掃し，鉄筋への付着物を除去しなければならない。

⑷ 冬期におけるコンクリートの打込み等において，スランプの保持時間が長い場合，凝結が遅延する場合，打込み速度を大きくする場合には，想定よりも高い［**（ニ）側圧**］が型枠に作用する可能性があるので注意が必要である。

⑸ 養生は，その目的に応じて，「湿潤状態に保つこと」，「［**（ホ）温度**］を制御すること」，「有害な作用に対して保護すること」の3項目に分類される。

問題3 □□□

コンクリート構造物の施工に関する次の文章の［　　］の（イ）～（ホ）に当てはまる適切な語句を解答欄に記述しなさい。 令和元年度【問題 3】

⑴ 継目は設計図書に示されている所定の位置に設けなければならないが，施工条件から打継目を設ける場合は，打継目はできるだけせん断力の［（イ）］位置に設けることを原則とする。

⑵ ［（ロ）］は鉄筋を適切な位置に保持し，所要のかぶりを確保するために，使用箇所に適した材質のものを，適切に配置することが重要である。

⑶ 組み立てた鉄筋の一部が長時間大気にさらされる場合には，鉄筋の［（ハ）］処理を行うか，シートなどによる保護を行う。

⑷ コンクリート打込み時に型枠に作用するコンクリートの側圧は，一般に打上がり速度が速いほど，また，コンクリート温度が低いほど［（ニ）］なる。

⑸ コンクリートの打込み後の一定期間は，十分な［（ホ）］状態と適当な温度に保ち，かつ有害な作用の影響を受けないように養生をしなければならない。

コンクリート工

解答

⑴ 継目は設計図書に示されている所定の位置に設けなければならないが，施工条件から打継目を設ける場合は，打継目はできるだけせん断力の［**（イ）小さい**］位置に設けることを原則とする。

⑵ ［**（ロ）スペーサ**］は鉄筋を適切な位置に保持し，所要のかぶりを確保するために，使用箇所に適した材質のものを，適切に配置することが重要である。

⑶ 組み立てた鉄筋の一部が長時間大気にさらされる場合には，鉄筋の［**（ハ）防錆**］処理を行うか，シートなどによる保護を行う。

⑷ コンクリート打込み時に型枠に作用するコンクリートの側圧は，一般に打上がり速度が速いほど，また，コンクリート温度が低いほど［**（ニ）大きく**］なる。

⑸ コンクリートの打込み後の一定期間は，十分な［**（ホ）湿潤**］状態と適当な温度に保ち，かつ有害な作用の影響を受けないように養生をしなければならない。

問題4 □□□

コンクリートの打継ぎに関する次の文章の［　　］の（イ）～（ホ）に当てはまる適切な語句を解答欄に記述しなさい。 平成27年度【問題 3】

⑴ 水平打継目でコンクリートを打ち継ぐ場合には，既に打ち込まれたコンクリートの表面の［（イ）］，品質の悪いコンクリート，緩んだ骨材粒などを完全に取り除き，コンクリート表面を粗にした後に，十分に［（ロ）］させなければならない。

⑵ 鉛直打継目でコンクリートを打ち継ぐ場合には，既に打ち込まれ硬化したコンクリートの打継面は，ワイヤブラシで表面を削るか，チッピングなどにより粗にして十分［（ロ）］させた後に，新しくコンクリートを打ち継がなければならない。

⑶ 既設コンクリートに新たなコンクリートを打ち継ぐ場合には，既設コンクリート内部鋼材の腐食膨張や凍害，アルカリシリカ反応によるひび割れにより欠損部や中性化，［（ハ）］などの劣化因子を含む既設コンクリートの撤去した場合のコンクリートの修復をする。

⑷ 断面修復の施工フローは，発錆している鋼材の裏側までコンクリートをはつり取り，鋼材の［（ニ）］処理を行い，既設コンクリートと新たなコンクリートの打継ぎの面にプライマーの塗布を行った後に，［（ホ）］セメントモルタルなどのセメント系材料を充てんする。

解答

⑴ 水平打継目でコンクリートを打ち継ぐ場合には，既に打ち込まれたコンクリートの表面の［**（イ）レイタンス**］，品質の悪いコンクリート，緩んだ骨材粒などを完全に取り除き，コンクリート表面を粗にした後に，十分に［**（ロ）吸水**］させなければならない。

⑵ 鉛直打継目でコンクリートを打ち継ぐ場合には，既に打ち込まれ硬化したコンクリートの打継面は，ワイヤブラシで表面を削るか，チッピングなどにより粗にして十分［**（ロ）吸水**］させた後に，新しくコンクリートを打ち継がなければならない。

⑶ 既設コンクリートに新たなコンクリートを打ち継ぐ場合には，既設コンクリート内部鋼材の腐食膨張や凍害，アルカリシリカ反応によるひび割れにより欠損部や中性化，［**（ハ）塩化物イオン**］などの劣化因子を含む既設コンクリートの撤去した場合のコンクリートの修復をする。

(4) 断面修復の施工フローは，発錆している鋼材の裏側までコンクリートをはつり取り，鋼材の **(ニ) 防錆** 処理を行い，既設コンクリートと新たなコンクリートの打継ぎの面にプライマーの塗布を行った後に，**(ホ) ポリマー** セメントモルタルなどのセメント系材料を充てんする。

問題5 □□□

コンクリート打継目の施工に関する次の文章の□の（イ）～（ホ）に当てはまる適切な語句を解答欄に記述しなさい。

平成24年度【問題 3】－〔設問 1〕

・コンクリート打継目には，水平打継目と鉛直打継目がある。

(1) 水平打継目の施工にあたっては，十分な強度，耐久性及び水密性を有する打継目を造るために，既に打ち込まれた下層コンクリート上部の （イ） ，品質の悪いコンクリート，緩んだ骨材などを取り除いてから打ち継ぐことが必要である。

既に打ち込まれた下層コンクリートの打継面の処理方法には，硬化前と硬化後の方法がある。

硬化前の処理方法としては，コンクリートの （ロ） 終了後，高圧の空気または水でコンクリート表面の薄層を除去し， （ハ） 粒を露出させる方法が用いられる。

硬化後の処理方法による場合，既に打ち込まれた下層コンクリートがあまり硬くなければ，高圧の空気及び水を吹き付けて入念に洗うか，水をかけながら，ワイヤブラシを用いて表面を （ニ） にする必要がある。

(2) 鉛直打継目の施工にあたっては，硬化後の処理方法による場合，既に打ち込まれ硬化したコンクリートの打継面は，ワイヤブラシで表面を削るか，チッピングなどにより （ニ） にして，十分 （ホ） させた後，新しくコンクリートを打ち継がなければならない。

解答

(1) 水平打継目の施工にあたっては，十分な強度，耐久性及び水密性を有する打継目を造るために，既に打ち込まれた下層コンクリート上部の **(イ) レイタンス** ，品質の悪いコンクリート，緩んだ骨材などを取り除いてから打ち継ぐことが必要である。既に打ち込まれた下層コンクリートの打継面の処理方法には，硬化前と硬化後の方法がある。硬化前の処理方法としては，コンクリートの［(ロ) 凝結］終了後，高圧の空気または水でコンクリート表面の薄層を除去し，［(ハ)骨材(粗骨材)］粒を露出させる方法が用いられる。

硬化後の処理方法による場合，既に打ち込まれた下層コンクリートがあまり硬くなければ，高圧の空気及び水を吹き付けて入念に洗うか，水をかけながら，ワイヤブラシを用いて表面を［(ニ) 粗］にする必要がある。

(2) 鉛直打継目の施工にあたっては，硬化後の処理方法による場合，既に打ち込まれ硬化したコンクリートの打継面は，ワイヤブラシで表面を削るか，チッピングなどにより［(ニ) 粗］にして，十分［(ホ) 吸水］させた後，新しくコンクリートを打ち継がなければならない。

問題6 □□□

コンクリート打込みにおける打継目に関するに関する，次の2項目について，それぞれ1つずつ施工上の留意事項を解答欄に記述しなさい。

(1) 打継目を設ける位置　　平成30年度【問題 8】

(2) 水平打継目の表面処理

＜解答欄＞

(1) 打継目を設ける位置

(2) 水平打継目の表面処理

解答

下記の文章を参考に，解答欄に収まるように簡潔に記述する。

(1)	打継目を設ける位置	できるだけせん断力が小さい位置に設け，圧縮力を受ける方向と直角にする。
(2)	水平打継目の表面処理	・コンクリートの凝結終了後，高圧の空気または水でコンクリート表面のレイタンスを除去し，粗骨材粒を露出させる。 ・高圧の空気及び水を吹き付けて入念に洗うか，水をかけながら，ワイヤブラシを用いて表面を粗にする。

特殊な配慮が必要なコンクリート（暑中・寒中・マスコンクリート）

⑴　**寒中コンクリート**

①　**発生原因（概要）**

日平均気温が4℃以下になるような気象条件のもとでは，**コンクリート中の水分が凍結**するおそれがあり，コンクリートを凝結硬化の初期に凍結させると，**強度・耐久性・水密性に著しい悪影響**を残すことになるので，コンクリート中の水分を凍結させないように寒中コンクリートとしての処置を講ずる必要がある。

②　**材料・配合**

- **AE剤，AE減水剤あるいは高性能AE減水剤**を用いて，できるだけ**単位水量を少なく**する。適当な空気量を連行することによりコンクリートの耐凍害性も改善される。
- **材料を加熱**する場合は，**練り混ぜ水，もしくは骨材を加熱**する。**練り混ぜ温度は40℃を超えない**ように調節する。いかなる場合にも，**セメントを直接加熱してはならない**。

③　**施工**

- 鉄筋，型枠，打継目の旧コンクリートなどに**氷雪が付着**したり凍結したりしているときは，コンクリート打込み前に適当な方法で加温してこれを**融かさなければならない**。
- **打設時のコンクリート温度は，5～20℃**の範囲でこれを定めることとする。気象条件が厳しい場合や部材厚の薄い場合には，**最低打込み温度は10℃程度確保**する。

④　**養生**

- コンクリート打込み後は少なくとも24時間は，コンクリートが凍結しないように保護しなければならない。厳しい気象作用を受けるコンクリートは，初期凍害を防止できる強度が得られるまで**コンクリートの温度を5℃以上**に保ち，さらに**2日間は0℃以上**に保つことを標準とする。
- **ジェットヒータ・練炭等を用いた給熱養生**を行う。コンクリートに給熱する場合，コンクリートが**急激に乾燥**することや**局部的に熱せられることがないようにしなければならない**。
- **保温養生あるいは給熱養生終了後**に急に寒気にさらすと，コンクリート表面にひび割れが生じるおそれがあるので，**適当な方法で保護して表面の急冷を防止**する。

⑵　暑中コンクリート

①　発生原因（概要）

日平均気温が25℃を超える時期に施工する場合には，暑中コンクリートとして，**ワーカビリティーの確保・コールドジョイントの防止**等に注意し施工しなければならない。

②　材料・配合

・練上りコンクリートの温度を低くするためには，なるべく低温度の材料を用いる必要がある。骨材は日光の直射を避けて貯蔵し，**散水して水の気化熱による温度降下をはかる**のが望ましい。また，**練混ぜ水にはできるだけ低温度**のものを用いる。

・**減水剤**，**AE剤**，**AE減水剤**あるいは**流動化剤**等を用いて**単位水量を少なく**し，かつ，発熱をおさえるため**単位セメント量を少なく**するのがよい。なお，暑中コンクリートに用いる減水剤およびAE減水剤は，**遅延形**のものを用いる。

③　施工

・コンクリートを打ち込む前には，地盤・型枠等のコンクリートから**吸水されそうな部分は十分湿潤状態に保ち**，また，型枠・鉄筋等が直射日光を受けて**高温となる場合には散水・覆い**等の適切な処置を施す。また，**打込み時のコンクリート温度**は，一般に**35℃以下**とする。

・**練り混ぜから打設終了までの時間（90分），許容打ち重ね時間間隔（120分）**を厳守する。

④　養生

・打込み直後の急激な乾燥によってひび割れが生じることがあるので，**直射日光，風等を防ぐため散水または覆い**等による適切な処置を行う。

・**木製型枠のようにせき板沿いに乾燥**が生じるおそれのある場合には，**型枠も湿潤状態に保つ**必要がある。型枠を取り外した後も養生期間中は露出面を湿潤に保つ。

⑶　マスコンクリート

①　発生原因（概要）

・大塊状に**施工される質量や体積の大きいコンクリート**を指し，ダムや橋桁，大きな壁といった大規模な構造物をマスコンクリートという。**セメントの水和熱**によって，**コンクリート部材内部と表面付近の温度差**による**膨張ひずみの差**によってひび割れが発生する。

※コンクリートが温度降下する際（コンクリートの収縮時）に地盤や既設コンクリートによって受ける外部拘束により部材には温度応力によりひび割れが発生する。

※第4章　コンクリート工事の品質管理③「水和熱によるひび割れ」に関連事項の記載があります。

②　材料・配合

・所要のワーカビリティー・強度・耐久性・水密性等が確保される範囲内で，**単位セメント量ができるだけ少なく**なるよう，これを定めなければならない。

・**低発熱形の中庸熱ポルトランドセメント，高炉セメント，フライアッシュセメント**等を用いることが望ましい。

・**減水剤，AE 剤，AE 減水剤等を用いて単位水量を少なく**，ワーカビリティーを改善しかつ，発熱をおさえるため単位セメント量を少なくするのがよい。（温度ひび割れの抑制）

・骨材，混練水を冷却（プレクーリング）し，練上がり温度を抑制する。

③　施工

・コンクリートを打ち込む前には，型枠・鉄筋等が直射日光を受けて**高温となる場合には散水・覆い**等の適切な処置を施す。

・コンクリートの製造時の温度調節，**打込み区画の大きさやリフト高さ，継目の位置，打込み時間間隔等を適切に選定**する。

・構造物の種類によっては，ひび割れ誘発目地によりひび割れの発生位置の制御を行うことが効果的な場合もある。

④　養生

・コンクリート部材**内外の温度差が大きくならないよう**，また，部材全体の温度降下速度が大きくならないよう，コンクリート温度をできるだけ緩やかに外気温に近づける配慮が必要であり，必要に応じて**コンクリート表面を断熱性の良い材料（スチロール，シートなど）で覆う保温，保護**を行うなどの処置をとるのがよい。

・打込み後の温度制御方法としてパイプクーリングを行う。パイプクーリングは，コンクリート内に埋め込まれたパイプに冷却水または自然の河川水等を通水することにより行われる。**コンクリート温度との冷却水との温度差は20度以下が目安で，温度差が大きくなりすぎないように注意する。**

最重要 特別な配慮を要するコンクリート 合格ノート

・寒中コンクリート（日平均気温4℃以下）

対策 ① AE（減水）剤の使用　② 単位水量を少なくする

③ 練り混ぜ水，骨材の加熱（セメントを直接加熱してはならない）

※練り混ぜ温度は40℃を超えない

・暑中コンクリート（日平均気温25℃を超える場合）

対策 ① 骨材は直射日光を避けて貯蔵，散水して温度を降下させる（粗骨材）

② 練混ぜ水は低温（冷水）を用いる　※コンクリート温度35℃以下

③ 単位セメント量を少なくする（単位水量を少なく）

④ 遅延形AE減水剤，流動化剤を使用する

・マスコンクリート（ダム・橋桁等，セメント量の大きくなる構造物）

対策 ① 発熱量の小さい中庸熱ポルトランドセメント，高炉セメント，フライアッシュセメントを使用

② 単位セメント量を少なくする

③ パイプクーリングによる温度制御

コンクリート内部と表面の温度差を少なくする!!
（コンクリート温度と冷却水の温度差20度以下）
自然の河川水等を用いる

④ 型枠解体時，表面を断熱材で覆う

ひび割れ等（沈みひび割れ・コールドジョイント・マスコンクリートの水和熱による温度ひび割れ・アルカリシリカ反応によるひび割れ…）の発生原因および防止対策は次章の品質管理に関連事項の記載があります。出題はコンクリート工および品質管理のいずれにも出題されることがあります。

関連問題&よくわかる解説

問題1 □□□

暑中コンクリートの施工に関する，次の⑴，⑵の項目について，施工上の留意事項（配慮すべき事項）をそれぞれ1つずつ解答欄に記述しなさい。

令和元年度【問題8】・H29・H27・H25

（H27年度は，打込みする際の留意事項を2つ；配合・養生に関する事項を除く）
（H25年度は，打込み施工時の留意事項を3つ）

⑴　暑中コンクリートの打込み時
⑵　暑中コンクリートの養生時

＜解答欄＞

⑴　暑中コンクリートの打込み時

⑵　暑中コンクリートの養生時

解答

※ここに記載しているものは一例であり，内容が同様であればこの通りでなくても正解となります。また，ここに記載している以外に正解となるものもあります。

⑴　暑中コンクリートの打込み

①　コンクリートを打込む前に，コンクリートから吸水するおそれのある部分は，散水等を行い，湿潤状態とする。
②　直射日光などを受け高温となる場合には，散水を行い，覆いを設ける。
③　打込み時のコンクリート温度は，35℃を超えないよう留意する。
④　練り混ぜ始めてから打ち終わるまでの時間は，1.5時間以内を原則とする。

⑵　暑中コンクリートの養生

①　コンクリートを打ち終わったら速やかに養生を開始し，コンクリートの表面を乾燥から保護する。
②　木製型枠などのように乾燥が生じるおそれのある場合には，型枠も湿潤状態

に保ち，型枠を取り外した後も養生期間中は露出面を湿潤に保つ。

③ 気温が高く，湿度が低い場合には，直射日光，風等を防ぐため，散水または覆いなどによる適切な処置をする。

問題2 □□□

日平均気温が4℃以下になることが予想されるときの寒中コンクリートの施工に関する，下記の⑴，⑵の項目について，それぞれ1つずつ解答欄に記述しなさい。

平成28年度【問題 8】

⑴ 初期凍害を防止するための施工上の留意点

⑵ 給熱養生の留意点

解答欄

⑴ 初期凍害を防止するための施工上の留意点

⑵ 給熱養生の留意点

解答

※ここに記載しているものは一例であり，内容が同様であればこの通りでなくても正解となります。また，ここに記載している以外に正解となるものもあります。

⑴ 初期凍害を防止するための施工上の留意点

・施工箇所の周辺をシートで覆い，風による温度低下を防止する。

・最低打込み温度は10℃程度を確保する。(打設時のコンクリート温度は，5～20℃の範囲とする)

・鉄筋，型枠，打継目の旧コンクリートなどに氷雪が付着したり凍結したりしているときは，コンクリート打込み前に適当な方法で加温してこれを融かす。

※材料・配合・養生に関する解答は，正解から除かれる可能性があるため，打込み前後・施工中の内容を記入してください。

⑵ 給熱養生の留意点

・コンクリートに給熱する場合，コンクリートが急激に乾燥することや局部的に熱せられることがないように注意する。
・保温養生あるいは給熱養生終了する際には，適当な方法で保護して表面の急冷を防止する。
・所定の強度が確保できるまでコンクリートの温度を5℃以上に保ち，さらに2日間は0℃以上に保つ。

問題3 □□□

コンクリートの用語及び施工に関する下記の⑴⑵について解答欄に記述しなさい。 平成23年度【問題3】［設問2］

⑴　コールドジョイントの**用語の説明**と，暑中コンクリートの施工においてコールドジョイントの発生を**防止するための施工上の対策を1つ**解答欄に記述しなさい。

⑵　初期凍害の**用語の説明**と，寒中コンクリートの施工において初期凍害の発生を**防止するための施工上の対策を1つ**解答欄に記述しなさい。

解答欄

⑴　コールドジョイント

用語の説明	
防止するための施工上の対策	

⑵　初期凍害

用語の説明	
防止するための施工上の対策	

解答

※ここに記載しているものは一例であり，内容が同様であればこの通りでなくても正解となります。また，ここに記載している以外に正解となるものもあります。

⑴　**コールドジョイント**

用語の説明	先に打ち込んだコンクリートと後から打ち込んだコンクリートとの間が完全に一体化していない継目（不連続面）
防止するための施工上の対策	・許容打重ね時間間隔を厳守し，外気温25℃超の場合は2.0時間以内とする。 ・１層当たりの打込み高さを40～50cm以下とする。 ・棒状バイブレータを下層のコンクリート中に10cm程度挿入し，下層と上層のコンクリートを一体化する。 ・コンクリートの打込み中，表面にブリーディング水がたまっている場合は，適当な方法で取り除いてから上層のコンクリートを打ち込む。

⑵　**初期凍害**

用語の説明	気温の低下により，十分な強度が発現する前にコンクリート中の水分が凍結・融解をくりかえし，強度が増進しない現象。
防止するための施工上の対策	・施工箇所の周辺をシートで覆い，風による温度低下を防止する。 ・所定の強度が確保できるまでコンクリートの温度を5℃以上に保ち，さらに2日間は0℃以上に保つ。 ・鉄筋，型枠，打継目の旧コンクリートなどに氷雪が付着したり凍結したりしているときは，コンクリート打込み前に適当な方法で加温してこれを融かす。

問題４　□□□

マスコンクリートの温度ひび割れ対策として，打込み及び養生に関する留意点を各々１つ解答欄に記述しなさい。　平成25年度【問題 3】［設問 2］

⑴　マスコンクリートの打込み

⑵　マスコンクリートの養生

<解答欄>

(1) **マスコンクリートの打込み**

(2) **マスコンクリートの養生**

解答

※ここに記載しているものは一例であり，内容が同様であればこの通りでなくても正解となります。また，ここに記載している以外に正解となるものもあります。

(1) **マスコンクリートの打込み**

・打込み区画の大きさやリフト高さ，継目の位置，打込み時間間隔等を適切に選定する。

・ひび割れ誘発目地によりひび割れの発生位置の制御を行う。

・コンクリートの打込み温度ができるだけ低くなるように，コンクリート打設箇所に事前に散水を行う。

(2) **マスコンクリートの養生**

・コンクリート部材内外の温度差が大きくならないよう，コンクリート温度をできるだけ緩やかに外気温に近づけるよう配慮する。

・コンクリート表面の急冷を防止するために断熱性の良い材料（スチロール，シートなど）で覆う保温，保護を行う。

・パイプクーリングを行う場合は，コンクリート温度との冷却水との温度差は20度以下が目安で，温度差が大きくなりすぎないように注意する。

問題5 □□□

コンクリート打込み後に発生する，次のひび割れの発生原因と施工現場における防止対策をそれぞれ1つずつ解答欄に記述しなさい。

ただし，材料に関するものは除く。 令和２年度【問題８】

(1) 初期段階に発生する沈みひび割れ

(2) マスコンクリートの温度ひび割れ

コンクリート工

<解答欄>

(1) 初期段階に発生する沈みひび割れ

発生原因	
防止対策	

(2) マスコンクリートの温度ひび割れ

発生原因	
防止対策	

解答

※ここに記載しているものは一例であり，内容が同様であればこの通りでなくても正解となります。また，ここに記載している以外に正解となるものもあります。

(1) 初期段階に発生する沈みひび割れ

発生原因	・コンクリートの締固め不足により，材料分離が発生し，粗骨材等の密度の大きい材料が沈下する。沈下に伴い，拘束物（鉄筋・セパレーター等）の上に直線的にひび割れが発生する。
防止対策	・コンクリートの凝結前にタンピングや再振動を行う。 ・打ち込みの速度や打込み高さを調整する。

(2) マスコンクリートの温度ひび割れ

発生原因	・質量や体積が大きいため，セメントの水和熱によるコンクリート内部の温度上昇が大きく，コンクリート部材内部と表面付近の温度差による膨張ひずみの差によって発生する。 ・コンクリートが温度降下する際に地盤や既設コンクリートによって受ける拘束により部材には温度応力が発生する。

防止対策	・打込み区画の大きさやリフト高さ，継目の位置，打込み時間間隔等を適切に選定する。 ・コンクリートの打込み温度ができるだけ低くなるように，コンクリート打設箇所に事前に散水を行う。 ・パイプクーリングを行い，コンクリート内部の温度を低下させる。 ・型枠脱型後，コンクリート表面の急冷を防止するために断熱性の良い材料（スチロール，シートなど）で覆い保温，保護を行う。

問題6 □□□

コンクリートの施工に関する次の①～④の記述のすべてについて，適切でない語句が文中に含まれている。①～④のうちから2つ選び，番号，適切でない語句及び適切な語句をそれぞれ解答欄に記述しなさい。

令和３年度【問題９】

① コンクリート中にできた空隙や余剰水を少なくするための再振動を行う適切な時期は，締固めによって再び流動性が戻る状態の範囲でできるだけ早い時期がよい。

② 仕上げ作業後，コンクリートが固まり始めるまでの間に発生したひび割れは，棒状バイブレータと再仕上げによって修復しなければならない。

③ コンクリートを打ち継ぐ場合には，既に打ち込まれたコンクリートの表面のレイタンス等を完全に取り除き，コンクリート表面を粗にした後，十分に乾燥させなければならない。

④ 型枠底面に設置するスペーサは，鉄筋の荷重を直接支える必要があるので，鉄製を使用する。

<解答欄>

誤りの番号	適切でない箇所	適切でない箇所の訂正

解答

次表より，2つ選んで解答欄に記述する。

誤りの番号	適切でない箇所	適切でない箇所の訂正
①	早い時期がよい	遅い時期がよい
②	棒状バイブレータ	タンピング
③	乾燥	吸水
④	鉄製	コンクリート製あるいはモルタル製

問題7 □□□

コンクリートの施工に関する記述として適切でないものを次の①～⑩から3つ抽出し，その番号をあげ，適切でない箇所を訂正して解答欄に記入しなさい。

平成23年度【問題 3】－〔設問 1〕

① コンクリートは，沈下ひび割れ，プラスティック収縮ひび割れ，温度ひび割れ，自己収縮ひび割れあるいは乾燥収縮ひび割れなどの発生ができるだけ少ないものでなければならない。

② コンクリート施工段階に発生する主なひび割れとしては，沈下ひび割れやプラスティック収縮ひび割れがあり，沈下ひび割れを防ぐためには，凝結効果を有する混和材料を用いることが有効である。

③ 乾燥収縮の抑制には，単位水量をできるだけ少なくすること，また，吸水率の大きい骨材やヤング係数の小さい骨材を使用しない。

④ マスコンクリートでは，温度ひび割れ防止の観点から，中庸熱ポルトランドセメントのような低発熱型のセメントを用いることが望ましい。

⑤ 表面のひび割れが少なく，耐久性や水密性に優れたコンクリート構造物を構築するには，運搬，打込み，締固めなどの作業に適する範囲内で，できるだけ単位水量を少なくし，材料分離の少ないコンクリートを使用する。

⑥ 再振動を適切な時期に行うと，コンクリートは再び流動性を帯びてコンクリート中にできた空隙や余剰水が少なくなり，コンクリートの強度や沈下ひび割れの防止などに効果があるため，再振動はできるだけ早い時期がよい。

⑦ 仕上げ作業後，コンクリートが固まり始めるまでの間に発生したひ

び割れは，散水又は再仕上げによって修復しなければならない。

⑧　ブリーディングが発生している段階で過度にならしを行うと，表面近くにセメントペーストが集まって温度ひび割れが発生しやすい。

⑨　打上り面の表面仕上げの金ごてをかける時期は，コンクリートの配合，天候，気温などによって相違するが，指で押してもへこみにくい程度に固まった時が目安となる。

⑩　コンクリートの露出面は，表面を荒らさないで作業ができる程度に硬化した後に，養生マット，布などをぬらしたもので覆うか，又は散水，湛水を行い，湿潤状態に保たなければならない。

<解答欄>

誤りの番号	適切でない箇所	適切でない箇所の訂正

解答

次表より，3つ選んで解答欄に記述する。

誤りの番号	適切でない箇所	適切でない箇所の訂正
②	凝結効果	減水効果
⑥	早い時期	遅い時期
⑦	散水	タンピング
⑧	温度ひび割れ	収縮ひび割れ

第4章 品質管理

出題概要（過去の出題傾向と予想）

土工からは品質管理方式，土質試験，締固め試験等から，コンクリート工からはコンクリートの受入検査，非破壊検査，劣化要因（ひび割れ），鉄筋・型枠（支保工）等に関する記述について空欄に適切な語句・数値を記入する**穴埋め問題**，品質管理のための規定方式や検査方法，品質劣化の原因や対策等を記述する**記述式問題**等が出題されます。また，土工事では締固め試験の結果を計算し作図する作図問題が出題されることもあります。

※令和3年の試験制度改正により，出題数は年度によりばらつきがみられます。

	土工			コンクリート			
	土質試験 品質管理方式	締固め試験	その他	コンクリートの受入検査（施工留意事項）	非破壊検査	劣化要因（ひび割れ）	鉄筋・型枠（支保工）
R5	○（穴埋め）	△	△	○	○（穴埋め）	◎（記述）	◎
R4	記述（土質試験）	穴埋め				記述（ひび割れ）	
R3				穴埋め（品質管理項目）			
R2	記述（品質管理方式）			穴埋め（施工留意事項）			
R1	穴埋め					記述（劣化要因）	
H30	記述（品質管理方式）						穴埋め
H29	穴埋め						記述
H28	記述（品質管理方式）				穴埋め		
H27		穴埋め				記述（劣化要因）	
H26	記述（土質試験）						穴埋め
H25		作図		記述			
H24	穴埋め（試験施工）					記述（ひび割れ）	
H23			記述（施工留意事項）		穴埋め		

土工事の品質管理①…土質調査

室内試験（盛土の施工前に行う材料試験）

土質試験（室内試験）の名称と測定方法

試験の名称	測定方法
土粒子の密度試験	試料を乾燥炉にかけ，土粒子の質量に対する間げきに含まれる水の質量を求める試験。それにより，土粒子の密度・間げき比・飽和度・空気間げき率が求まる。
粒度試験	ふるい分析及び沈降分析を用いて，土を構成する土粒子の粒径の分布を求める。
液性限界試験	土が塑性状から液体に移る時の境界の含水比を求める。
塑性限界試験	土が塑性状から半固体状に移る時の境界の含水比を求める。 ※液性限界・塑性限界試験共に，土質材料の選定に用いる。
一面せん断試験	上下に分かれたせん断箱に試料を入れ，垂直方向に載荷した状態で，せん断力を加え，試料に生ずる抵抗力を測定する。
一軸圧縮試験	円柱形供試体に連続的に圧縮を加え，圧縮量と圧縮力を測定し，一軸圧圧縮強さ・粘着力を求める。
三軸圧縮試験	三軸圧力室内に水を満たし水圧をかけた状態で，圧縮力を加えせん断破壊し，その時の荷重を測定する。せん断抵抗角・粘着力を求め，地盤の安定計算等に用いられる。
圧密試験	粘性土に荷重を段階的に増加させ圧密し，圧密係数，圧縮指数等を求める試験。粘性土の沈下量の推定に用いる。
締固め試験	含水率を変化させた土を，同じエネルギーで突き固めて，最もよく締まる時の最適含水比と最大乾燥密度を求める。

土の判別分類および力学的性質を求める試験

試験の名称	求められるもの	試験結果の利用
土粒子の密度試験	土粒子の密度・間げき比・飽和度・空気間げき率	土の締固めの程度，有機物含有の有無
土の含水比試験	含水比	土の基本的性質の計算
粒度試験 （ふるい分析・沈降分析）	粒径加積曲線 →有効径・均等係数	粒度による細粒土の分類 材料としての土の判定
コンシステンシー試験 （塑性限界・液性限界試験）	液性限界・塑性限界 塑性指数	自然状態の細粒土の安定性の判定・盛土材料の選定
せん断試験 一面せん断試験 一軸圧縮試験 三軸圧縮試験	 せん断抵抗角(内部摩擦角度 ø)・粘着力 一軸圧圧縮強さ・粘着力 せん断抵抗角・粘着力	 基礎，斜面，擁壁などの安定計算 細粒土の地盤の安定計算（支持力） 細粒土の構造の判定
圧密試験	圧密指数・圧密係数	粘性土の沈下量の計算
締固め試験	最大乾燥密度 最適含水比	路盤および盛土の施工方法の決定・施工の管理
透水試験	透水係数	透水関係の設計計算
（室内）CBR 試験	支持力値	たわみ性舗装厚の設計

原位置試験（盛土の施工前又は施工中に現場で行う試験）

土質試験（原位置試験）の名称と測定方法

試験の名称		測定方法
単位体積質量試験	砂置換法	掘り取った土の質量と，掘った試験孔に充填した砂の質量から求めた体積を利用し，原位置の土の密度を求める。
	RI 法	地盤に試験孔をあけ，線源棒を挿入し，計器により放射線を検出し，試験孔周辺の密度・含水比・空気間げき率等を測定する。
ポータブルコーン貫入試験		コーンペネトロメータを人力により地中に貫入させ，その時のコーン貫入抵抗値から単位面積当たりのコーン指数を求める試験。
平板載荷試験		地表面におかれた載荷板（直径 30cm の鋼製円盤）に段階的に荷重を加えていき，各荷重に対する沈下量から地盤反力を求める。
現場 CBR 試験		現場の路床あるいは路盤に標準寸法の貫入ピストンを一定の深さに貫入させ，それに必要な荷重を測定することで支持力の大きさを測定する。
標準貫入試験		ハンマーを自由落下させて，サンプラーを土中に 30cm 貫入させるのに要する打撃回数を測定し N 値を求める。またサンプラーで採取した土質より土質柱状図を作成する。
原位置ベーンせん断試験		ベーンブレードを地盤中に押込み，回転させ，ベーンがせん断する時のロッドのトルクから粘性土地盤のせん断強さや粘着力を求める試験。
透水試験		地盤に掘った井戸（観測井）を用いて，注水・汲み上げを行った場合の水位の変化より透水係数を求める。
プルーフローリング試験		仕上がった路床，路盤面に荷重車を走行させ，目視により路床，路盤面の変位状況（たわみ）を確認する。

各種土質試験から求められるもの，試験結果の利用方法等

試験の名称	求められるもの	試験結果の利用
単位体積質量試験（現場密度試験）	湿潤密度・乾燥密度	盛土の締固めの施工管理
標準貫入試験	N 値	土の硬軟，土層の締まり具合の判定
SWS（スウェーデン式サウンディング）試験	N 値（換算）	土の硬軟，土層の締まり具合の判定
ポータブルコーン貫入試験	コーン指数	トラフィカビリティの判定
オランダ式二重管コーン貫入試験	コーン指数	土の硬軟，土層の締まり具合の判定
原位置ベーンせん断試験	粘着力	細粒土の傾斜や基礎地盤の安定計算
平板載荷試験（現場 CBR 試験）	地盤反力係数（CBR 値）	締固めの管理・支持力の確認（現場の路床や路盤の支持力の判定）
プルーフローリング試験	たわみの確認（目視）	盛土の締固めの施工管理
（現場）透水試験	透水係数	湧水量の算定，排水工法の検討

関連問題&よくわかる解説

問題 1　□□□

盛土の品質管理における，下記の試験・測定方法名①～⑤から2つ選び，その番号，試験・測定方法の内容及び結果の利用方法をそれぞれ解答欄へ記述しなさい。

ただし，解答欄の（例）と同一内容は不可とする。 令和 4 年度【問題 3】

① 砂置換法
② RI 法
③ 現場 CBR 試験
④ ポータブルコーン貫入試験
⑤ プルーフローリング試験

<解答欄>

番号	試験	測定方法	結果の利用方法
［例］ ④	ポータブルコーン貫入試験	粘土などの地盤に静的にロッドを貫入しその抵抗値を測定する	建設機械のトラフィカビリティの指標

解答

※ここに記載しているものは一例であり，内容が同様であればこの通りでなくても正解となります。また，ここに記載している以外に正解となるものもあります。

品質管理

以下の項目から2つ選んで答えてください。

	試験	測定方法	結果の利用方法
①	砂置換法	掘り取った土の質量と，掘った試験孔に充填した砂の質量から求めた体積を利用し，原位置の土の密度を求める試験。	盛土の締固めの施工管理
②	RI 法	地盤に試験孔をあけ，線源棒を挿入し，計器により放射線を検出し，試験孔周辺の密度・含水比・空気間げき率等を測定する。	盛土の締固めの施工管理
③	現場 CBR 試験	現場の路床あるいは路盤に標準寸法の貫入ピストンを一定の深さに貫入させ，それに必要な荷重を測定することで支持力の大きさを測定する。	現場の路床や路盤の支持力の判定
④	ポータブルコーン貫入試験	人力で地盤にコーンペネトロメータを貫入させ，その時のコーン貫入抵抗値からコーン指数を求める。	トラフィカビリティの判定
⑤	プルーフローリング試験	仕上がった路床，路盤面に荷重車を走行させ，目視により路床，路盤面の変位状況（たわみ）を確認する。	盛土の締固めの施工管理

問題2 □□□

盛土の施工前又は施工中に行う品質管理に関する試験名又は測定方法名を2つあげ，それぞれの内容又は特徴のいずれかを解答欄に記述しなさい。ただし，解答欄の記入例と同一試験名，内容は不可とする。

平成26年度【問題 4】－〔設問 2〕

<解答欄>

	試験名又は測定方法	内容又は特徴
1.		
2.		

解答

以下の試験名又は測定方法，内容又は特徴の中から 2 つ選んで答えてください。

	試験名又は測定方法	内容又は特徴
①	締固め試験	水分量を変化させた土を，同じエネルギーで突き固めて，最もよく締まる時の最適含水比と最大乾燥密度を求める。
②	含水比試験	土粒子の質量に対する間隙に含まれる水の質量の割合を百分率で表したもの。
③	液性限界試験	土が塑性状から液体に移る時の境界の含水比を求める。
④	塑性限界試験	土が塑性状から半個体状に移る時の境界の含水比を求める。
⑤	圧密試験	粘性土に荷重を段階的に増加させ圧密し，圧密係数，圧縮指数等を求める試験。粘性土の沈下量の推定に用いる。
⑥	平板載荷試験	地表面におかれた載荷板に段階的に荷重を加えていき，各荷重に対する沈下量から地盤反力を求める。
⑦	単位体積質量試験	砂置換法等により，採取した土質試料を乾燥炉に入れ試料の質量と体積を求め，乾燥密度を求める。

※ここに記載しているものは一例であり，内容が同様であればこの通りでなくても正解となります。また，ここに記載している以外に正解となるものもあります。

土工事の品質管理②…土の締固め試験

突固めによる土の締固め試験

・土の締固めで最も重要な特性として，右図に示す締固めの含水比と密度の関係が挙げられる。これは**締固め曲線**と呼ばれ，ある一定のエネルギーにおいて最も効率よく土を密にすることができる含水比を**最適含水比**といい，その時の乾燥密度を**最大乾燥密度**という。

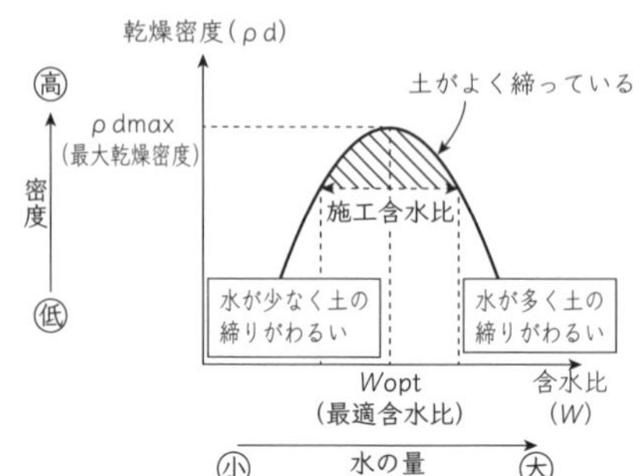

・締固め曲線は土質によって異なり，一般に**粒度分布の良い砂質系の土**（**礫**（れき）や**砂**）では，最大乾燥密度が高く曲線が鋭くなり，**細粒土（粘性土）分が多い土**（**シルトや粘土**）では最大乾燥密度は低く曲線は平坦（**なだらかな形状**）になる。

・最大乾燥密度に対する単位体積質量試験（現場密度試験）によって求められた乾燥密度の割合で締固め度が求める。また，所定の締固め度の得られる範囲で，施工含水比の範囲を定めるなど，**締固めの施工管理**に用いる。

$$\text{締固め度}=\frac{\text{現場における締固め後の乾燥密度（現場密度）}}{\text{基準となる室内締固め試験における最大乾燥密度}}\times 100\ (\%)$$

・締固め品質の規定は，締め固めた土の性質の恒久性を確保するとともに，盛土に要求する**性能**を確保できるように，設計で設定した盛土の所要力学特性を確保するためのものであり，**盛土材料**や**施工部位**によって最も合理的な品質管理方法を用いる必要がある。

◎含水比と湿潤密度から乾燥密度を求める

測定番号	1	2	3	4	5
ω；含水比（%）	6.0	8.0	11.0	14.0	16.0
ρ_t；湿潤密度(g/cm³)	1.590	1.944	2.220	2.052	1.740
ρ_d；乾燥密度(g cm³)					

1）土の乾燥密度ρ_d（g/cm³）は，その土の湿潤密度ρ_t（g/cm³）と含水比ω（%）を用いて次式で算出する。

$$\rho_d=\frac{100\times\rho_t}{100+\omega}$$

各測定番号の乾燥密度ρdを計算すると，次のとおりである。

測定番号 1：　$\rho_d = \frac{100 \times 1.590}{100 + 6.0} = 1.500$

測定番号 2：　$\rho_d = \frac{100 \times 1.944}{100 + 8.0} = 1.800$

測定番号 3：　$\rho_d = \frac{100 \times 2.220}{100 + 11.0} = 2.000$

測定番号 4：　$\rho_d = \frac{100 \times 2.052}{100 + 14.0} = 1.800$

測定番号 5：　$\rho_d = \frac{100 \times 1.740}{100 + 16.0} = 1.500$

測定番号	1	2	3	4	5
含水比（%）	6.0	8.0	11.0	14.0	16.0
湿潤密度（g/cm³）	1.590	1.944	2.220	2.052	1.740
乾燥密度（g/cm³）	1.500	1.800	2.000	1.800	1.500

以上をもとに，各測定番号における乾燥密度（g/cm³）と含水比（%）の関係をプロットして締固め曲線を図示すると，下図のとおりとなる。

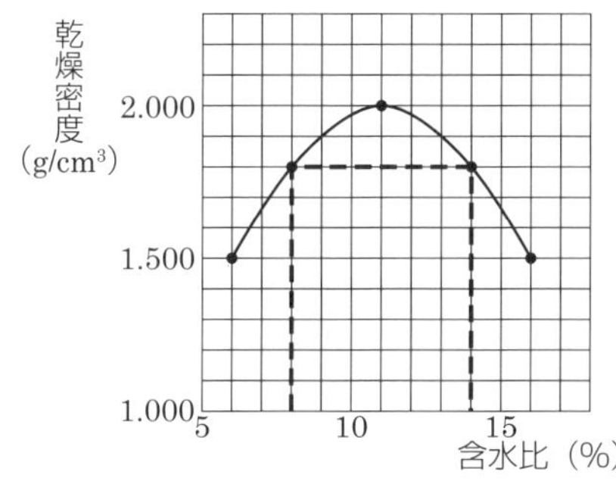

締固め曲線図

2）締固め度が最大乾燥密度の90%以上となる**施工含水比の値の範囲**を記入しなさい。

最大乾燥密度は2.000g/cm³であるから，締固め度が最大乾燥密度の90%以上となる施工含水比の範囲は，2.000（g/cm³）×0.90＝1.800（g/cm³）となり，乾燥密度1.800g/cm³に対応する含水比の範囲は，締固め曲線図より，**8.0〜14.0%**となる。

品質管理

関連問題&よくわかる解説

問題1 □□□

下表は，ある盛土材料の突固めによる土の締固め試験（JIS A 1210）を行い，その経過を示したものである。 平成25年度【問題4】－〔設問2〕

測定番号	1	2	3	4	5
含水比（%）	6.0	10.0	14.0	18.0	22.0
湿潤密度（g/cm³）	1.590	1.980	2.280	2.124	1.830
乾燥密度（g/cm³）					

上記の結果から，測定番号1～5の乾燥密度を求め，下記の1），2）について解答欄に記入しなさい。

1）**締固め曲線図**を作成しなさい。

2）締固め度が最大乾燥密度の90％以上となる**施工含水比の値の範囲**を記入しなさい。

<解答欄>

1）**締固め曲線図**を作成しなさい。

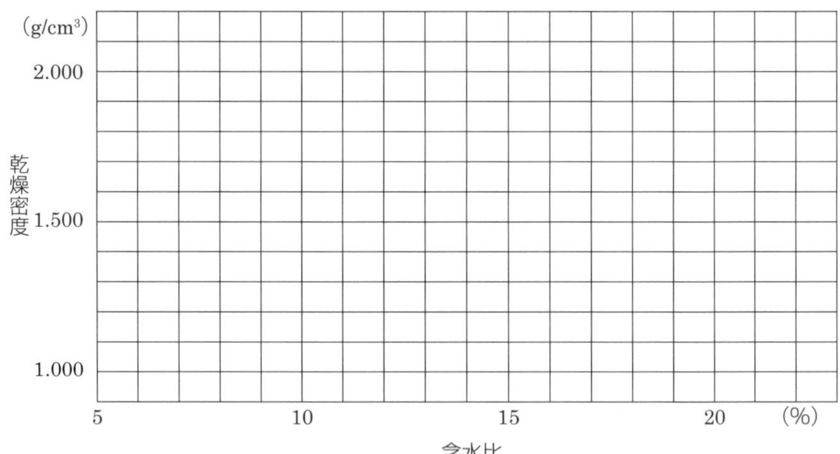

2）締固め度が最大乾燥密度の90％以上となる**施工含水比の値**の範囲を記入しなさい。

%　～　%

解答

1）土の乾燥密度ρ_d（g/cm^3）は，その土の湿潤密度ρ_t（g/cm^3）と含水比ω（%）を用いて次式で算出する。

$$\rho_d = \frac{100 \times \rho_t}{100 + \omega}$$

各測定番号の乾燥密度を計算すると，次のとおりである。

測定番号 1：　$\rho_d = \dfrac{100 \times 1.590}{100 + 6.0} = 1.500$

測定番号 2：　$\rho_d = \dfrac{100 \times 1.980}{100 + 10.0} = 1.800$

測定番号 3：　$\rho_d = \dfrac{100 \times 2.280}{100 + 14.0} = 2.000$

測定番号 4：　$\rho_d = \dfrac{100 \times 2.124}{100 + 18.0} = 1.800$

測定番号 5：　$\rho_d = \dfrac{100 \times 1.830}{100 + 22.0} = 1.500$

測定番号	1	2	3	4	5
含水比（%）	6.0	10.0	14.0	18.0	22.0
湿潤密度（g/cm^3）	1.590	1.980	2.280	2.124	1.830
乾燥密度（g/cm^3）	1.500	1.800	2.000	1.800	1.500

以上をもとに，各測定番号における乾燥密度（g/cm^3）と含水比（%）の関係をプロットして締固め曲線を図示すると，右図のとおりとなる。

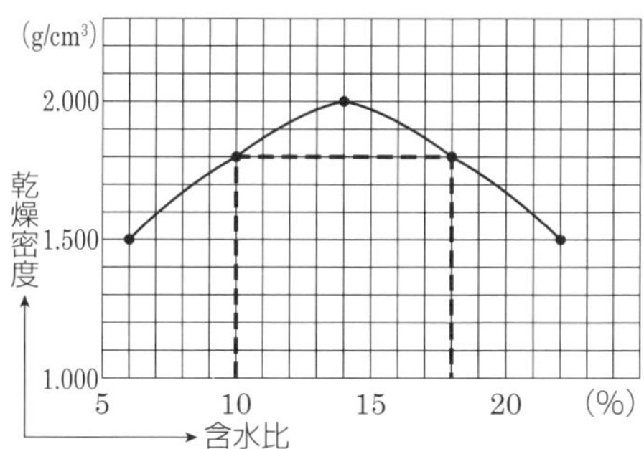

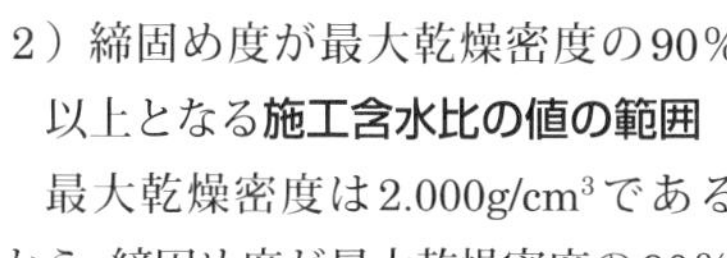

2）締固め度が最大乾燥密度の90%以上となる**施工含水比の値の範囲**

最大乾燥密度は2.000g/cm^{3}であるから，締固め度が最大乾燥密度の90%以上となる施工含水比の範囲は，2.000（g/cm^3）×0.90＝1.800（g/cm^3）となり，乾燥密度1.800g/cm^{3}に対応する含水比の範囲は，締固め曲線図より，10.0～18.0%となる。

施工含水比の値の範囲

10.0% 　～　 18.0%

土工事の品質管理③…品質管理方式［品質規定・工法規定］

・締固めの品質管理方式には，**品質規定方式**と**工法規定方式**がある。

品質規定方式

品質規定方式は，盛土に必要な品質を**仕様書**に明示し，締固め方法については原則として**施工者**に委ねる方式である。品質規定方式には以下の 3 つの方法がある。

品質規定方式による締固め管理は，盛土に必要な品質を満足するように，**施工部位**・材料に応じて**管理項目**・**基準値**・**頻度**を適切に設定し，これらを日常的に管理する。

①　乾燥密度（最大乾燥密度・最適含水比）・締固め度で規定する方法

締固め試験で得られた使用材料の最大乾燥密度と現場の締め固められた土の乾燥密度の比を**締固め度**と呼び，この数値が規定値以上になっていること，**施工含水比**がその最適含水比を基準として規定された範囲内にあることを要求する方法である。

［適用される土質］

最も一般的な方法で，特に自然含水比の比較的低い**良質土（砂質土）**に適する方法である。

②　空気間げき率または飽和度を施工含水比で規定する方法

締固めた土が安定な状態である条件として，空気間げき率または飽和度が一定の範囲内にあるように規定する方法である。

［適用される土質］

乾燥密度により規定するのが困難な，自然含水比が高い**シルトまたは粘性土**に適している。

③　強度特性，変形特性で規定する方法

締め固めた盛土の強度あるいは変形特性を現場 CBR，地盤反力係数，貫入抵抗，**プルーフローリング**による**たわみ**等により規定する方法である。

［適用される土質］

水の浸入により膨張，強度低下などの起こりにくい，岩塊・玉石・礫・砂・砂質土などに適し，特に乾燥密度の測定が困難な岩塊，玉石に用いられる。

用語解説 **プルーフローリング試験**…仕上がった路床，路盤面に荷重車を人間が歩く程度の速度で走行させ，荷重車の約2～3m後方又は斜め後方から，目視により路床，路盤面の変位状況（たわみ）を確認する。

工法規定方式

締固め機械の機種，**まき出し厚（敷均し厚）**，**締固め回数**などの工法そのものを**仕様書**に規定し，これにより一定の品質を確保しようとする方法である。この方法を適用する場合には，あらかじめ**試験施工**を行って工法規定の妥当性を確認しておく必要がある。また，使用材料（土質や含水比）が変わる場合は，新たに**試験施工**を実施し，締固め機械の機種および重量，土の締固め厚，施工含水比，締固め回数などの作業標準を直ちに見直し，必要な修正処置をとらなければならない。

[適用される土質]

岩塊，玉石など粒径が大きい盛土材料を用いた品質規定方式の適用が困難な場合，工法規定方式が採用されている。

※測距・測角が同時に行える**TS（トータルステーション）**・**GNSS（人工衛星による測位システム）**を用いて**締固め機械**の**走行位置**をリアルタイムに計測することにより，盛土の**転圧回数**を管理する方法は，**工法規定方式**の1つである。

品質管理

盛土の試験施工

・**試験施工**は，本施工を行う前に小規模な施工を行って，設計で想定した盛土の**要求性能**を確保できるかを事前に把握するため，あるいは設計で想定した盛土の要求性能を確保できる**施工**条件を定めるために実施する。

・工事期間内において施工の**着手前**あるいは施工中に随時行われる試験施工は，施工の細部についての適応性を試みる必要がある場合に行われるもので，本工事の中で各施工の**着手前**に材料の比較や良否の判定，**建設機械**の**適性**及び施工方法について簡単な**試験施工**を試みるものである。

・標準的な締固め**試験施工**の実施方法については，工事区間の**代表的な**材料を使用する。土の締固め含水比は自然含水比とし，調整が可能であれば突固め試験の**最適含水比**付近や**最適含水比**より若干高い含水比など，2～3種類を選ぶ。

・**まき出し**厚は，**建設機械**及び予想している施工能率を考えて2～3種類程度選定する。締固め回数については，10数回程度で締固めが完了するようにする。

盛土を施工時において，締固め管理基準値を満足するための「材料」，「敷均し」，「締固め」に関する施工時に留意すべき事項については，第2章の「土工～盛土の施工～」に関連事項の記載があります。出題は土工および品質管理のいずれにも出題されることがあります。

関連問題&よくわかる解説

問題1 □□□

盛土の品質規定方式及び工法規定方式による締固め管理に関する次の文章の［　　］の（イ）～（ホ）に当てはまる適切な語句を解答欄に記述しなさい。

令和元年度【問題4】

(1) 品質規定方式においては，以下の3つの方法がある。

① 基準試験の最大乾燥密度，［（イ）］を利用する方法

② 空気間げき率又は［（ロ）］を規定する方法

③ 締め固めた土の［（ハ）］，変形特性を規定する方法

(2) 工法規定方式においては，タスクメータなどにより締固め機械の稼働時間で管理する方法が従来より行われてきたが，測距・測角が同時に行える［（ニ）］やGNSS（衛星測位システム）で締固め機械の走行位置をリアルタイムに計測することにより，盛土の［（ホ）］を管理する方法も普及してきている。

解答 **「道路土工－盛土工指針」**より

(1) 品質規定方式においては，以下の3つの方法がある。

① 基準試験の最大乾燥密度，**［（イ）；最適含水比］**を利用する方法

② 空気間げき率又は**［（ロ）；飽和度］**を規定する方法

③ 締め固めた土の**［（ハ）；強度特性］**，変形特性を規定する方法

(2) 工法規定方式においては，タスクメータなどにより締固め機械の稼働時間で管

理する方法が従来より行われてきたが，測距・測角が同時に行える **(ニ)；トータルステーション** やGNSS（衛星測位システム）で締固め機械の走行位置をリアルタイムに計測することにより，盛土の **(ホ)；転圧回数** を管理する方法も普及してきている。

問題2 □□□

土の締固めにおける試験及び品質管理に関する次の文章の［　　］の（イ）～（ホ）に当てはまる適切な語句又は数値を解答欄に記述しなさい。

令和4年度【問題5】

(1) 土の締固めで最も重要な特性として，下図に示す締固めの含水比と密度の関係が挙げられ，これは締固め曲線と呼ばれ，ある一定のエネルギーにおいて最も効率よく土を密にすることができる含水比を［（イ）］といい，その時の乾燥密度を最大乾燥密度という。

(2) 締固め曲線は土質によって異なり，一般に礫や［（ロ）］では，最大乾燥密度が高く曲線が鋭くなり，シルトや［（ハ）］では最大乾燥密度は低く曲線は平坦になる。

(3) 締固め品質の規定は，締め固めた土の性質の恒久性を確保するとともに，盛土に要求する［（ニ）］を確保できるように，設計で設定した盛土の所要力学特性を確保するためのものであり，［（ホ）］や施工部位によって最も合理的な品質管理方法を用いる必要がある。

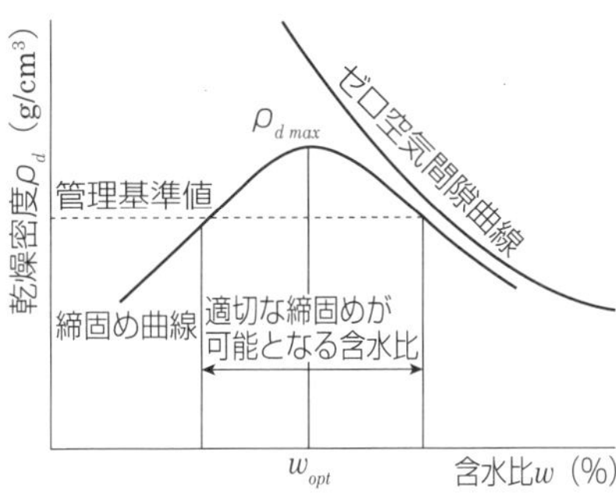

品質管理

解説 「道路土工－盛土工指針」より

(1) 土の締固めで最も重要な特性として，下図に示す締固めの含水比と密度の関係が挙げられ，これは締固め曲線と呼ばれ，ある一定のエネルギーにおいて最も効率よく土を密にすることができる含水比を **(イ)；最適含水比** といい，その時の乾燥密度を最大乾燥密度という。

(2) 締固め曲線は土質によって異なり，一般に礫や **(ロ)；砂** では，最大乾燥密度が高く曲線が鋭くなり，シルトや **(ハ)；粘土** では最大乾燥密度は低く曲線は平坦になる。

(3) 締固め品質の規定は，締め固めた土の性質の恒久性を確保するとともに，盛土に要求する **(ニ)；性能** を確保できるように，設計で設定した盛土の所要力学特性を確保するためのものであり， **(ホ)；盛土材料** や施工部位によって最も合理的な品質管理方法を用いる必要がある。

問題3 □□□

盛土の品質管理に関する次の文章の［　　］の（イ）～（ホ）に当てはまる適切な語句を解答欄に記述しなさい。 平成27年度【問題 4】

(1) 土の締固めで最も重要な特性は，下図に示す締固めの含水比と乾燥密度の関係があげられる。これは［（イ）］と呼ばれ凸の曲線で示される。同じ土を同じ方法で締め固めても得られる土の密度は土の含水比により異なる。

すなわち，ある一定のエネルギーにおいて最も効率よく土を密にすることのできる含水比が存在し，この含水比を最適含水比，そのときの乾燥密度を［（ロ）］という。

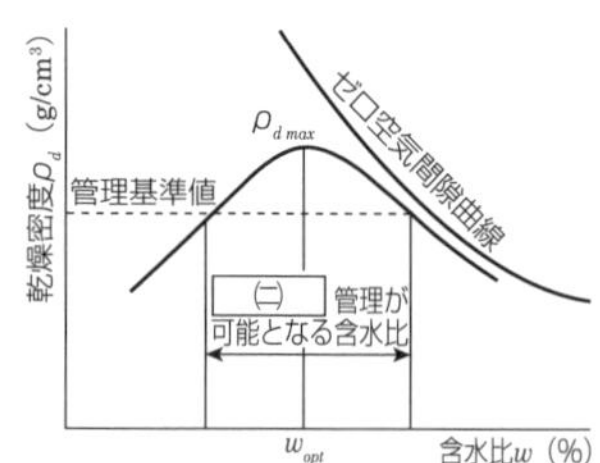

(2) 盛土の締固め管理の適用にあたっては，所要の盛土の品質を満足するように，施工部位・材料に応じて管理項目・基準値・頻度を適切に設定し，これらを日常的に管理する。盛土の日常の品質管理には，材料となる土の性質によって，盛土材料の基準試験の［（ロ）］，最適

含水比を利用する方法や空気間隙率または（ハ）度を規定する方法が主に用いられる。

(3) 盛土材料の基準試験の（ロ），最適含水比を利用する方法は，砂の締め固めた土の乾燥密度と基準の締固め試験で得られた（ロ）との比である（ニ）が規定値以上になっていること，及び（ホ）含水比がその最適含水比を基準として規定された範囲内にあることを要求する方法である。

解説 **「道路土工－盛土工指針」**の**「5－4締固め」**より

(1) 土の締固めで最も重要な特性は，下図に示す締固めの含水比と乾燥密度の関係があげられる。これは**（イ）；締固め曲線**と呼ばれ凸の曲線で示される。同じ土を同じ方法で締め固めても得られる土の密度は土の含水比により異なる。すなわち，ある一定のエネルギーにおいて最も効率よく土を密にすることのできる含水比が存在し，この含水比を最適含水比，そのときの乾燥密度を**（ロ）；最大乾燥密度**という。

(2) 盛土の締固め管理の適用にあたっては，所要の盛土の品質を満足するように，施工部位・材料に応じて管理項目・基準値・頻度を適切に設定し，これらを日常的に管理する。盛土の日常の品質管理には，材料となる土の性質によって，盛土材料の基準試験の**（ロ）；最大乾燥密度**，最適含水比を利用する方法や空気間隙率または**（ハ）；飽和**度を規定する方法が主に用いられる。

(3) 盛土材料の基準試験の**（ロ）；最大乾燥密度**，最適含水比を利用する方法は，砂の締め固めた土の乾燥密度と基準の締固め試験で得られた**（ロ）；最大乾燥密度**との比である**（ニ）；締固め度**が規定値以上になっていること，及び**（ホ）；施工**含水比がその最適含水比を基準として規定された範囲内にあることを要求する方法である。

品質管理

問題4 □□□

盛土の締固め管理に関する次の文章の［　　］の（イ）～（ホ）に当てはまる適切な語句を解答欄に記述しなさい。 平成29年度【問題 4】

⑴ 品質規定方式による締固め管理は，発注者が品質の規定を［（イ）］に明示し，締固めの方法については原則として［（ロ）］に委ねる方式である。

⑵ 品質規定方式による締固め管理は，盛土に必要な品質を満足するように，施工部位・材料に応じて管理項目・［（ハ）］・頻度を適切に設定し，これらを日常的に管理する。

⑶ 工法規定方式による締固め管理は，使用する締固め機械の機種，［（ニ）］，締固め回数などの工法そのものを［（イ）］に規定する方式である。

⑷ 工法規定方式による締固め管理には，トータルステーションやGNSS（衛星測位システム）を用いて締固め機械の［（ホ）］をリアルタイムに計測することにより，盛土地盤の転圧回数を管理する方式がある。

解答 **「道路土工－盛土工指針」**より

⑴ 品質規定方式による締固め管理は，発注者が品質の規定を［**（イ）；仕様書**］に明示し，締固めの方法については原則として［**（ロ）；施工者**］に委ねる方式である。

⑵ 品質規定方式による締固め管理は，盛土に必要な品質を満足するように，施工部位・材料に応じて管理項目・［**（ハ）；基準値**］・頻度を適切に設定し，これらを日常的に管理する。

⑶ 工法規定方式による締固め管理は，使用する締固め機械の機種，［**（ニ）；まき出し厚さ（敷均し厚さ）**］，締固め回数などの工法そのものを［**（イ）；仕様書**］に規定する方式である。

⑷ 工法規定方式による締固め管理には，トータルステーションやGNSS（衛星測位システム）を用いて締固め機械の［**（ホ）；走行位置**］をリアルタイムに計測することにより，盛土地盤の転圧回数を管理する方式がある。

問題5 □□□

盛土の試験施工に関する次の文章のに関する次の文章の［　　］の（イ）～（ホ）に当てはまる適切な語句を解答欄に記述しなさい。

平成24年度【問題 4】－〔設問 1〕

⑴　試験施工は，本施工を行う前に小規模な施工を行って，設計で想定した盛土の要求性能を確保できるかを事前に把握するため，あるいは設計で想定した盛土の要求性能を確保できる［（イ）］条件を定めるために実施する。

工事期間内において施工の［（ロ）］あるいは施工中に随時行われる試験施工は，施工の細部についての適応性を試みる必要がある場合に行われるもので，本工事の中で各施工の［（ロ）］に材料の比較や良否の判定，［（ハ）］の適性及び施工方法について簡単な試験施工を試みるものである。

⑵　標準的な締固め試験施工の実施方法については，工事区間の代表的な材料を使用する。土の締固め含水比は自然含水比とし，調整が可能であれば突固め試験の・［（ニ）］付近や［（ニ）］より若干高い含水比など，2～3種類を選ぶ。

［（ホ）］厚は，［（ハ）］及び予想している施工能率を考えて2～3種類程度選定する。締固め回数については，10数回程度で締固めが完了するようにする。

解答　**「道路土工－盛土工指針」**の**「3－7試験施工」**より。

⑴　試験施工は，本施工を行う前に小規模な施工を行って，設計で想定した盛土の要求性能を確保できるかを事前に把握するため，あるいは設計で想定した盛土の要求性能を確保できる

［**（イ）；施工**］条件を定めるために実施する。

工事期間内において施工の［**（ロ）；着手前**］あるいは施工中に随時行われる試験施工は，施工の細部についての適応性を試みる必要がある場合に行われるもので，本工事の中で各施工の［**（ロ）；着手前**］に材料の比較や良否の判定，［**（ハ）；建設機械**］の適性及び施工方法について簡単な試験施工を試みるものである。

⑵　標準的な締固め試験施工の実施方法については，工事区間の代表的な材料を使用する。土の締固め含水比は自然含水比とし，調整が可能であれば突固め試験の［**（ニ）；最適含水比**］付近や［**（ニ）；最適含水比**］より若干高い含水比など，2～3種

類を選ぶ。

(ホ)；まき出し 厚は，(ハ)；建設機械 及び予想している施工能率を考えて2～3種類程度選定する。締固め回数については，10数回程度で締固めが完了するようにする。

問題6 □□□

盛土の締固め管理方式における2つの規定方式に関する，次のそれぞれの規定方式名と締固め管理の方法について解答欄に記述しなさい。

ただし，(1)と(2)の解答はそれぞれ異なるものとする。

令和 2 年度【問題 8】＋H30・H28

＜解答欄＞

(1)	規定方式名	
	締固め管理の方法	
(2)	規定方式名	
	締固め管理の方法	

解答

	規定方式名	締固め管理の方法
(1)	品質規定方式	・締固め度，空気間げき率・飽和度，強度特性・変形特性を用いて管理する。 ・締固め度等の品質規定を仕様書に明示し，締固めの方法については原則として施工者に委ねる。
(2)	工法規定方式	・試験施工を行い，締固め機械・まき出し厚さ・転圧回数等を（仕様書に）規定し管理する。 ・トータルステーションやGNSSを用いて建設機械の走行位置を計測し，盛土地盤の転圧回数・走行軌跡を管理する。

問題７ □□□

盛土を行う場合，締固め管理基準値を満足するため，材料，敷均し，締固めに関し施工時に留意すべき事項を５つ解答欄に記述しなさい。

平成23年度【問題 4】－［設問 2］

＜解答欄＞

1.	
2.	
3.	
4.	
5.	

解答 「道路土工－盛土工指針 4－6 盛土材料，5－3 敷均し及び含水量調節，5－4 締固め」より

※ここに記載しているものは一例であり，内容が同様であればこの通りでなくても正解となります。また，ここに記載している以外に正解となるものもあります。

材料	①施工機械のトラフィカビリティが確保できる材料を使用する。 ②所定の締固めが行いやすい材料を使用する。 ③締め固められた土のせん断強さが大きく，圧縮性（沈下量）が小さい材料を使用する。 ④透水性が小さい材料を使用する。 ⑤有機物（草木・その他）を含まない材料を使用する。 ⑥吸水による膨潤性の低い材料を使用する。
敷均し	①高巻きを避け，水平の層に薄く敷均す。 ②路体では1層の仕上がり厚が30cmになるよう敷均し厚さを35～40cm以下にする。 ③路床では1層の仕上がり厚が20cmになるよう敷均し厚さを25～30cm以下にする。 ④締固め時に規定される施工含水比が得られるように，敷均し時に含水量調整を行う。

品質管理

締固め	①盛土材料の含水比を，締固め時に規定される施工含水比の範囲以内に入るように調節する。（ばっ気乾燥，散水など） ②盛土材料の土質に応じて適切な機種，重量の締固め機械を選定する。 ③締固め後の表面は，施工時の自然排水勾配を確保するために 4 ～5% 程度の横断勾配をつけ，表面を平滑に維持する。 ④盛土のすり付け部や端部は，小型の機械を用いて入念に締め固める。 ⑤作業終了時にローラなどで滑らかな表面にし，排水を良好にして雨水の土中への浸入を最小限に防ぐ。

上記の主な留意事項，「材料」①～⑥，「敷均し」①～④，「締固め」①～⑤の中から5つ類似するものを避けて解答欄に簡潔に記述してください。

コンクリート工事の品質管理①…受入検査・施工

・レディーミクストコンクリート工場の選定にあたっては，定める時間の限度内にコンクリートの**運搬**及び**荷卸し**，**打込み**が可能な工場を選定しなければならない。

受入検査

・フレッシュコンクリートの品質管理（受入検査）は**打ち込み時**に行うのがよいが，荷卸しから打込み終了までの品質変化が把握できている場合には，**荷卸し地点で確認**してもよい。ここで確認する品質特性は次のものである。

① スランプ又はスランプフロー　② 空気量
③ 塩化物量（塩化物イオン含有量）④コンクリート温度
⑤ コンクリートの圧縮強度（供試体の採取）

(1) **スランプ**

・コンクリートのスランプは，運搬，打込み，締固め等作業に適する範囲内で**できるだけ小さく定める**。

・配合設計においては，**現場内での運搬にともなうスランプの低下，製造から打込みまでの時間経過にともなうスランプの変化，現場までの運搬にともなうスランプの低下，および製造段階での品質の許容差を考慮**して，荷卸しの目標スランプおよび練上りの目標スランプを設定する。

・レディーミクストコンクリートの種類を選定するにあたっては，**粗骨材**の最大寸法，**呼び**強度，荷卸し時の目標スランプ又は目標スランプフロー及びセメントの種類をもとに選定しなければならない。

～スランプを大きく設定する場合～

・コンクリート内の鋼材や鉄筋量が多い場合（鋼材の最小あきが小さい場合）

・作業高さが高い場合

※打込み速度の変動などにより運搬車の待機時間が長くなりスランプが低下する場合があるが，このような場合であってもコンクリートの施工性能を確保する目的で**レディーミクストコンクリートに加水などは絶対に行ってはならない。**

<スランプ試験，スランプフロー試験の方法>

スランプ値

（単位：cm）

スランプ	スランプの許容差
2.5	±1
5以上8未満	±1.5
8以上18以下	±2.5
21	±1.5

スランプフローの許容差

（単位：cm）

スランプフロー	スランプフローの許容差
50	±7.5
60	±10

① スランプ試験

スランプコーンは，水平に設置した平滑な平板上に置いて押さえ，試料はほぼ等しい量の**3層**に分けて詰める。その各層は，突き棒でならした後，**25回**一様に突く。

スランプコーンを静かに鉛直に引き上げ，コンクリートの中央部において**下がり**を0.5cm単位で測定し，これをスランプとする。

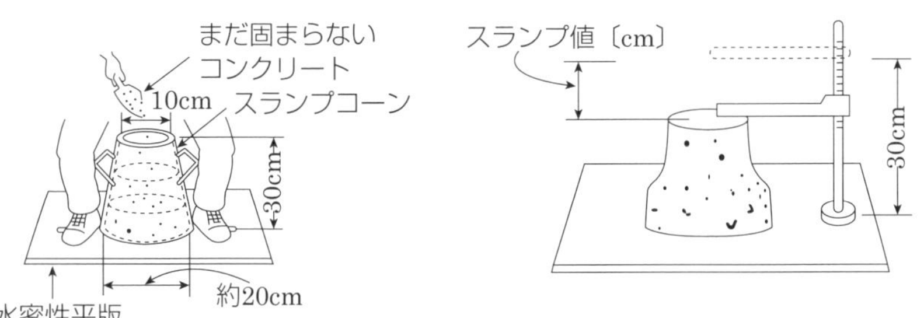

品質管理

② スランプフロー試験

スランプフローとは，**高流動コンクリート**や**高強度コンクリート**の**流動性**を表す指標である。スランプフローは，スランプコーンを抜いたときの，コンクリートの**直径**を計測する。

※試料は，材料の分離を生じないように注意して詰めるものとし，スランプコーンに詰め始めてから，詰め終わるまでの時間は**2分以内**とする。

⑵ 空気量

・コンクリートは原則としてAEコンクリートとし，その空気量は粗骨材の最大寸法，その他に応じてコンクリート容積の**4〜7%**を標準とする。

・**空気量1%の増加**に伴い，**圧縮強度は4〜6%減少**する。また，**空気量が6%を超えると強度低下だけでなく，乾燥収縮も大きくなる。**

空気量　　単位（%）

コンクリートの種類	空気量	許容差
普通コンクリート	4.5	±1.5
舗装コンクリート	5.0	
高強度コンクリート	4.5	
軽量コンクリート	4.5	

・空気量の変動はコンクリートの強度や耐凍害性に大きな影響を及ぼすので，受入れ時に試験によって許容範囲内にあることを確認する必要がある。

用語解説

・**エントレインドエア**…微細で，独立した空気泡。AE剤によって生成する。耐凍害性やワーカビリティの向上に効果がある。

・**エントラップトエア**…コンクリートの練混ぜ中に自然に混入する気泡で，通常のコンクリートには0.5〜3%程度存在する。気泡径が比較的大きくまた不定形であるため，コンクリートに悪影響を及ぼすため締固めにより追い出す。

⑶ 塩化物量

・練混ぜ時にコンクリート中に含まれる塩化物イオン総量は，原則として**0.30 kg/m^3**以下とする。

⑷ 強度（圧縮強度試験）

・強度の検査は，圧縮強度試験を行って確認する。試験回数は，標準示方書では，荷卸し時に1回／日または構造物の重要度と工事の規模に応じて20〜150m^{3}ごとに1回，および荷卸し時に品質変化が認められた時と定められている。コンクリートの強度は，一般に標準養生を行った円柱供試体の**材齢28日**における圧縮強度を標準とする。コンクリートの圧縮強度試験は，3本の供試体を用いて3回1セットで実施され，次の条件を満足するものでなければならない。

① **1回の試験**の結果は，購入者が指定した呼び**強度の値の85%以上**
② **3回の試験**の平均値は，購入者が指定した**呼び強度の値以上**

圧縮強度試験の合否判定　単位（N/mm^2）

呼び強度	例	1回の試験における圧縮強度値			判定基準		判定
		1回目	2回目	3回目	1回の試験値が20.4以上	3回の試験値の平均値が24以上	
24	A工区	25.5	23.5	27.0	**OK**	25.3＞24 **OK**	合格
	B工区	20.0	27.5	26.5	1回目 **NG**	24.7＞24 **OK**	不合格
	C工区	22.5	23.5	24.5	**OK**	23.5＜24 **NG**	不合格

※ここでいう1回の試験結果とは，任意の1運搬車から採取した試料で作った3個の供試体の圧縮強度の平均値である。

⑸ 単位水量

・フレッシュコンクリート中の**単位水量**の試験方法としては，**エアメータ法・**加熱乾燥法，静電容量法等がある。

測定頻度
①2回／日（午前1回，午後1回），または，重要構造物では重要度※に応じて100～150m^3に1回
②荷卸し時に品質の変化が認められたとき。
※重要構造物とは，高さが5m以上の鉄筋コンクリート擁壁（ただし，プレキャスト製品は除く。），内空断面が25m^2以上の鉄筋コンクリートカルバート類，橋梁上・下部（ただしPCは除く。），トンネル及び高さが3m以上の堰・水門・樋門とする。

品質管理

関連問題&よくわかる解説

問題1 □□□

レディーミクストコンクリート（JIS A 5308）の工場選定，品質の指定，品質管理項目に関する次の文章の［　　］の（イ）～（ホ）に当てはまる適切な語句を解答欄に記述しなさい。 令和3年度【問題5】

⑴ レディーミクストコンクリート工場の選定にあたっては，定める時間の限度内にコンクリートの［（イ）］及び荷卸し，打込みが可能な工場を選定しなければならない。

⑵ レディーミクストコンクリートの種類を選定するにあたっては，［（ロ）］の最大寸法，［（ハ）］強度，荷卸し時の目標スランプ又は目標スランプフロー及びセメントの種類をもとに選定しなければならない。

⑶ ［（ニ）］の変動はコンクリートの強度や耐凍害性に大きな影響を及ぼすので，受入れ時に試験によって許容範囲内にあることを確認する必要がある。

⑷ フレッシュコンクリート中の［（ホ）］の試験方法としては，加熱乾燥法，エアメータ法，静電容量法等がある。

解説 JIS A 5308より

⑴ レディーミクストコンクリート工場の選定にあたっては，定める時間の限度内にコンクリートの［**（イ）；運搬**］及び荷卸し，打込みが可能な工場を選定しなければならない。

⑵ レディーミクストコンクリートの種類を選定するにあたっては，［**（ロ）；粗骨材**］の最大寸法，［**（ハ）；呼び**］強度，荷卸し時の目標スランプ又は目標スランプフロー及びセメントの種類をもとに選定しなければならない。

⑶ ［**（ニ）；空気量**］の変動はコンクリートの強度や耐凍害性に大きな影響を及ぼすので，受入れ時に試験によって許容範囲内にあることを確認する必要がある。

⑷ フレッシュコンクリート中の［**（ホ）；単位水量**］の試験方法としては，加熱乾燥法，エアメータ法，静電容量法等がある。

問題2 □□□

JIS A 5308に規定されているレディーミクストコンクリートは荷卸し地点での品質の条件が定められている。

普通コンクリート，粗骨材の最大寸法**25mm**，スランプ**8cm**，呼び強度**30**のレディーミクストコンクリートについて強度，スランプ，空気量及び塩化物含有量の**4**つの品質項目の中から**3**つ選び，荷卸し地点における品質に関してその事項又は数値(許容差を含む)を解答欄に記述しなさい。

平成25年度【問題 4】−〔設問 1〕

<解答欄>

	項目	事項又は数値（許容差を含む）
1.		
2.		
3.		

解答

JIS A 5308「レディーミクストコンクリート」に次のように規定されている。

	項目	事項又は数値（許容差を含む）
1.	スランプ	5.5cm〜10.5cm（±2.5cm）
2.	空気量	3.0％〜6.0％（4.5％±1.5％）
3.	塩化物含有量	0.30kg/m^3以下
4.	強度	3本の供試体を用いて3回1セットで実施し， 1回の試験の結果は，呼び強度の値の25.5N/mm^2（85％)以上，かつ，3回の試験の平均値は，30N/mm^2（呼び強度の値）以上とする。

品質管理

コンクリート工事の品質管理②…非破壊検査

・コンクリートの非破壊検査とは，完成後のコンクリートに発生する不具合やコンクリート内部に配置される鉄筋状態の検査を対象として行う検査である。

① **反発度法（リバウンドハンマ法・シュミットハンマー法）**…コンクリート表面に重錘を衝突させ，反発度を測定することにより**コンクリート強度**を推定する。

・コンクリート表層の反発度は，コンクリートの強度のほかに，コンクリートの**含水**状態や中性化などの影響を受ける。

リバウンドハンマをコンクリートの反発度の測定方法

① リバウンドハンマの点検
　a）測定前および測定後に，リバウンドハンマの点検を行う。
　b）点検はテストアンビルを打撃してその反発度を測定することにより行う。
　※テストアンビルはリバウンドハンマの点検および検定に用いる鋼製の器具

② 測定箇所の選定
　a）**厚さ100mm以上**の床版や壁部材，一辺長150mm以上の柱や梁部材の表面とする。
　b）部材の**縁部から50mm以上離れた内部**から選定する。
　c）表面組織が均一で，かつ平滑な平面部とする。
　d）露出砂利などの部分および表面はく離，凹凸のある部分を避ける。

③ コンクリート表面の処理
　a）測定面にある凹凸や付着物は，研磨処理装置などで平滑に磨いて取り除き，コンクリート表面の粉末その他の付着物を拭き取ってから測定する。
　b）測定面に**仕上げ層や上塗り層がある場合**には，**これを除きコンクリート面を露出**させた後，上記の処理を行ってから測定する。

④ 測定方法
　a）測定は，環境温度が0～40℃の範囲内で行う。
　b）ハンマの作動を円滑にさせるため，測定に先立ち数回の試し打撃を行う。
　c）ハンマが測定面に常に**垂直方向**になるよう保持し，ゆっくり押して打撃する。
　d）一か所の測定では，互いに25～50mmの間隔をもった**9点**について測定する。
　e）測定後のリバウンドハンマの点検によって，リバウンドハンマの反発度が製造時の反発度より3%以上異なっていたら，直前に行った点検以後の測定値は用いてはならない。

② **衝撃弾性波法**…コンクリート表面をインパクタで打撃し，縦弾性波速度と強度の関係式から**コンクリート強度**を推定する。また，縦弾性波の電波速度等によって内部の空洞等の**施工不良個所を検出**する。

③ **電磁波レーダ法**…比誘電率の異なる物質の境界において電磁波の反射が生じることを利用するもので，電磁波を放射し鉄筋から反射してきた反射波を受信してコンクリート中の**かぶり**の厚さや**鉄筋位置（配筋）**，部材厚さ等を推定する。

④ **電磁誘導法**…電流の電気的変化を検出して磁界中の良導体（鉄筋）を探査することで**鉄筋位置（配筋）・かぶり厚さ**を推定する。鉄筋径やかぶりの測定では，**配置間隔（配筋）**が密になると測定が困難になる場合がある。

⑤ **打音法**…コンクリート表面をハンマなどにより打撃した際の打撃音をセンサで受信し，打撃力や打撃音の分析からコンクリート表層部の**浮き**や空げき箇所，**ジャンカ等の施工不良**や，**はく離等の劣化・損傷**，部材厚さ等を推定する。

⑥ **赤外線法（サーモグラフィ法）**…**コンクリート表面温度**を赤外線カメラにより計測し温度分布状況からコンクリートの**浮き（はく離・内部欠陥）**などの**空洞等を検知**し，**施工不良個**所等の推定を行う。

⑦ **Ｘ線**法…コンクリート中を透過した**Ｘ線**の強度の分布状態から，コンクリート中の鉄筋位置，径，かぶり，空隙などの検出を行う。比較的精度の高い方法であるが，透過厚さに限界がある。

⑧ **自然電位法（電気化学的方法）**…自然電位法は，電位の卑（低い）又は貴（高い）の傾向を把握することで鋼材の**腐食**の進行を判断するものである。腐食により変化する鉄筋の電位を測定することで**鉄筋腐食**を推定する。

検査対象とコンクリート構造物の非破壊検査の種類

対象	非破壊検査法の種類
コンクリートの強度	反発度法（リバウンドハンマ法・シュミットハンマー法）・衝撃弾性波法
鉄筋位置（配筋）・かぶり厚さ	電磁波レーダ法・電磁誘導法・Ｘ線法・（赤外線法）
部材厚さ	電磁波レーダ法・衝撃弾性波法
施工不良（浮き・ジャンカ・内部空洞等）	打音法・電磁波レーダ法・衝撃弾性波法・赤外線法（サーモグラフィ法）・Ｘ線法
劣化・損傷（浮き・ひび割れ・はく離等）	打音法・超音波法・衝撃弾性波法・赤外線法（サーモグラフィ法）・Ｘ線法
鉄筋腐食	自然電位法（電気化学的方法）

関連問題&よくわかる解説

問題1 □□□

コンクリート構造物の品質管理の一環として用いられる非破壊検査に関する次の文章の（イ）～（ホ）に当てはまる適切な語句を解答欄に記述しなさい。 平成28年度【問題 4】

⑴ 反発度法は，コンクリート表層の反発度を測定した結果からコンクリート強度を推定できる方法で，コンクリート表層の反発度は，コンクリートの強度のほかに，コンクリートの［（イ）］状態や中性化などの影響を受ける。

⑵ 打音法は，コンクリート表面をハンマなどにより打撃した際の打撃音をセンサで受信し，コンクリート表層部の［（ロ）］や空げき箇所などを把握する方法である。

⑶ 電磁波レーダ法は，比誘電率の異なる物質の境界において電磁波の反射が生じることを利用するもので，コンクリート中の［（ハ）］の厚さや［（ニ）］を調べることができる。

⑷ 赤外線法は，熱伝導率が異なることを利用して表面［（ホ）］の分布状況から，［（ロ）］やはく離などの箇所を非接触で調べる方法である。

解答 「コンクリート標準示方書(維持管理編)」より。

⑴ 反発度法は，コンクリート表層の反発度を測定した結果からコンクリート強度を推定できる方法で，コンクリート表層の反発度は，コンクリートの強度のほかに，コンクリートの **［(イ)；含水］** 状態や中性化などの影響を受ける。

⑵ 打音法は，コンクリート表面をハンマなどにより打撃した際の打撃音をセンサで受信し，コンクリート表層部の **［(ロ)；浮き］** や空げき箇所などを把握する方法である。

⑶ 電磁波レーダ法は，比誘電率の異なる物質の境界において電磁波の反射が生じることを利用するもので，コンクリート中の **［(ハ)；かぶり］** の厚さや **［(ニ)；鉄筋位置（配筋）］** を調べることができる。

⑷ 赤外線法は，熱伝導率が異なることを利用して表面 **［(ホ)；温度］** の分布状況から， **［(ロ)；浮き］** やはく離などの箇所を非接触で調べる方法である。

問題2 □□□

コンクリート構造物の品質管理の一環として用いられる非破壊検査に関する次の文章の（イ）～（ホ）に当てはまる適切な語句を解答欄に記述しなさい。

平成23年度【問題 4】－〔設問 1〕

(1) 反発度法は，コンクリートの［（イ）］を推定するために用いられる。

(2) 赤外線法は，表面温度の分布状況から，コンクリートの［（ロ）］などの箇所を非接触で調べる方法である。

(3) ［（ハ）］法は，コンクリート中を透過した［（ハ）］の強度の分布状態から，コンクリート中の鉄筋位置，径，かぶり，空隙などの検出を行うもので，比較的精度のよい方法であるが，透過厚さに限界がある。

(4) 電磁誘導法における鉄筋径やかぶりの測定では，［（ニ）］が密になると測定が困難になる場合がある。

(5) 自然電位法は，電位の卑（低い）又は貴（高い）の傾向を把握することで鋼材の［（ホ）］の進行を判断するものである。

解答

(1) 反発度法は，コンクリートの **［（イ）；強度］** を推定するために用いられる。

(2) 赤外線法は，表面温度の分布状況から，コンクリートの **［（ロ）；浮き（はく離・内部欠陥）］** などの箇所を非接触で調べる方法である。

(3) **［（ハ）；X線］** 法は，コンクリート中を透過した **［（ハ）；X線］** の強度の分布状態から，コンクリート中の鉄筋位置，径，かぶり，空隙などの検出を行うもので，比較的精度のよい方法であるが，透過厚さに限界がある。

(4) 電磁誘導法における鉄筋径やかぶりの測定では，**［（ニ）；配置間隔（配筋）］** が密になると測定が困難になる場合がある。

(5) 自然電位法は，電位の卑（低い）又は貴（高い）の傾向を把握することで鋼材の **［（ホ）；腐食］** の進行を判断するものである。

コンクリート工事の品質管理③…劣化要因・ひび割れ

劣化要因

劣化機構・劣化現象の概要・防止対策

塩害	現象	コンクリート中に存在する**塩化物イオン**の作用により**鋼材が腐食**し，**膨張に伴うコンクリートのひび割れが発生**する現象
	防止対策	・コンクリート中に含まれる**塩化物イオン量を0.30kg/m³以下**とする。 ・**化学抵抗性の大きい，高炉セメントなどの混合セメントを使用する。** ・**水セメント比を小さくして密実なコンクリートとする。** ・**かぶりを十分大きくする。**（表面にライニングを行う。） ・樹脂塗装鉄筋を使用する。
凍害	現象	コンクリート中の水分が**凍結と融解を繰り返す**ことで，コンクリート表面から**スケーリング，微細ひび割れおよびポップアウト**等が生じる現象。
	防止対策	・**耐凍害性の大きな骨材**を用いる。 ・**AE剤，AE減水剤**を使用し，所要の強度を満足することを確認の上で6%程度の空気量を確保する。 ・**水セメント比を小さく**して密実なコンクリートとする。 ・**発熱量の大きい早強コンクリートを使用**する。 ・**コンクリート温度が5℃以上**となるように給熱養生を行う。 ※初期凍害を防止できる強度（5N/mm²）が得られるまでコンクリートの温度を5℃以上に保ち，さらに2日間は0℃以上に保つ。 ・打ち込み後は**普通コンクリートで5日以上，コンクリート温度を2℃以上**に保つ。
アルカリシリカ反応	現象	**骨材中のシリカ分とセメント**などに含まれる**アルカリ性**の水分が反応して**骨材の表面に膨張性の物質が生成**され，これが吸水膨張してコンクリートにひび割れが生じる現象
	防止対策	・アルカリシリカ反応の抑制効果のある**アルカリシリカ反応の抑制効果のある混合セメント（高炉セメントB種・C種，フライアッシュセメントB種・C種等）**を使用する。 ・コンクリート中の**アルカリ総量を3.0kg/m³**以下とする。 ・骨材のアルカリシリカ反応性試験で**無害と確認された骨材を使用**する。
中性化	現象	**空気中の炭酸ガス（二酸化炭素等）**がコンクリート内に侵入し，**コンクリートのアルカリ性が低下**し，**鉄筋に達すると腐食し膨張性のひび割れが発生**する現象
	防止対策	・**中性化残り**を確保するため**かぶり（厚さ）を大きく**する。 ・タイル，石張りなどの**表面仕上げや気密性の吹付け材を施工**する。
化学的侵食	現象	**侵食性物質**とコンクリートとの接触による**コンクリートの溶解・劣化**（**侵食性物質**がセメント組成物質や鋼材と反応し，**体積膨張**）によるひび割れやコンクリートの剥離などを引き起こす現象である。
	防止対策	・コンクリート表面を仕上げ材等で被覆する。 ・かぶりを十分とるなどして鋼材を保護する。 ・水セメント比を小さくして密実なコンクリートとする。

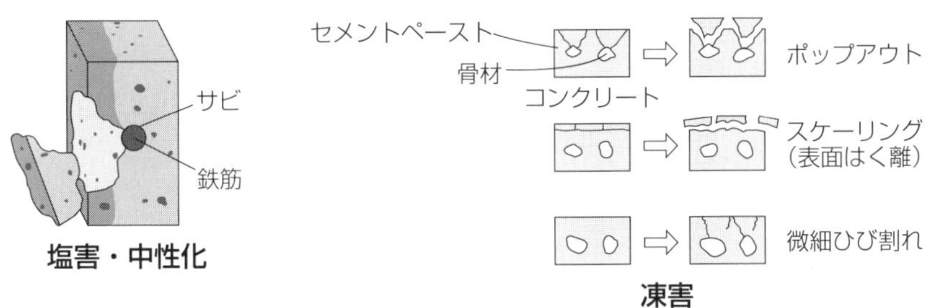

塩害・中性化

凍害

骨材の表面に膨張性の物質が生成される。
セメント
骨材
コンクリート
ひび割れや剥離を起こす。
アルカリ分
シリカ分
アルカリ骨材反応

アルカリシリカ反応

ひび割れ

沈みひび割れ	現象	**コンクリートの材料分離**及び**締固め不足**が原因で，コンクリートが沈下した時に，**拘束物（鉄筋・セパレーター等）の上に直線的に発生する**ひび割れ。
沈みひび割れ	防止対策	・**AE 剤**，**AE 減水剤**等の混和材を用いて，**単位水量を少なく**する。 ・細骨材，粗骨材の粒度分布の適切なものを使用して，単位水量（水セメント比）を小さくする。 ・スラブまたは梁が壁または柱と連続している構造の場合，**壁または柱のコンクリートの沈下がほぼ終了してからスラブまたは梁のコンクリートを打込む。** ・打ち上がり速度は**30分あたり1.0～1.5m 程度**を標準とする。 **・締固めが可能な時間（再び流動が戻る状態の範囲内）で，できるだけ遅い時間に，再振動を行う。** ・こて仕上げの段階で，**タンピングを行い沈みひび割れを押え修復する。**
乾燥収縮ひび割れ	現象	**コンクリートの単位水量・空気量が多い**場合，**温度が高い（直射日光が強い）**場合，適切な養生がなされていない時等に，コンクリートの表面に乾燥収縮が発生する。コンクリートは周りの部材や鉄筋などに拘束されているため，収縮によりコンクリート表面に発生するひび割れ。
乾燥収縮ひび割れ	防止対策	・コンクリートの**単位水量をできるだけ少なくする。** ・**湿潤養生を5日間以上行う**ほか，**型枠をできるだけ長く存置**する。 ・**型枠取外し後も湿潤養生**を行い，**急激な温度変化，直射日光，風があたらないようにする。** ・**誘発目地を適所に入れ，ひび割れを集中させる。**
水和熱によるひび割れ	現象	・**単位セメント量が多い**，断面の大きい部材で，**拘束された壁部材がある**場合に**コンクリート部材内部と表面付近の温度差**による膨張ひずみの差によって発生するひび割れ。 ※コンクリートが温度降下する際（コンクリートの収縮時）に地盤や既設コンクリートによって受ける外部拘束により部材には温度応力により発生するひび割れ。

品質管理

温度ひび割れ	防止対策	・セメント量の少ない，**中庸熱ポルトランドセメント，フライアッシュセメント等を選定**する。 ・**高性能減水剤，高性能 AE 減水剤**を利用して，コンクリートの**単位セメント量を少なく**する。 ・**誘発目地**を設け，ひび割れを集中させる。 ・コンクリート**内部と表面の温度差を小さく**する。(コンクリート温度の上昇を抑制する) →**プレクーリング，パイプクーリング**を行い，コンクリート打込み時及び養生時のコンクリート温度の低下を図る。 →型枠脱型時に，コンクリート表面が急激に冷やされないように**断熱材でコンクリート表面を覆う**。
コールドジョイント	現象	・コンクリートを層状に打設する場合において，**所定時間を過ぎた打ち重ね**られた場合や，**下層のコンクリートとの締固め不足**の場合に不連続面が発生する。
	防止対策	・**許容打重ね時間間隔**を厳守し，**外気温25℃を超える場合は2.0時間以内，25℃以下の場合は2.5時間以内**を標準とする。 ・1層当たりの**打込み高さを40～50cm以下**とする。 ・棒状バイブレーターを**下層のコンクリート中に10cm程度挿入**し，下層と上層のコンクリートを一体化する。 ・表面に**ブリーディング水**がたまっている場合は，**適当な方法で取り除いてから**上層のコンクリートを打ち込む。

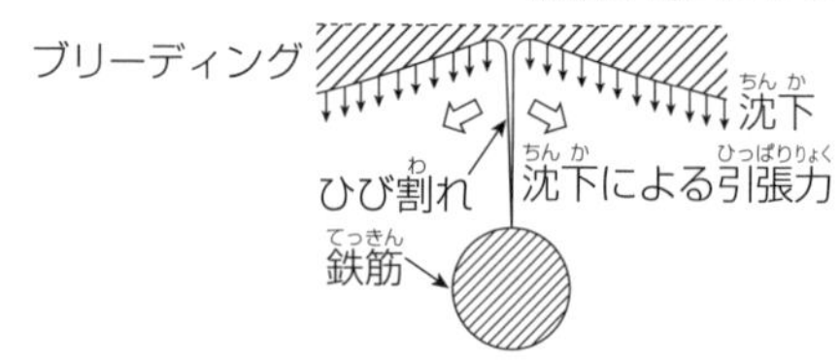

沈みひび割れ

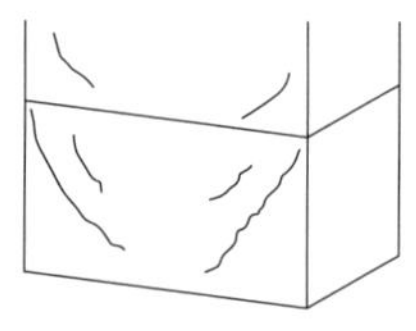

乾燥収縮ひび割れ

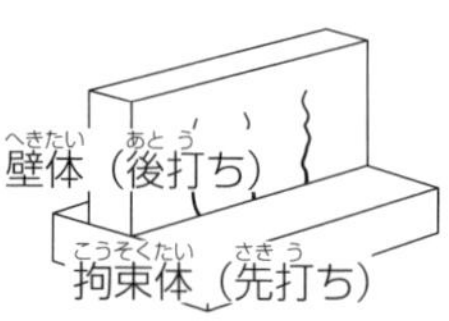

水和熱によるひび割れ
（温度ひび割れ）

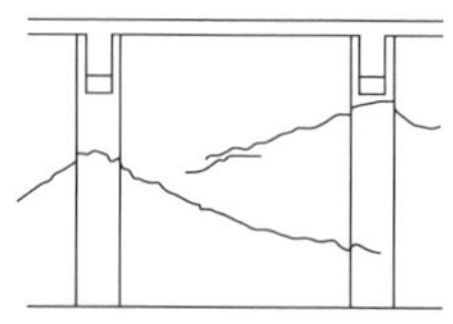

コールドジョイント

関連問題&よくわかる解説

問題1 □□□

コンクリート構造物の劣化原因である次の3つの中から2つ選び，施工時における劣化防止対策について，それぞれ1つずつ解答欄に記述しなさい。

令和元年度【問題9】・H27

（令和元年；通常問題）
・塩害
・凍害
・アルカリシリカ反応

（令和元年；再試験問題）
・塩害
・中性化
・アルカリシリカ反応

※H27は「アルカリシリカ反応」「コンクリート中の鋼材の腐食（塩害）」の抑制対策について記述する問題が出題されています。

<解答欄>

(1)	劣化原因	
	劣化防止対策	
(2)	劣化原因	
	劣化防止対策	

解答 「土木工学ハンドブック第5編コンクリート」「コンクリート標準示方書」より

(1)	劣化原因	塩害
	劣化防止対策	・コンクリート中に含まれる塩化物イオン量を0.30kg/m³以下とする。 ・化学抵抗性の大きい，高炉セメントなどの混合セメントを使用する。 ・水セメント比を小さくして密実なコンクリートとする。 ・かぶりを十分大きくする。（表面にライニングを行う。） ・樹脂塗装鉄筋を使用する。

品質管理

(2)	劣化原因	凍害
	劣化防止対策	・耐凍害性の大きな骨材を用いる。 ・AE 剤，AE 減水剤を使用し，所要の強度を満足することを確認の上で6% 程度の空気量を確保する。 ・水セメント比を小さくして密実なコンクリートとする。 ・発熱量の大きい早強コンクリートを使用する。 ・コンクリート温度が5℃以上となるように給熱養生を行う。 ※初期凍害を防止できる強度（5N/mm²）が得られるまでコンクリートの温度を5℃以上に保ち，さらに2日間は0℃以上に保つことを標準とする。 ・打ち込み後は普通コンクリートで5日以上，コンクリート温度を2℃以上に保つ。
(3)	劣化原因	アルカリシリカ反応
	劣化防止対策	・アルカリシリカ反応の抑制効果のある混合セメント（高炉セメントB種・C種，フライアッシュセメントB種・C種等）を使用する。 ・コンクリート中のアルカリ総量を3.0kg/m³以下とする。 ・骨材のアルカリシリカ反応性試験で無害と確認された骨材を使用する。
(4)	劣化原因	中性化
	劣化防止対策	・中性化残りを確保するためかぶり（厚さ）を大きくする。 ・タイル，石張りなどの表面仕上げや気密性の吹付け材を施工する。

上記の解答例を参考に，2つ劣化原因を選び，劣化防止対策を解答欄に合わせて簡潔に解答欄に記述する。

問題2 □□□

コンクリート構造物の耐久性を低下させる劣化と判断される主な要因による劣化機構名を2つあげ，それぞれの劣化要因又は劣化現象のいずれかを解答欄に記述しなさい。

平成26年度【問題 3】－〔設問 2〕＋H21

＜解答欄＞

(1)	劣化機構名	
	劣化要因 劣化現象	
(2)	劣化機構名	
	劣化要因 劣化現象	

解答

「**コンクリート標準示方書（維持管理編）**」に以下のように規定されている。

劣化機構	劣化要因	劣化現象の概要
中性化	空気中の炭酸ガス(二酸化炭素等)とセメント水和物との接触による炭酸化反応	空気中の炭酸ガス（二酸化炭素等）がコンクリート内に侵入し，コンクリートのアルカリ性が低下し，鉄筋に達すると腐食し膨張性のひび割れが発生する現象
塩　害	コンクリート中の塩化物イオンの作用による鋼材の腐食	コンクリート中に存在する塩化物イオンの作用により鋼材が腐食し，膨張に伴うコンクリートのひび割れが発生する現象
凍　害	気温低下によりコンクリート中の水分の凍結融解作用の繰り返し	コンクリート中の水分が凍結と融解を繰り返すことで，コンクリート表面からスケーリング，微細ひび割れおよびポップアウト等が生じる現象
アルカリシリカ反応	骨材中のシリカと，コンクリート中のアルカリ性水溶液の化学反応	骨材中のシリカ分とセメントなどに含まれるアルカリ性の水分が反応して骨材の表面に膨張性の物質が生成され，これが吸水膨張してコンクリートにひび割れが生じる現象
化学的侵食	酸性物質や硫酸イオンとの接触によるコンクリートの融解・劣化や化学反応による膨張	侵食性物質とコンクリートとの接触によるコンクリートの溶解・劣化（侵食性物質がセメント組成物質や鋼材と反応し，体積膨張）によるひび割れやコンクリートの剥離などを引き起こす現象

上記より，劣化機構を2つ選定し，概要（要因）を簡潔に解答欄に記述する。

品質管理

問題3 □□□

コンクリートに発生した次のひび割れの状況図からひび割れの名称を2つ選び，各々のひび割れの原因と防止対策を記述しなさい。

令和 4 年度【問題 9】＋H24

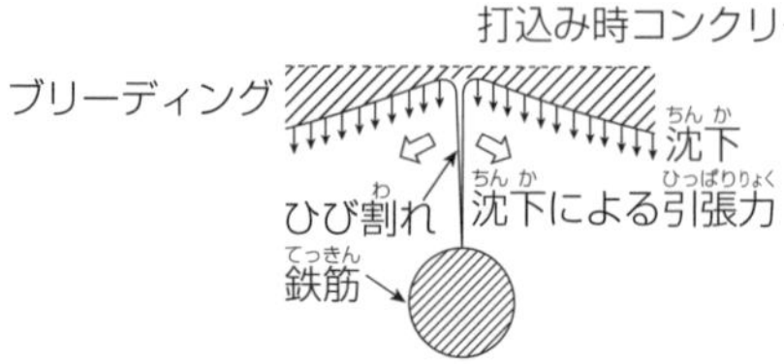

打込み時コンクリート上面

ブリーディング

沈下

ひび割れ

沈下による引張力

鉄筋

①沈み割れ

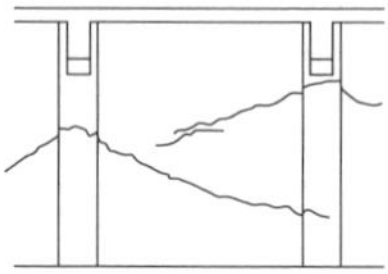

②コールドジョイント

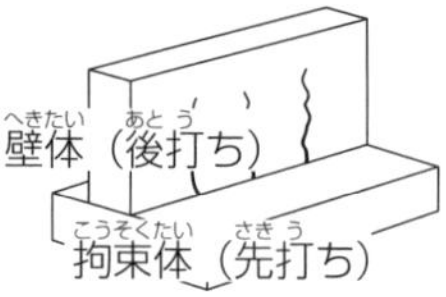

壁体（後打ち）

拘束体（先打ち）

③水和熱によるひび割れ

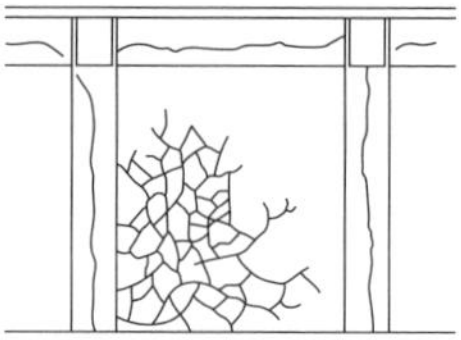

④アルカリシリカ反応によるひび割れ（膨張ひび割れ）

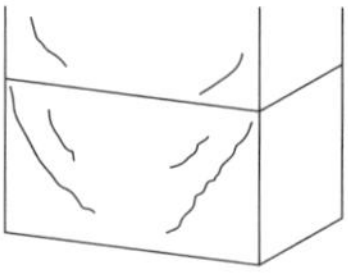

⑤乾燥収縮ひび割れ

ひび割れの状況図

＜解答欄＞

(1)	番号	
	原因	
	防止対策	
(2)	番号	
	原因	
	防止対策	

解答例 「コンクリート標準示方書」より

ひび割れの名称	①沈みひび割れ
原因	・コンクリートの材料分離　　・締固め不足
防止対策	・AE 剤，AE 減水剤等の混和材を用いて，単位水量を少なくする。 ・細骨材，粗骨材の粒度分布の適切なものを使用して，単位水量（水セメント比）を小さくする。 ・スラブまたは梁が壁または柱と連続している構造の場合，壁または柱のコンクリートの沈下がほぼ終了してからスラブまたは梁のコンクリートを打込む。 ・打ち上がり速度は30分あたり1.0～1.5m 程度を標準とする。 ・再び流動が戻る状態の範囲内で，できるだけ遅い時間に，再振動を行う。 ・こて仕上げの段階で，ダンピングを行い沈みひび割れを押え修復する。
ひび割れの名称	②コールドジョイント
原因	・所定時間を過ぎた打ち重ね ・下層のコンクリートとの締固め不足
防止対策	・許容打重ね時間間隔を厳守し，外気温25℃を超える場合は2.0時間以内，25℃以下の場合は2.5時間以内を標準とする。 ・1層当たりの打込み高さを40～50cm 以下とする。 ・棒状バイブレーターを下層のコンクリート中に10cm 程度挿入し，下層と上層のコンクリートを一体化する。 ・表面にブリーディング水がたまっている場合は，適当な方法で取り除いてから上層のコンクリートを打ち込む。
ひび割れの名称	③水和熱によるひび割れ
原因	・単位セメント量が多い。 ・断面の大きい部材で，拘束された壁部材がある。 ・養生期，急激な冷去を受けた。（コンクリートの内部と表面の温度差）
防止対策	・セメント量の少ない，中庸熱ポルトランドセメント，フライアッシュセメント等を選定する。 ・高性能減水剤，高性能 AE 減水剤を利用して，コンクリートの単位セメント量を少なくする。 ・コンクリート内部と表面の温度差を小さくする。（コンクリート温度の上昇を抑制する） →プレクーリング，パイプクーリングを行い，コンクリート打込み時及び養生時のコンクリート温度の低下を図る。 →型枠脱型時に，コンクリート表面が急激に冷やされないように断熱

	材でコンクリート表面を覆う。 ・誘発目地を設け，ひび割れを集中させる。
ひび割れの名称	④アルカリシリカ反応によるひび割れ（膨張ひび割れ）
原因	・反応性骨材の使用 ・コンクリート中のアルカリ総量過多
防止対策	・アルカリシリカ反応の抑制効果のある混合セメント（高炉セメントＢ種・Ｃ種，フライアッシュセメントＢ種・Ｃ種等）を使用する。 ・コンクリート中のアルカリ総量を3.0kg/m³以下とする。 ・無害と確認された骨材を使用する。
ひび割れの名称	⑤乾燥収縮ひび割れ
原因	・単位水量が多い。　・空気量が多い。 ・表面養生が不良。　・型枠の早期の取外し
防止対策	・コンクリートの単位水量（空気量）をできるだけ少なくする。 ・湿潤養生を５日間以上行うほか，型枠をできるだけ長く存置する。 ・型枠取外し後も湿潤養生を行い，急激な温度変化，直射日光，風があたらないようにする。 ・ひび割れが発生すると予測される箇所に補強鉄筋をいれる。 ・誘発目地を適所に入れ，ひび割れを集中させる。

上記の解答例を参考に，ひび割れの名称を２つ選び原因と防止対策を解答欄に合わせて簡潔に解答欄に記述する。

コンクリート工事の品質管理④…鉄筋・型枠・型枠支保工

各段階における鉄筋工の検査

⑴　受入（搬入時）検査

・鉄筋の発注及び納入は設計図書に示された，鉄筋の**径**，**長さ**，**数量**などを確認する。

⑵　配筋検査（鉄筋組立完了時）

・鉄筋の加工及び組立が完了したら，コンクリートを打ち込む前に，鉄筋が堅固に結束されているか，鉄筋の交点の要所は焼なまし鉄線で緊結し，使用した焼なまし鉄線は**かぶり**内に残っていないか，鉄筋について鉄筋の**本数**，鉄筋の**間隔**，鉄筋の**径**を確認し，更に折曲げの位置，**継手の位置**及び**継手の長さ**鉄筋相互の位置及び間隔のほか，型枠内での支持状態については設計図書に基づき所定の精度で造られているかを検査する。また，継手部を含めて，いずれの位置においても，**最小のかぶり**が確保されているかを確認する。

鉄筋の加工および組立の検査

<table>
<tr><th colspan="2">項　目</th><th>試験・検査方法</th><th>時期・頻度</th><th>判定基準</th></tr>
<tr><td colspan="2">鉄筋の種類・径・数量</td><td>製造会社の試験成績表による確認，目視，径の測定</td><td rowspan="2">加工後</td><td>設計図書どおりであること</td></tr>
<tr><td colspan="2">鉄筋の加工寸法</td><td>スケールなどによる測定</td><td>所定の許容誤差以内であること</td></tr>
<tr><td colspan="2">スペーサの種類・配置・数量</td><td>目視等</td><td rowspan="6">組立後および組立後長期間経過したとき</td><td>床版，はり等の底面部で1m²あたり4個以上
柱等の側面部で1m²あたり2個以上</td></tr>
<tr><td colspan="2">鉄筋の固定方法</td><td>目視等</td><td>コンクリートの打込みに際し，変形・移動のおそれのないこと</td></tr>
<tr><td rowspan="4">組み立てた鉄筋の配置</td><td>重ね継手および定着の位置・長さ</td><td rowspan="4">スケールによる測定および目視等</td><td>設計図書どおりであること</td></tr>
<tr><td>かぶり</td><td>鉄筋の直径以上で，かつ耐久性を満足するかぶり以上</td></tr>
<tr><td>有効高さ</td><td>許容誤差：設計寸法の±3%または±30mmのうち小さいほうの値（標準）</td></tr>
<tr><td>中心間隔</td><td>許容誤差：±20mm（標準）</td></tr>
</table>

(3) 圧接完了後の試験

① 外観試験

…圧接部の**ふくらみ**の形状および寸法，圧接面の**ずれ**，圧接部の**折曲がり**，圧接部における鉄筋中心軸の**偏心量**，たれ・過熱，その他有害と認められる欠陥の有無について**全数**，外観試験を行う。

- 圧接部の**ふくらみ**の**直径**は鉄筋径の**1.4倍以上**，**ふくらみ**の**長さ**は鉄筋径の**1.1倍以上**とし，**ふくらみ**の形状はなだらかであることとする。
- 圧接面の**ずれ**（∂）は，鉄筋径の**1/4以下**とする。
- 鉄筋中心軸の**偏心量**（α）は，鉄筋径の**1/5以下**とする。

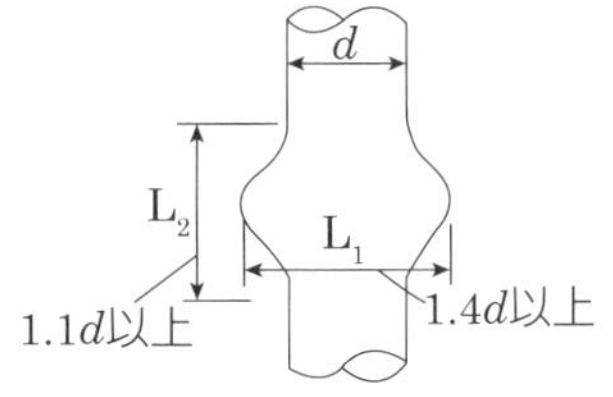

圧接部のふくらみ直径・長さ

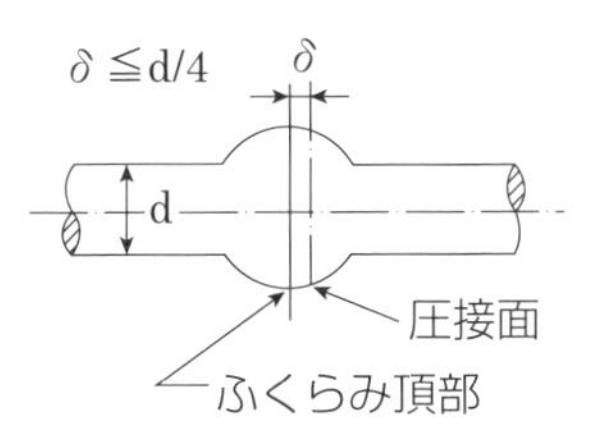

圧接面のずれδ

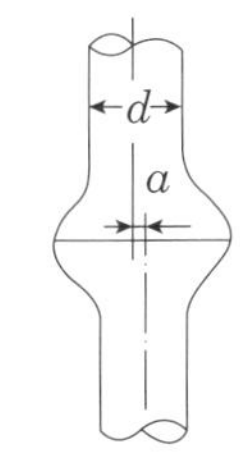

鉄筋中心軸の偏心量α

・鉄筋同士の角度が2°以上となる圧接部の折れ曲がりがあってはならない。
・外観試験で不合格となった場合の処置は，以下のとおりとする。

イ．圧接部の**ふくらみの直径**や**ふくらみの長さ**が規定値に満たない場合は，**再加熱**し，圧力を加えて所定のふくらみとする。

ロ．圧接部の**ずれ**や**偏心量**が規定値を超えた場合は，**圧接部を切り取り，再圧接**する。

ハ．圧接部に明らかな**折れ曲がり**を生じた場合は，**再加熱**して修正する。

ニ．圧接部のふくらみが著しいつば形の場合や著しい焼き割れを生じた場合は，圧接部を切り取り，再圧接する。

ホ．再加熱または再圧接した箇所は，外観試験および超音波探傷試験を行う。

② 外観試験で合格となったものから抜取試験を行う。抜取試験は，超音波探傷試験または引張試験とし，特記がなければ**超音波探傷試験（検査）**とする。超音波探傷試験は，圧接面の内部欠陥を検査する方法である。

鉄筋の重ね継手以外の継手の検査

種類	項目	試験・検査方法	時期・回数	判定基準
手動ガス圧接 SD490以外	位置	目視，スケールノギス等	全数	設計図書どおりであること
	外観検査			
	超音波探傷検査	JIS Z 3062	1検査ロット30箇所	
手動ガス圧接 SD490	位置	目視，スケールノギス等	全数	設計図書どおりであること
	外観検査			
	超音波探傷検査	JIS Z 3062	全数	
自動ガス圧接	位置	目視，スケールノギス等	全数	設計図書どおりであること
	外観検査			
	超音波探傷検査	JIS Z 3062	1検査ロット10箇所	
熱間押抜ガス圧接	位置	目視，スケールノギス等	全数	設計図書どおりであること
	外観検査			
突合せアーク溶接継手	位置	目視，スケールノギス等	全数	設計図書どおりであること
	外観検査			
	詳細外観検査	ゲージ等	5%以上	
	超音波探傷検査		30%以上かつ30箇所以上／1ロット	

型枠・型枠支保工

(1) 取外し時期

・型枠及び支保工は，コンクリートがその**自重**及び**施工期間中**に加わる荷重を受けるのに必要な強度に達するまで取り外してはならない。

・型枠及び支保工の取外しの時期及び順序は，コンクリートの強度，構造物の種類とその**重要度**，部材の種類及び大きさ，気温，天候，風通しなどを考慮する。

・フーチング側面のように厚い部材の鉛直又は鉛直に近い面，傾いた上面，小さなアーチの外面は，一般的にコンクリートの圧縮強度が**3.5**（N/mm^2）以上で型枠及び支保工を取り外してよい。

・型枠及び支保工を取り外した直後の構造物に載荷する場合は，コンクリートの強度，構造物の種類，**作用**荷重の種類と大きさなどを考慮する。

関連問題&よくわかる解説

問題1 □□□

鉄筋コンクリートの施工の各段階における検査のうち，鉄筋工の検査に関する次の文章の□の（イ）～（ホ）に当てはまる適切な語句を解答欄に記述しなさい。

平成26年度【問題 4】－〔設問 1〕

⑴ 鉄筋の発注及び納入は設計図書に示された，鉄筋の［（イ）］，［（ロ）］，数量などを確認する。

⑵ 鉄筋の加工及び組立が完了したら，コンクリートを打ち込む前に，鉄筋が堅固に結束されているか，鉄筋の交点の要所は焼なまし鉄線で緊結し，使用した焼なまし鉄線は［（ハ）］内に残って無いか，鉄筋について鉄筋の本数，鉄筋の間隔，鉄筋の［（イ）］を確認し，更に折曲げの位置，継手の位置及び継手の［（ロ）］，鉄筋相互の位置及び間隔のほか，型枠内での支持状態については設計図書に基づき所定の精度で造られているかを検査する。また，継手部を含めて，いずれの位置においても，最小の［（ハ）］が確保されているかを確認する。

⑶ ガス圧接継手の外観検査の対象項目は，圧接部のふくらみの直径や［（ロ）］，圧接面のずれ，圧接部の折曲がり，圧接部における鉄筋中心軸の［（ニ）］，たれ・過熱，その他有害と認められる欠陥を項目とする。また，鉄筋ガス圧接部の圧接面の内部欠陥を検査する方法は［（ホ）］検査である。

解答 「**コンクリート標準示方書（施工編）**」，及び「**鉄筋定着・継手指針**」より

⑴ 鉄筋の発注及び納入は設計図書に示された，鉄筋の **（イ）；径**，**（ロ）；長さ**，数量などを確認する。

⑵ 鉄筋の加工及び組立が完了したら，コンクリートを打ち込む前に，鉄筋が堅固に結束されているか，鉄筋の交点の要所は焼なまし鉄線で緊結し，使用した焼なまし鉄線は **（ハ）；かぶり** 内に残って無いか，鉄筋について鉄筋の本数，鉄筋の間隔，鉄筋の **（イ）；径** を確認し，更に折曲げの位置，継手の位置及び継手の **（ロ）；長さ**，鉄筋相互の位置及び間隔のほか，型枠内での支持状態については設計図書に基づき所定の精度で造られているかを検査する。また，継手部を含めて，いずれの位置においても，最小の **（ハ）；かぶり** が確保されているかを確認する。

⑶ ガス圧接継手の外観検査の対象項目は，圧接部のふくらみの直径や **（ロ）；長さ**，圧接面のずれ，圧接部の折曲がり，圧接部における鉄筋中心軸の **（ニ）；偏心量**，たれ・過熱，その他有害と認められる欠陥を項目とする。また，鉄筋ガス圧接部の圧接面の内部欠陥を検査する方法は **（ホ）；超音波探傷** 検査である。

問題2 □□□

鉄筋コンクリート構造物における型枠及び支保工の取外しに関する次の文章の［　　］の（イ）～（ホ）に当てはまる適切な語句又は数値を解答欄に記述しなさい。

平成30年度【問題 4】

⑴ 型枠及び支保工は，コンクリートがその［（イ）］及び［（ロ）］に加わる荷重を受けるのに必要な強度に達するまで取り外してはならない。

⑵ 型枠及び支保工の取外しの時期及び順序は，コンクリートの強度，構造物の種類とその［（ハ）］，部材の種類及び大きさ，気温，天候，風通しなどを考慮する。

⑶ フーチング側面のように厚い部材の鉛直又は鉛直に近い面，傾いた上面，小さなアーチの外面は，一般的にコンクリートの圧縮強度が［（ニ）］（N/mm^2）以上で型枠及び支保工を取り外してよい。

⑷ 型枠及び支保工を取り外した直後の構造物に載荷する場合は，コンクリートの強度，構造物の種類，［（ホ）］荷重の種類と大きさなどを考慮する。

解答 「コンクリート標準示方書（施工編）」より

⑴　型枠及び支保工は，コンクリートがその **（イ）；自重** 及び **（ロ）；施工期間中** に加わる荷重を受けるのに必要な強度に達するまで取り外してはならない。

⑵　型枠及び支保工の取外しの時期及び順序は，コンクリートの強度，構造物の種類とその **（ハ）；重要度**，部材の種類及び大きさ，気温，天候，風通しなどを考慮する。

⑶　フーチング側面のように厚い部材の鉛直又は鉛直に近い面，傾いた上面，小さなアーチの外面は，一般的にコンクリートの圧縮強度が **（ニ）；3.5**（N/mm^2）以上で型枠及び支保工を取り外してよい。

⑷　型枠及び支保工を取り外した直後の構造物に載荷する場合は，コンクリートの強度，構造物の種類，**（ホ）；作用** 荷重の種類と大きさなどを考慮する。

問題３　□□□

鉄筋コンクリート構造物における「鉄筋の加工および組立の検査」「鉄筋の継手の検査」に関する，品質管理項目とその判定基準を5つ解答欄に記述しなさい。

平成29年度【問題 8】－〔設問 1〕

＜解答欄＞

	項目	判定基準
1.		
2.		
3.		
4.		
5.		

品質管理

解答

	項目	判定基準
1.	鉄筋の種類・径・数量	設計図書どおりであること
2.	鉄筋の加工寸法	加工後の全長±20mm
3.	スペーサの種類・配置・数量	床版，はり等の底面部で1m^{2}あたり4個以上 柱等の側面部で1m^{2}あたり2個以上
4.	鉄筋の固定方法	コンクリートの打込みに際し， 変形・移動のおそれのないこと
5.	重ね継手の長さ	鉄筋の直径の20倍以上
6.	重ね継手の位置	鉄筋直径の25倍以上ずらす
7.	かぶり	鉄筋の直径以上で，かつ耐久性を満足するかぶり以上 （設計図書で定められた数値以上）
8.	有効高さ	許容誤差：設計寸法の±3％または ±30mmのうち小さいほうの値
9.	中心間隔	許容誤差：±20mm
10.	手動ガス圧接　外観検査 （ふくらみ）	ふくらみの直径は鉄筋径の1.4倍以上， 長さは1.1倍以上
11.	手動ガス圧接　外観検査 （鉄筋中心軸の偏心量）	鉄筋中心軸の偏心量は，鉄筋径の1/5以下とする
12.	手動ガス圧接　外観検査 （圧接面のずれ）	圧接面のずれは，鉄筋径の1/4以下とする

「鉄筋の加工および組立の検査」，**「鉄筋の継手の検査」**の各表より，品質管理項目を5つ選び判定基準とともに記述する。（各表の判定基準が「設計図書どおりであること」と記載されているものが多いですが，それだけを複数記入した場合，減点となる可能性があるため，ここには数値基準があるもの等を抜粋して記載しています。

※ここに記載している項目は一例であり，他にも正解となる項目，基準は多数あります。

第5章 安全管理

出題概要（過去の出題傾向と予想）

「安全管理」からは2～3問が出題されます。令和3年の試験制度改正により，出題問題数は年度によりばらつきがみられています。

出題内容は，高所作業及び墜落防止（足場工）・車両系建設機械・クレーン作業（架空線対策）・明り掘削（地下埋設物）・土止め支保工・型枠支保工・河川（土石流）等から空欄に適切な語句・数値を記入する**穴埋め問題**，安全管理上の留意点や労働災害防止対策等を記述する**記述式問題（文章題・図から）**，文章中の誤りを訂正する**間違い訂正問題**等が出題されます。

	高所作業 墜落防止 （足場工）	車両系 建設機械	クレーン作業 （架空線）	明り掘削 （地下埋設物）	型枠支保工 土止め支保工	河川 （土石流）	工事全般
R5	○ 記述	◎ 穴埋め・記述	○ （図から）	◎ 記述	△ 記述	△	○
R4	穴埋め		穴埋め （架空線）・（地下埋設物）				間違い探し
R3		穴埋め	記述 （図から）				
R2	穴埋め	記述					
R1		穴埋め	記述 （図から）				
H30	穴埋め			記述 （明り掘削）・（型枠支保工）			
H29	記述	穴埋め					
H28			記述 （図から）		穴埋め （土止め支保工）		
H27		記述 （図から）					間違い探し （足場・型枠支保工）
H26		穴埋め					間違い探し
H25			記述 （架空線）・（地下埋設物）				間違い探し
H24	記述					記述	
H23		記述		穴埋め			

※ここに記載しているものは，過去問題の傾向と対策であり，実際の試験ではこの傾向通り出題されるとは限りません。

高所作業・足場工事等における，墜落等による危険の防止措置

高所作業

・墜落により労働者に危険を及ぼすおそれのある箇所に**関係労働者以外の労働者を立ち入らせてはならない**。

・高さが**2m 以上**の箇所（作業床の端，開口部等を除く）で作業を行う場合，墜落により労働者に危険を及ぼすおそれのあるときは，足場を組み立てる等の方法により**作業床を設ける**。作業床の**幅は 40cm 以上**とし，**床材間の隙間は 3cm 以下，床材と建地との隙間は 12cm 未満**とする。（屋根等の上で作業を行う場合は，**幅 30cm 以上の歩み板**を設ける等の措置を講ずる。

・高さが 2m 以上の作業床の端，開口部等で，墜落により労働者に危険を及ぼすおそれのある箇所には，**囲い等（囲い，高さ 85cm 以上の手すり，覆い等）を設ける）**

・高さが**2m 以上**の箇所で作業を行う場合，労働者に墜落制止用器具等を使用させるときは，**要求性能墜落制止用器具等を安全に取り付けるための設備（親綱）等を設ける**。

・要求性能墜落制止用器具の使用時において，フックの位置は，腰**より高い**位置にかけ，墜落阻止時に加わる衝撃荷重を低く抑えるようにする。

・墜落制止用器具は**フルハーネス型**を原則とするが，墜落時に**フルハーネス型**の墜落制止用器具を着用する者が地面に到達するおそれのある場合（高さが 6.75m 以下）は胴ベルト型の使用が認められる。

・高さ又は深さが**1.5m** を超える箇所で作業を行うときは，安全に**昇降する設備**を設ける。

・高さが 2m 以上の箇所で作業を行うときは，作業を安全に行うため必要な**照度を保持**する。

・高さが 2m 以上の箇所で作業を行う場合，強風，大雨，大雪等の悪天候のため，作業の実施について**危険が予想される**ときは，**作業に労働者を従事させてはならない**。

・高さが**5m 以上**のコンクリート造の工作物の解体等の作業を行うときは，工作物の倒壊，物体の飛来又は落下等による労働者の危険を防止するため，あらかじめ当該工作物の形状，き裂の有無，周囲の状況等を調査し作業計画を定め，作業を行わなければならない。

・高所作業車を用いて作業を行うときは，あらかじめ当該高所作業車による作

業方法を示した作業計画を定め，関係労働者に周知させ，当該作業の指揮者を**定めて**，その者に作業の指揮をさせなければならない。

・**3m 以上**の高所から物体を投下するときは，適当な投下設備を設け，**監視人**を置く等労働者の危険を防止するための措置を講じる。

・作業のため物体が落下することにより，労働者に危険を及ぼすおそれのあるときは，**防網**（ぼうもう）の設備を設け，立入区域を設定する等当該危険を防止するための措置を講じる。

・作業のため物体が飛来することにより労働者に危険を及ぼすおそれのあるときは，**飛来防止の設備**を設け，**労働者に保護具**を使用させる。

足場工事

届出・資格

・吊り足場，張出し足場，およびそれ以外の足場にあっては**高さが10m 以上**の構造となる足場で，組立てから解体までの期間が**60日以上**となる場合は，あらかじめ，その設置計画を工事の開始日の30日前までに，所轄の労働基準監督署長に届け出なければならない。

・つり足場，張出し足場又は高さが5m 以上の構造の足場の組立て，解体又は変更の作業を行うには，事業主は足場の組立て等作業主任者**技能講習**を修了した者を**作業主任者**として選任し，その者の指揮のもとに作業を行わせなければならない。

設置基準等

・足場の組立て，解体又は変更の作業を行う区域内には**関係者以外の労働の立ち入りを禁止**しなければならない。

① **高さ**

・枠組足場においては，原則45m 以下とし，単管足場においては，31m 以下とする(31mを超える場合，最上部から測って**31m以下は鋼管2本組**とする)。

② **建枠・建地の間隔**

1）わく組み足場…**けた方向1.85m 以下**

2）単管足場………**けた方向1.85m 以下，はり間方向1.5m 以下**

③ **水平材・作業床**

・足場における高さ**2m 以上**の作業場所には，次に定めるところにより，**作業床**を設けなければならない。

安全管理

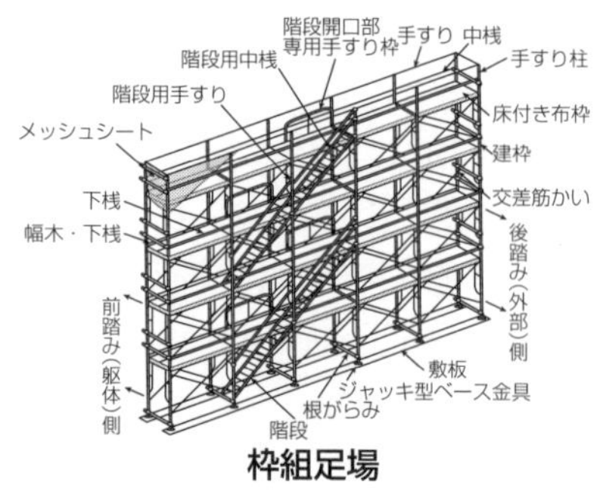

枠組足場

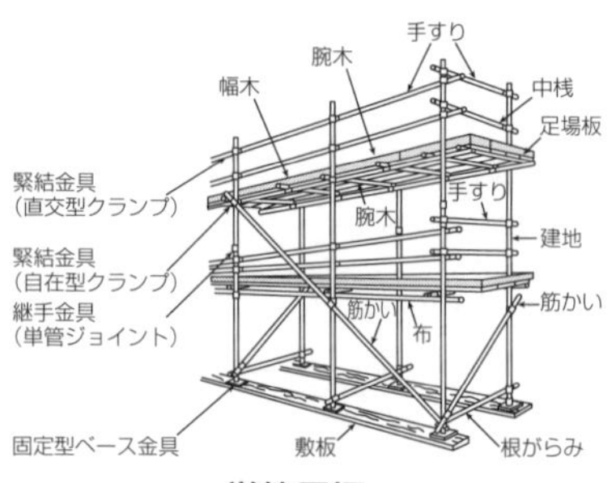

単管足場

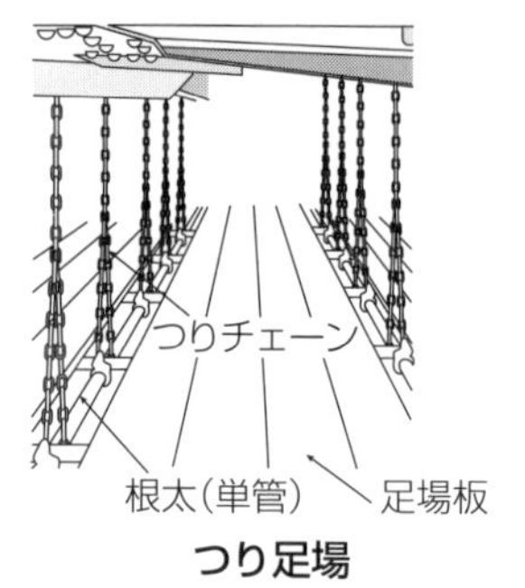

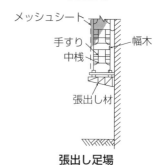

つり足場

メッシュシート
手すり
幅木
中桟
張出し材

張出し足場

・つり足場の場合を除き，**幅は<u>40cm</u> 以上**とし，**床材間の隙間は<u>3cm</u> 以下**とし，**床材と建地との隙間を12cm 未満**とする。

※**つり足場の場合は隙間がないようにする**（作業床の下方・側方にシート等を設ける等墜落又は物体の落下による労働者の危険を防止するための措置を講ずるときは，この限りではない）

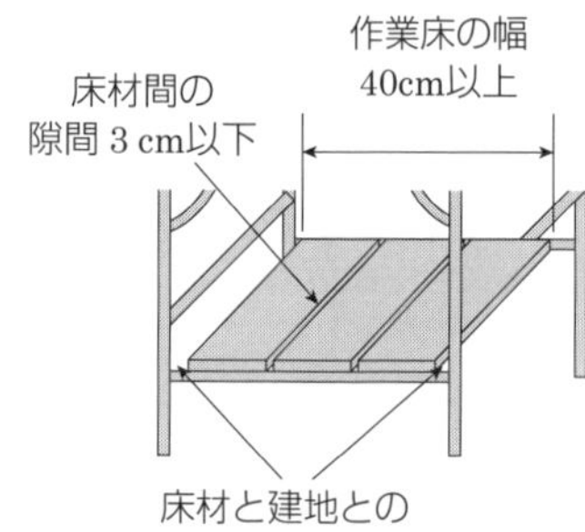

・墜落により労働者に危険を及ぼすおそれのある箇所には，わく組足場にあってはイ又はロ，わく組足場以外の足場にあってはハに掲げる設備を設ける。

イ　交さ筋かい及び高さ15cm 以上40cm 以下のさん若しくは高さ15cm 以上の幅木又はこれらと**<u>同等以上の機能を有する設備</u>**

ロ　手すりわく

ハ　**高さ<u>85cm</u> 以上の<u>手すり</u>**又はこれと同等以上の機能を有する設備及び中さん等

・**落下防止措置**として，作業のため物体が落下することにより，労働者に危険を及ぼすおそれのあるときは，**高さ10cm以上の幅木，メッシュシート若しくは防網**又はこれらと同等以上の機能を有する設備を設ける。

［わく組足場の場合の例］

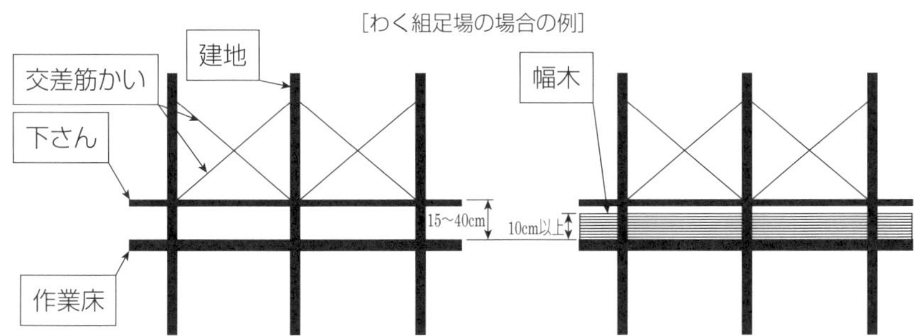

墜落防止措置
交差筋かい及び下さん（高さ15～40cmの位置）もしくは高さ15cm以上の幅木等または手すり枠の設置

物体の落下防止措置
幅木（10cm以上），メッシュシートもしくは防網を設置

［わく組足場以外の足場（単管足場等）の場合の例］

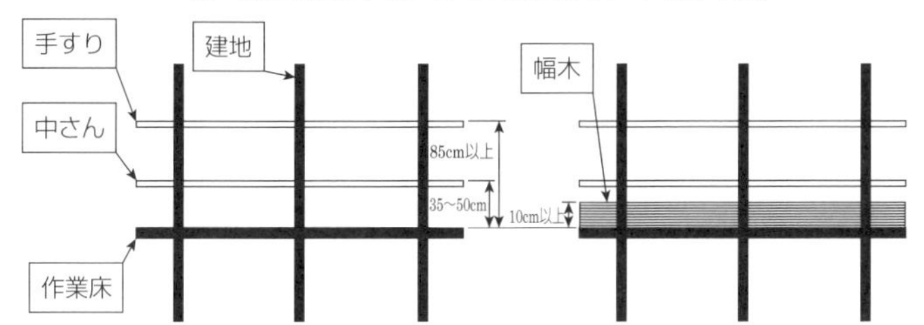

墜落防止措置
手すり等（高さ85cm以上）及び中さん等（高さ35～50cmの位置）またはこれと同等以上の機能を有する設備を設置

物体の落下防止措置
幅木（10cm以上），メッシュシートもしくは防網を設置

足場の墜落防止及び物体の落下防止措置

※**作業の性質上これらの設備を設けることが著しく困難な場合**又は**作業の必要上臨時にこれらの設備を取りはずす場合**において，**防網**を張り，**かつ**，労働者に**要求性能墜落制止用器具**を使用させる等墜落による労働者の危険を防止するための措置を講じたときは，この限りでない。

・腕木，布，はり，脚立その他作業床の支持物は，これにかかる荷重によって破壊するおそれのないものを使用する。

・つり足場の場合を除き，床材は，転位し，又は脱落しないように**2以上の支持物に取り付ける。(3点支持の場合であっても，原則として腕木に固定する)**
・**単管足場の地上第一の布**は，**2m以下**の位置に設ける。
・**枠組足場**の**最上層**及び**5層ごとに布枠等の水平材**を設ける。

④　**壁つなぎ**
・足場の倒壊防止および安定性の向上のために設置する**壁つなぎ及び控えの間隔**は，下表の通りとする。ただし，引張材と圧縮材とで構成されているものであるときは，引張材と圧縮材との間隔は，1m以内とする。

壁つなぎ，控えの設置間隔

	水平方向	垂直方向
枠組足場	8m	9m以下
単管足場	5.5m	5m以下

※高さ5m未満のものを除く

⑤　**積載荷重**
・足場の構造及び材料に応じて，作業床の**最大積載荷重**を定め，かつ，**これを超えて積載してはならない**。
　1）わく組み足場…［枠幅120cm；500kg以下］，［枠幅90cm；400kg以下］
　2）単管足場………建地間（1スパンあたり）の積載荷重…**400kg以下**

⑥　**脚部・継手部の固定等**
・柱脚においては，**ベース金具を用い**，かつ敷板，敷角等を用い，根がらみを設ける。
・単管と単管の交点の緊結金具は，直交型クランプ又は自在型クランプ等の継手金物を使用して，確実に固定する。
・単管足場の**建地の継手**は，**千鳥**になるように配置する。

点検・使用材料等

・足場の材料については，**著しい損傷**，**変形又は腐食**のあるものを**使用してはならない**。

・**その日の作業を開始する前**に，作業を行う箇所に設けた足場用墜落防止設備の**取り外し**及び**脱落**の有無について点検し，異常を認めたときは，**直ちに補修**しなければならない。

・事業者は，枠組み足場・単管足場における作業を行うときは，**その日の作業を開始する前**に，作業を行う箇所に設けた**足場用墜落防止設備の取り外し及び脱落の有無**，**脚部の沈下及び滑動の状態**等について点検し，異常を認めたときは，直ちに補修しなければならない。また，**強風**，**大雨**，**大雪等の悪天候若しくは中震（震度4）以上の地震**又は足場の組立て，一部**解体若しくは変更の後**において，足場における作業を行うときは，**作業を開始する前**に，点検し，異常を認めたときは，直ちに補修しなければならない。

点検項目

① 床材の損傷，取付け及び掛渡しの状態
② 建地，布，腕木等の緊結部，接続部及び取付部の緩みの状態
③ **緊結材及び緊結金具の損傷及び腐食の状態**
④ **足場用墜落防止設備の取り外し及び脱落の有無**
⑤ 幅木等の取付状態及び取り外しの有無
⑥ 脚部の沈下及び滑動の状態
⑦ 筋かい，控え，壁つなぎ等の補強材の取付状態及び取り外しの有無
⑧ 建地，布及び腕木の損傷の有無
⑨ 突りようとつり索との取付部の状態及びつり装置の歯止めの機能

・点検を行ったときは，**記録**し，足場を使用する作業を行う仕事が終了するまでの間，これを**保存**しなければならない。

※つり足場における作業を行うときは，その日の作業を開始する前に，**床材の損傷**，**取付け及び掛渡しの状態**等，点検し，異常を認めたときには，直ちに補修しなければならない。

・労働者に**要求性能墜落制止用器具**等を使用させるときは，**要求性能墜落制止用器具**等及びその取付け設備等の異常の有無について，**随時点検**しなければならない。

架設通路

・**こう配は30度以下**とし，こう配が**15度を超えるもの**には，**踏さん**その他の**滑り止め**を設ける。

・墜落の危険のある箇所には，次に掲げる設備を設ける。

①**高さ85cm 以上の手すり**

②高さ35cm 以上50cm 以下のさん又はこれと同等以上の機能を有する設備（中さん等）

・屋内に設ける通路において，通路面から**高さ1.8m 以内に障害物を置いてはならない**。

・事業者は，**機械間又はこれと他の設備との間に設ける通路**については，**幅80 cm 以上**のものとしなければならない。

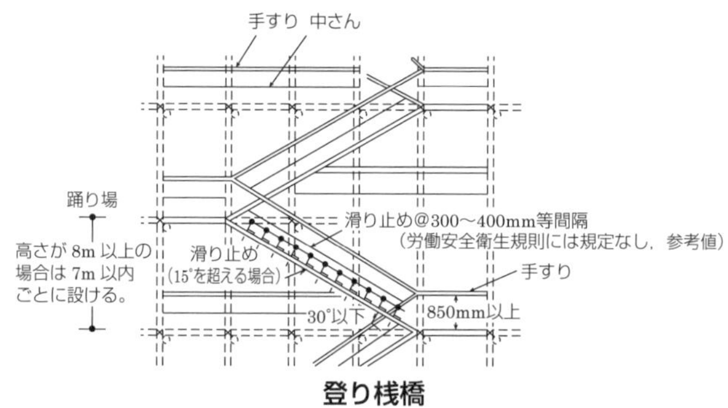

登り桟橋

移動式足場

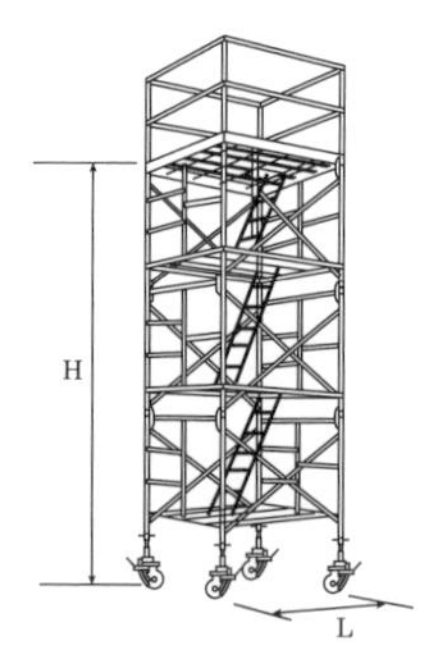

移動式足場

・移動式足場は，作業床，これを支持するわく組構造部及び脚輪並びにはしご等の昇降設備及び手すり等の防護設備より構成される設備で，通称ローリングタワーと呼ばれている。

・脚輪の下端から作業床までの高さと，移動式足場の外郭を形成する脚輪の主軸間隔とは，次の式による。ただし，移動式足場に壁つなぎ又は控えを設けた場合は，この限りでない。

$H \leqq 7.7L - 5$

H：脚輪の下端から作業床までの高さ（m），

L：脚輪の主軸間隔（m）

・作業床は，常に水平を保つように注意し，移動時以外は脚輪にブレーキをかけておく。

・移動式足場に労働者を乗せて移動してはならない。

・転倒を防止する為，同一面より同時に2名以上の者を昇降させてはならない。

脚立・棚足場・移動はしご

・脚立を使用した棚足場における角材を用いたけた材は，脚立の踏さんに固定し，踏さんからの突出し長さを10～20cm とする。

・脚立足場（うま足場）において，足場板を脚立上で重ね，その重ね長さは20 cm 以上とする。

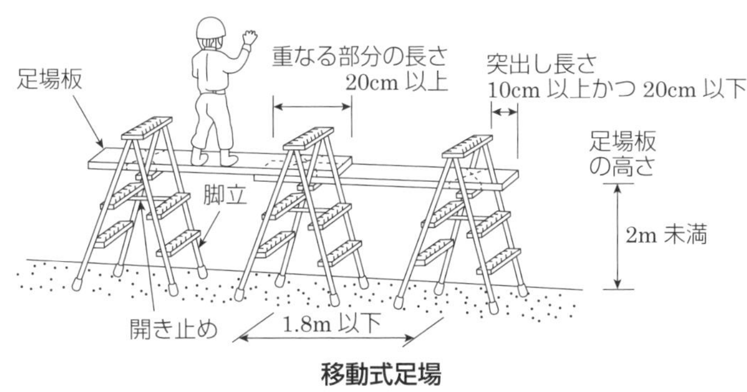

移動式足場

・移動はしごの**幅は30cm 以上**とし，踏さんは等間隔に設ける。また，はしご道の上端は，床から**60cm 以上突き出**させる。

・はしごを立てかけて使用する場合，脚と水平面との角度を75度程度とする。

・脚と水平面との角度を**75度以下**とし，折りたたみ式のものは脚と水平面との角度を確実に保つための金具を備える。

・脚立の天板に乗ったり，座ったり，跨いだりして使用しない。

※坑内はしご道のこう配においては，**80度以下**とし，すべり止め装置の取り付けその他転位の防止を行う。

・つり足場の上で脚立，はしご等を用いて労働者に作業させてはならない。

関連問題&よくわかる解説

問題1 □□□

建設工事の現場における墜落等による危険の防止に関する労働安全衛生法令上の定めについて，次の文章の［　　］の（イ）～（ホ）に当てはまる適切な語句又は数値を解答欄に記述しなさい。 ［令和4年度　問題No.6］

(1) 事業者は，高さが2m以上の［（イ）］の端や開口部等で，墜落により労働者に危険を及ぼすおそれのある箇所には，囲い，手すり，覆い等を設けなければならない。

(2) 墜落制止用器具は［（ロ）］型を原則とするが，墜落時に［（ロ）］型の墜落制止用器具を着用する者が地面に到達するおそれのある場合（高さが6.75m以下）は胴ベルト型の使用が認められる。

(3) 事業者は，高さ又は深さが［（ハ）］mをこえる箇所で作業を行なうときは，当該作業に従事する労働者が安全に昇降するための設備等を設けなければならない。

(4) 事業者は，作業のため物体が落下することにより労働者に危険を及ぼすおそれのあるときは，［（ニ）］の設備を設け，立入区域を設定する等当該危険を防止するための措置を講じなければならない。

(5) 事業者は，架設通路で墜落の危険のある箇所には，高さ［（ホ）］cm以上の手すり等と，高さが35cm以上50cm以下の桟等の設備を設けなければならない。

解答

(1) 事業者は，高さが2m以上の［**（イ）；作業床**］端や開口部等で，墜落により労働者に危険を及ぼすおそれのある箇所には，囲い，手すり，覆い等を設けなければならない。

(2) 墜落制止用器具は［**（ロ）；フルハーネス**］型を原則とするが，墜落時に［**（ロ）；フルハーネス**］型の墜落制止用器具を着用する者が地面に到達するおそれのある場合（高さが6.75m以下）は胴ベルト型の使用が認められる。

(3) 事業者は，高さ又は深さが［**（ハ）；1.5**］mをこえる箇所で作業を行なうときは，当該作業に従事する労働者が安全に昇降するための設備等を設けなければならない。

⑷　事業者は，作業のため物体が落下することにより労働者に危険を及ぼすおそれのあるときは，**(ニ)；防網**の設備を設け，立入区域を設定する等当該危険を防止するための措置を講じなければならない。

⑸　事業者は，架設通路で墜落の危険のある箇所には，高さ**(ホ)；85**cm以上の手すり等と，高さが35cm以上50cm以下の桟等の設備を設けなければならない。

問題2 □□□

労働安全衛生規則に定められている，事業者の行う足場等の点検時期，点検事項及び安全基準に関する，次の文章の□□□の（イ）～（ホ）に当てはまる適切な語句又は数値を解答欄に記述しなさい。

令和2年度　問題No.5

⑴　足場における作業を行うときは，その日の作業を開始する前に，足場用墜落防止設備の取り外し及び（イ）の有無について点検し，異常を認めたときは，直ちに補修しなければならない。

⑵　強風，大雨，大雪等の悪天候若しくは（ロ）以上の地震等の後において，足場における作業を行うときは，作業を開始する前に点検し，異常を認めたときは，直ちに補修しなければならない。

⑶　鋼製の足場の材料は，著しい損傷，（ハ）又は腐食のあるものを使用してはならない。

⑷　架設通路で，墜落の危険のある箇所には，高さ85cm以上の（ニ）又はこれと同等以上の機能を有する設備を設ける。

⑸　足場における高さ2m以上の作業場所で足場板を使用する場合，作業床の幅は（ホ）cm以上で，床材間の隙間は，3cm以下とする。

解答

⑴　足場における作業を行うときは，その日の作業を開始する前に，足場用墜落防止設備の取り外し及び**(イ)；脱落**の有無について点検し，異常を認めたときは，直ちに補修しなければならない。

⑵　強風，大雨，大雪等の悪天候若しくは**(ロ)；中震**以上の地震等の後において，足場における作業を行うときは，作業を開始する前に点検し，異常を認めたときは，直ちに補修しなければならない。

⑶　鋼製の足場の材料は，著しい損傷，**(ハ)；変形**又は腐食のあるものを使用してはならない。

(4) 架設通路で，墜落の危険のある箇所には，高さ85cm以上の **(ニ)；手すり** 又はこれと同等以上の機能を有する設備を設ける。

(5) 足場における高さ2m以上の作業場所で足場板を使用する場合，作業床の幅は **(ホ)；40** cm以上で，床材間の隙間は，3cm以下とする。

問題3 □□□

労働安全衛生規則の定めにより，事業者が行わなければならない墜落等による危険の防止に関する次の文章の［　　］の（イ）～（ホ）に当てはまる適切な語句又は数値を解答欄に記述しなさい。 平成30年度　問題No.5

(1) 事業者は，高さが［（イ）］m以上の箇所で作業を行なう場合において墜落により労働者に危険を及ぼすおそれのあるときは，足場を組み立てる等の方法により［（ロ）］を設けなければならない。

(2) 事業者は，高さが［（イ）］m以上の箇所で［（ロ）］を設けることが困難なときは，［（ハ）］を張り，労働者に［（ニ）］を使用させる等墜落による労働者の危険を防止するための措置を講じなければならない。

(3) 事業者は，労働者に［（ニ）］等を使用させるときは，［（ニ）］等及びその取付け設備等の異常の有無について，［（ホ）］しなければならない。

解答

(1) 事業者は，高さが **(イ)；2** m以上の箇所で作業を行なう場合において墜落により労働者に危険を及ぼすおそれのあるときは，足場を組み立てる等の方法により **(ロ)；作業床** を設けなければならない。

(2) 事業者は，高さが **(イ)；2** m以上の箇所で **(ロ)；作業床** を設けることが困難なときは， **(ハ)；防網** を張り，労働者に **(ニ)；要求性能墜落制止用器具** を使用させる等墜落による労働者の危険を防止するための措置を講じなければならない。

(3) 事業者は，労働者に **(ニ)；要求性能墜落制止用器具** 等を使用させるときは， **(ニ)；要求性能墜落制止用器具** 等及びその取付け設備等の異常の有無について， **(ホ)；随時点検** しなければならない。

問題4 □□□

高所での作業において，墜落による危険を防止するために，労働安全衛生規則の定めにより，事業者が実施すべき安全対策について**5**つ解答欄に記述しなさい。

平成29年度　問題 No.10

＜解答欄＞

事業者が実施すべき安全対策；

1.

2.

3.

4.

5.

解答

事業者が実施すべき安全対策

① 足場を組み立てる等の方法により**作業床**を設ける。

② **要求性能墜落制止用器具等を安全に取り付けるための設備**（親綱）等を設ける。

③ 作業床の端部（開口部等）に**囲い**，**手すり**，**覆い**等を設ける。

④ 囲いを設けることが困難な時等は，**防網**を張り，**要求性能墜落制止用器具を使用**させる。

⑤ 作業を安全に行うため必要な**照度を保持**する。

⑥ **悪天候**のため，作業の実施について**危険が予想**されるときは，**作業を中止**する。

⑦ 墜落により労働者に危険を及ぼすおそれのある箇所に**関係労働者以外の労働者を立入り禁止**とする。

上記から，**5つ**解答欄に簡潔に記述してください。

問題5 □□□

高所での作業において，墜落や飛来落下の災害を防止する対策を5つ解答欄に記述しなさい。 平成24年度　問題No.5-2

＜解答欄＞

事業者が実施すべき事項；

1. ______

2. ______

3. ______

4. ______

5. ______

解答

事業者が実施すべき安全対策【墜落防止】

① 足場を組み立てる等の方法により**作業床**を設ける。

② **要求性能墜落制止用器具等を安全に取り付けるための設備**（親綱）等を設ける。

③ 作業床の端部（開口部等）に**囲い**，**手すり**，**覆い**等を設ける。

④ 囲いを設けることが困難な時等は，**防網**を張り，**要求性能墜落制止用器具を使用**させる。

⑤ 作業を安全に行うため必要な**照度を保持**する。

⑥ **悪天候**のため，作業の実施について**危険が予想**されるときは，**作業を中止**する。

⑦ 墜落により労働者に危険を及ぼすおそれのある箇所に**関係労働者以外の労働者を立入り禁止**とする。

事業者が実施すべき安全対策【飛来・落下防止】

① 3m以上の高所から物体を投下するときは，適当な**投下設備**を設け，**監視人**を置く。

② **防網**の設備を設け，**立入区域**を設定する。

③ **飛来防止の設備**を設け，労働者に**保護具**を使用させる。

上記から，**5つ**解答欄に簡潔に記述してください。

建設機械等を用いた作業時における危険の防止措置

車両系建設機械

・建設機械の使用・取扱いにあたっては，定められた**有資格者を選任**し，これを**表示**する。当該作業場所において指名された者のほかは当該業務に就いてはならない。

・車両系建設機械を，パワー・ショベルによる荷のつり上げ，クラムシェルによる労働者の昇降等，当該車両系建設機械の主たる**用途**以外の**用途**に使用してはならない。

※ドラグ・ショベルにクレーン機能を備え付けた機械での吊り上げ作業は，**車両系建設機械の主たる用途以外の用途に該当**し，「作業の性質上やむを得ないとき又は安全な作業の遂行上必要なとき」かつ，「アーム，バケット等の作業装置が所定の強度等を有し，フック，シャックル等の金具その他のつり上げ用の器具を取り付けて使用するとき」に限られる。この場合は，**車体重量に伴う車両系建設機械の運転資格がある者で，つり上げ荷重に応じた移動式クレーンの資格者**でなければ行うことはできない。

・**地形，地質の状態等の調査を行い記録**し，現場条件に適応する**作業計画を定め**，それに従って作業を行わなければならない。作業計画は，次の事項が示されているものでなければならない。

> ①　使用する車両系建設機械の**種類**及び**能力**
> ②　車両系建設機械の**運行経路**　　③　車両系建設機械による**作業の方法**

※作業計画を定めたときは，各事項について**関係労働者に周知**させなければならない。

・地山を足元まで掘削する場合の**機械のクローラ（履帯）の側面は，掘削面と直角となるように配置**する。

・機械走行の**制限速度**は，**作業箇所の地形，地質の状態を考慮して定め**，それにより作業を行わなければならない。（制限速度をこえて車両系建設機械を運転してはならない。）

・車両系建設機械には，**前照灯を備えなければならない**。ただし，作業を**安全に行うため必要な照度が保持**されている場所において使用する車両系建設機械については，この限りでない。

・**岩石の落石等の危険が生ずるおそれのある場所**で車両系建設機械を使用するときは，当該建設機械に**堅固なヘッドガード**を付け，かつ，労働者には保護帽を装着させる。

安全管理

・転倒又は転落により運転者に危険が生ずるおそれのある場所においては，**転倒時保護構造**を有し，**かつ**，**シートベルト**を備えた建設機械の使用に努めるとともに，運転者に**シートベルト**を使用させるように努めなければならない。
・転倒及びブーム，アーム等の作業装置の破壊による労働者の危険を防止するため，当該車両系建設機械についてその構造上定められた**安定度**，**最大使用荷重**等を守らなければならない。
・車両系建設機械の**転倒**又は**転落**による労働者の危険を防止するため，当該車両系建設機械の**運行経路**について下記等の必要な措置を講ずる。

① 路肩の**崩壊**を防止すること　② 地盤の**不同沈下**を防止すること
③ 必要な**幅員**を保持すること

・路肩，傾斜地等で車両系建設機械を用いて作業を行う場合において，当該車両系建設機械の**転倒又は転落**により労働者に危険が生ずるおそれのあるときは，**誘導者を配置**し，その者に当該車両系建設機械を**誘導**させなければならない。運転者は，誘導者が行う誘導に従わなければならない。
・運転中の車両系建設機械に**接触することにより労働者に危険**が生ずるおそれのある箇所に，原則として**労働者を立ち入らせてはならない**。**※誘導者を配置し，その者に当該車両系建設機械を誘導させるときは，この限りでない。**
・車両系建設機械の運転について誘導者を置くときは，一定の合図を定め，誘導者に当該合図を行なわせなければならない。
・**誘導者が現場を離れるとき**には，**作業を中止**しなければならない。
・**運転位置を離れる**ときは，バケット，ジッパー等の作業装置を**地上に下ろし**，**原動機を止め**，かつ，**走行ブレーキ**をかける等の車両系建設機械の**逸走を防止する措置**を講ずることが定められている。
・車両系建設機械を用いて作業を行うときは，**乗車席以外の箇所に作業員を乗せてはならない**。
・車両系建設機械を移送するため自走又はけん引により貨物自動車に積卸しを行う場合において，道板，盛土等を使用するときは，転倒，転落等による危険を防止するため，積卸しは，**平坦**で堅固な場所において行なう。

点検

・車両系建設機械を用いて作業を行なうときは，その日の作業を開始する前に，ブレーキ及びクラッチの機能について点検を行なわなければならない。

・運搬に使用する車両の始業点検表を作成し，**オペレータ（運転者）**または点検責任者が**作業開始前に点検**を行い，その結果を記録する。

・**事業者**は，**特定自主検査（年次点検；1年以内毎に1回）**および，**月例点検**（1月以内毎に1回）を行う。自主検査を行った記録は，**3年間保存**する。

・事業者は，車両系建設機械のブーム，アーム等の下で修理，点検等の作業を行うときは，不意に降下することによる労働者の危険を防止するため，作業に従事する労働者に**安全支柱**, **安全ブロック**等を使用させなければならない。

関連問題&よくわかる解説

問題1 □□□

車両系建設機械による労働災害防止のため，労働安全衛生規則の定めにより事業者が実施すべき安全対策に関する次の文章の［　　］の（イ）～（ホ）に当てはまる適切な語句又は数値を解答欄に記述しなさい。

令和 3 年度　問題 No.6

(1) 岩石の落下等により労働者に危険が生ずるおそれのある場所で，ブルドーザ，トラクターショベル，パワー・ショベル等を使用するときは，当該車両系建設機械に堅固な［（イ）］を備えなければならない。

(2) 車両系建設機械の転落，地山の崩壊等による労働者の危険を防止するため，あらかじめ，当該作業に係る場所について地形，地質の状態等を調査し，その結果を［（ロ）］しておかなければならない。

(3) 路肩，傾斜地等であって，車両系建設機械の転倒又は転落により運転者に危険が生ずるおそれのある場所においては，転倒時［（ハ）］を有し，かつ，［（ニ）］を備えたもの以外の車両系建設機械を使用しないように努めるとともに，運転者に［（ニ）］を使用させるように努めなければならない。

(4) 車両系建設機械の転倒やブーム又はアーム等の破壊による労働者の危険を防止するため，その構造上定められた安定度，［（ホ）］荷重等を守らなければならない。

解答

(1) 岩石の落下等により労働者に危険が生ずるおそれのある場所で，ブルドーザ，トラクターショベル，パワー・ショベル等を使用するときは，当該車両系建設機械

安全管理

に堅固な［(イ)；ヘッドガード］を備えなければならない。

(2) 車両系建設機械の転落，地山の崩壊等による労働者の危険を防止するため，あらかじめ，当該作業に係る場所について地形，地質の状態等を調査し，その結果を［(ロ)；記録］しておかなければならない。

(3) 路肩，傾斜地等であって，車両系建設機械の転倒又は転落により運転者に危険が生ずるおそれのある場所においては，転倒時［(ハ)；保護構造］を有し，かつ，［(ニ)；シートベルト］を備えたもの以外の車両系建設機械を使用しないように努めるとともに，運転者に［(ニ)；シートベルト］を使用させるように努めなければならない。

(4) 車両系建設機械の転倒やブーム又はアーム等の破壊による労働者の危険を防止するため，その構造上定められた安定度，［(ホ)；最大使用］荷重等を守らなければならない。

問題2 □□□

車両系建設機械による労働者の災害防止のため，労働安全衛生規則の定めにより，事業者が実施すべき安全対策に関する次の文章の［　　］の(イ)～(ホ)に当てはまる適切な語句又は数値を解答欄に記述しなさい。

令和１年度(再試験)　問題 No.5

(1) 車両系建設機械を用いて作業を行なうときは，あらかじめ，当該作業に係る場所の地形，地質の状態等に応じた車両系建設機械の適正な［(イ)］速度を定め，それにより作業を行なわなければならない。

(2) 路肩，傾斜地等で車両系建設機械を用いて作業を行う場合において，当該車両系建設機械の転倒又は転落により労働者に危険が生ずるおそれのあるときは，［(ロ)］者を配置し，その者に当該車両系建設機械を［(ロ)］させなければならない。

(3) 車両系建設機械を移送するため自走又はけん引により貨物自動車に積卸しを行なう場合は，［(ハ)］で堅固な場所において行なうこと。

(4) 車両系建設機械を用いて作業を行なうときは，［(ニ)］以外の箇所に労働者を乗せてはならない。

(5) 車両系建設機械を用いて作業を行うときは，転倒及びブーム，アーム等の作業装置の破壊による労働者の危険を防止するため，当該車両系建設機械についてその構造上定められた安定度，［(ホ)］使用荷重等を守らなければならない。

解答 (1) 車両系建設機械を用いて作業を行なうときは，あらかじめ，当該作業に係る場所の地形，地質の状態等に応じた車両系建設機械の適正な **(イ)；制限** 速度を定め，それにより作業を行なわなければならない。

(2) 路肩，傾斜地等で車両系建設機械を用いて作業を行う場合において，当該車両系建設機械の転倒又は転落により労働者に危険が生ずるおそれのあるときは，**(ロ)；誘導** 者を配置し，その者に当該車両系建設機械を **(ロ)；誘導** させなければならない。

(3) 車両系建設機械を移送するため自走又はけん引により貨物自動車に積卸しを行なう場合は，**(ハ)；平坦** で堅固な場所において行なうこと。

(4) 車両系建設機械を用いて作業を行なうときは，**(ニ)；乗車席** 以外の箇所に労働者を乗せてはならない。

(5) 車両系建設機械を用いて作業を行うときは，転倒及びブーム，アーム等の作業装置の破壊による労働者の危険を防止するため，当該車両系建設機械についてその構造上定められた安定度，**(ホ)；最大** 使用荷重等を守らなければならない。

問題３ □□□

車両系建設機械による労働者の災害防止のため，労働安全衛生規則の定めにより，事業者が実施すべき安全対策に関する次の文章の［　　］の（イ）～（ホ）に当てはまる適切な語句又は数値を解答欄に記述しなさい。

令和１年度　問題 No.5

(1) 車両系建設機械を用いて作業を行なうときは，運転中の車両系建設機械に［（イ）］することにより労働者に危険が生じるおそれのある箇所に，原則として労働者を立ち入らせてはならない。

(2) 車両系建設機械を用いて作業を行なうときは，車両系建設機械の転倒又は転落による労働者の危険を防止するため，当該車両系建設機械の［（ロ）］について路肩の崩壊を防止すること，地盤の［（ハ）］を防止すること，必要な幅員を確保すること等必要な措置を講じなければならない。

(3) 車両系建設機械の運転者が運転位置を離れるときは，バケット，ジッパー等の作業装置を地上に下ろさせるとともに，［（ニ）］を止め，かつ，走行ブレーキをかける等の車両系建設機械の逸走を防止する措置を講じさせなければならない。

(4) 車両系建設機械を，パワー・ショベルによる荷のつり上げ，クラムシェルによる労働者の昇降等当該車両系建設機械の主たる［（ホ）］以外の［（ホ）］に原則として使用してはならない。

解答

⑴ 車両系建設機械を用いて作業を行なうときは，運転中の車両系建設機械に **(イ)；接触** することにより労働者に危険が生じるおそれのある箇所に，原則として労働者を立ち入らせてはならない。

⑵ 車両系建設機械を用いて作業を行なうときは，車両系建設機械の転倒又は転落による労働者の危険を防止するため，当該車両系建設機械の **(ロ)；運行経路** について路肩の崩壊を防止すること，地盤の **(ハ)；不同沈下** を防止すること，必要な幅員を確保すること等必要な措置を講じなければならない。

⑶ 車両系建設機械の運転者が運転位置を離れるときは，バケット，ジッパー等の作業装置を地上に下ろさせるとともに， **(ニ)；原動機** を止め，かつ，走行ブレーキをかける等の車両系建設機械の逸走を防止する措置を講じさせなければならない。

⑷ 車両系建設機械を，パワー・ショベルによる荷のつり上げ，クラムシェルによる労働者の昇降等当該車両系建設機械の主たる **(ホ)；用途** 以外の **(ホ)；用途** に原則として使用してはならない。

問題4 □□□

車両系建設機械による労働者の災害防止のため，労働安全衛生規則の定めにより，事業者が実施すべき安全対策に関する次の文章の ＿＿ の(イ)～(ホ)に当てはまる適切な語句又は数値を解答欄に記述しなさい。

平成29年度　問題 No.5

⑴ 車両系建設機械の転落，地山の崩壊等による労働者の危険を防止するため，あらかじめ，当該作業に係る場所について地形， (イ) の状態を調査し，その結果を (ロ) しておかなければならない。

⑵ 岩石の落下等により労働者に危険が生ずるおそれのある場所で，ブルドーザやトラクターショベル，パワー・ショベル等を使用するときは，その車両系建設機械に堅固な (ハ) を備えていなければならない。

⑶ 車両系建設機械の運転者が運転位置から離れるときは，バケット，ジッパー等の作業装置を (ニ) こと，また原動機を止め走行ブレーキをかける等の措置を講ずること。

⑷ 車両系建設機械の転倒やブーム，アーム等の作業装置の破壊による労働者の危険を防止するため，構造上定められた安定度， (ホ) 荷重等を守らなければならない。

解答

⑴　車両系建設機械の転落，地山の崩壊等による労働者の危険を防止するため，あらかじめ，当該作業に係る場所について地形，**(イ)；地質** の状態を調査し，その結果を **(ロ)；記録** しておかなければならない。

⑵　岩石の落下等により労働者に危険が生ずるおそれのある場所で，ブルドーザやトラクターショベル，パワー・ショベル等を使用するときは，その車両系建設機械に堅固な **(ハ)；ヘッドガード** を備えていなければならない。

⑶　車両系建設機械の運転者が運転位置から離れるときは，バケット，ジッパー等の作業装置を **(ニ)；地上に下ろす** こと，また原動機を止め走行ブレーキをかける等の措置を講ずること。

⑷　車両系建設機械の転倒やブーム，アーム等の作業装置の破壊による労働者の危険を防止するため，構造上定められた安定度，**(ホ)；最大使用** 荷重等を守らなければならない。

問題5 □□□

労働安全衛生法令に定められた車両系建設機械を用いた作業に関する次の文章の［　　］の（イ）～（ホ）に当てはまる適切な語句又は数値を解答欄に記述しなさい。

平成26年度　問題 No.5

⑴　事業者は，車両系建設機械を用いて作業を行なうときは，車両系建設機械の［（イ）］又は転落による労働者の危険を防止するため，当該車両系建設機械の運行経路について路肩の［（ロ）］を防止すること，地盤の［（ハ）］を防止すること，必要な［（ニ）］を保持すること等必要な措置を講じなければならない。

⑵　事業者は，路肩，傾斜地等で車両系建設機械を用いて作業を行なう場合において，当該車両系建設機械の［（イ）］又は転落により労働者に危険が生ずるおそれのあるときは，［（ホ）］を配置し，その者に当該車両系建設機械を誘導させなければならない。

解答

⑴ 事業者は，車両系建設機械を用いて作業を行なうときは，車両系建設機械の **(イ)；転倒** 又は転落による労働者の危険を防止するため，当該車両系建設機械の運行経路について路肩の **(ロ)；崩壊** を防止すること，地盤の **(ハ)；不同沈下** を防止すること，必要な **(ニ)；幅員** を保持すること等必要な措置を講じなければならない。

⑵ 事業者は，路肩，傾斜地等で車両系建設機械を用いて作業を行なう場合において，当該車両系建設機械の **(イ)；転倒** 又は転落により労働者に危険が生ずるおそれのあるときは， **(ホ)；誘導者** を配置し，その者に当該車両系建設機械を誘導させなければならない。

問題6 □□□

建設工事現場における機械掘削及び積込み作業中の事故防止対策として，労働安全衛生規則の定めにより，事業者が実施すべき事項を5つ解答欄に記述しなさい。

ただし，解答欄の（例）と同一内容は不可とする。

令和 2 年度　問題 No.10

<解答欄>

機械掘削及び積込み作業中の事故防止対策として，事業者が実施すべき事項；

1.

2.

3.

4.

5.

解答

① 運行経路や作業方法等を示した**作業計画書を作成**し**関係労働者に周知**する。
② 地形，地質の状態を考慮して**制限速度**を定め，それにより作業を行わせる。
③ 前照灯を備える等により，作業を**安全に行うため必要な照度を確保**する。
④ 車両系建設機械と**接触する恐れのある箇所に，労働者を立ち入らせない。**

※車両系建設機械と接触する恐れのある箇所に，労働者を立ち入らせる場合は，誘導者を配置し，その者に誘導させる

⑤　誘導者を置くときは，**一定の合図を定め，誘導者に合図を行なわせなければならない。**

⑥　**運転位置を離れる**ときは，**作業装置を地上に下ろし，原動機を止め**，かつ，**走行ブレーキをかける**等の逸走防止措置を講じさせる。

⑦　車両系建設機械を用いて作業を行うときは，**乗車席以外の箇所に作業員を乗せてはならない。**

⑧　構造上定められた安定度，**最大使用荷重**等を守らせる。

⑨　掘削機械には**堅固なヘッドガード**を付け，かつ，労働者には**保護帽**を装着させる。

上記から，**類似するものを避けて5つ**解答欄に簡潔に記述してください。

※ここに記載しているものの他にも正解となる解答がある場合があります。「**労働安全衛生規則 第2章 建設機械等 第1節 車両系建設機械**」を参照してください。

問題７ □□□

下図は，油圧ショベル（バックホゥ）で地山の掘削作業を行っている現場状況である。

この現場において予想される労働災害とその防止対策について，労働安全衛生規則に定められた事項をそれぞれ2つ解答欄に記述しなさい。

平成27年度　問題 No.10

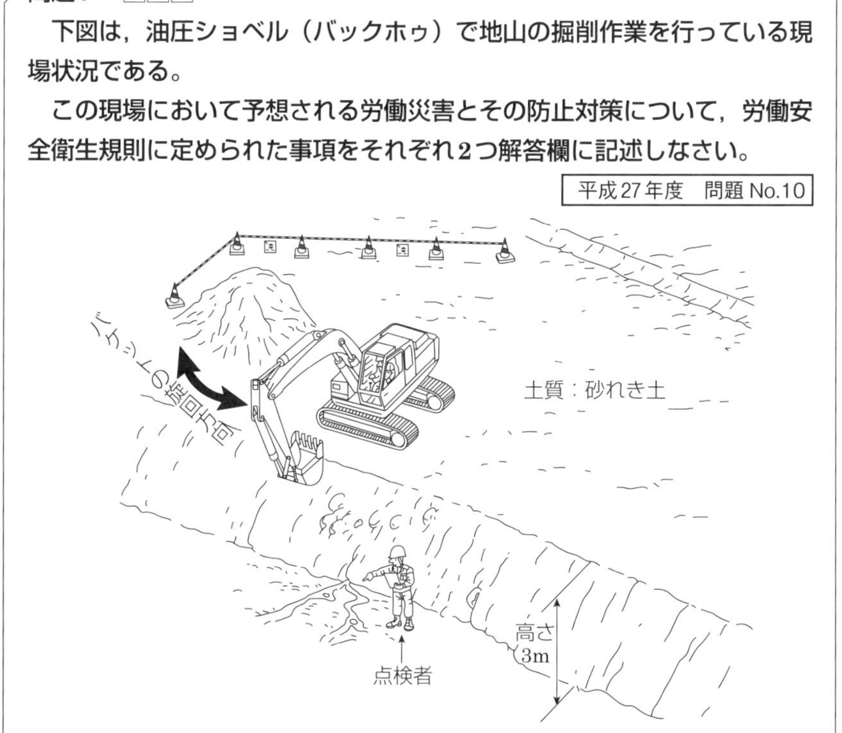

<解答欄>

予想される労働災害	防止対策

解答

予想される労働災害	防止対策
掘削斜面の崩壊により油圧ショベル（バックホゥ）が転倒する。	・油圧ショベルの**キャタピラを掘削のり面に対して直角**にする。 ・地盤の**不同沈下を防止**するため，**鉄板を敷いて補強**を行う。 ・**誘導者を配置**し，誘導者の合図で掘削作業を行わせる。
点検者と油圧ショベルの接触する。	・**地山の掘削作業主任者を配置**し，作業の方法を決定し，作業を直接指揮させる。 ・接触の恐れのある作業範囲を明示し，**立入禁止**とする。（**作業範囲に立ち入らせない**） ・誘導者を配置し，その者に当該車両系建設機械を誘導させる。
点検者が段差を移動時に転落する。	・のり面に**昇降設備（階段等）を設置**する。
地山の崩壊や土石の落下する。	・**湧水を処理**するための排水路を設置する。 ・落下の恐れのある**土石を取り除く**。

※ここに記載しているものの他にも正解となる解答がある場合があります。

「**労働安全衛生規則 第2章 建設機械等 第1節 車両系建設機械，第6章 掘削作業等における危険の防止 第1節 明り掘削の作業**」を参照してください。

問題8 □□□

車両系建設機械による接触・はさまれ・巻き込まれ災害を防止するため，労働安全衛生法に基づき事業者が実施すべき事項を5つ解答欄に記述しなさい。

平成23年度　問題 No.5-2

<解答欄>

事業者が実施すべき事項；

1. ______

2. ______

3. ______

4. ______

5. ______

解答

事業者が実施すべき事項

① 運行経路や作業方法等を示した**作業計画書を作成**し**関係労働者に周知**する。

② 地形，地質の状態を考慮して**制限速度**を定め，それにより作業を行わせる。

③ 前照灯を備える等により，作業を**安全に行うために必要な照度を確保**する。

④ 車両系建設機械と**接触する恐れのある箇所に，労働者を立ち入らせない**。

※車両系建設機械と接触する恐れのある箇所に，労働者を立ち入らせる場合は，誘導者を配置し，その者に誘導させる

⑤ 誘導者を置くときは，**一定の合図を定め，誘導者に合図を行なわせなければならない**。

⑥ **運転位置を離れる**ときは，**作業装置を地上に下ろし，原動機を止め**，かつ，**走行ブレーキをかける**等の逸走防止措置を講じさせる。

⑦ 車両系建設機械を用いて作業を行うときは，**乗車席以外の箇所に作業員を乗せてはならない**。

⑧ 構造上定められた安定度，**最大使用荷重**等を守らせる。

⑨ ブーム，アーム等を上げ，その下で修理，点検を行うときは，**安全支柱，安全ブロック等を使用させる**。

上記から，**類似するものを避けて5つ**解答欄に簡潔に記述してください。

※ここに記載しているものの他にも正解となる解答がある場合があります。「**労働安全衛生規則 第2章 建設機械等 第1節 車両系建設機械**」参照してください。

揚重機（移動式クレーン等）

・あらかじめ，当該作業に係る場所の広さ，地形及び地質の状態，運搬しようとする荷の重量，使用する移動式クレーンの種類及び能力等を考慮して，**「作業の方法」「転倒を防止するための方法」「労働者の配置及び指揮の系統」を定め**，作業の開始前に，**関係労働者に周知**させなければならない。

・移動式クレーンの選定の際は，作業半径，吊り上げ荷重・フック重量を設定し，**性能曲線図**で能力を確認し，十分な能力をもった機種を選定する。

・地盤が軟弱である場所等，移動式クレーンが転倒するおそれのある場所においては，移動式クレーンを用いて作業を行ってはならない。ただし，**転倒を防止するため必要な広さおよび強度を有する鉄板の敷設，地盤改良等により補強**し，その上に移動式クレーンを設置した場合は，この限りでない。なお，アウトリガーを使用する移動式クレーンを用いて作業を行うときは，当該アウトリガーを**当該鉄板等の上で当該移動式クレーンが転倒するおそれのない位置に設置**しなければならない。

・アウトリガーを有する移動式クレーンを用いて作業を行うときは，**当該アウトリガーを最大限に張り出さなければならない**。ただし，アウトリガーを最大限に張り出すことができない場合であって，当該移動式クレーンに掛ける荷重が当該移動式クレーンのアウトリガーの張り出し幅に応じた**定格荷重**を下回ることが確実に見込まれるときは，この限りでない。

・**一定の合図を定め**，合図を行う者を**指名**して，その者に合図を行わせる。運転者に単独で作業を行わせる場合は，この限りでない。

・**強風（10分間の平均風速が10m/s以上）**のため，移動式クレーンに係る**作業の実施について危険が予想される**ときは，**当該作業を中止**しなければならない。

・移動式クレーンのジブの組立て又は解体の作業を行うとき，作業を行う区域に関係労働者以外の労働者が立ち入ることを禁止し，**強風，大雨，大雪等の悪天候**のため，危険が予想されるときは，**作業を中止**する。

・移動式クレーン明細書に記載されているジブの傾斜角及び定格荷重の範囲を超えて使用してはならない。

・荷を吊り上げる場合は，必ずフックが吊り荷の真上にくるようにする。

※移動式クレーンでつり上げた荷は，ブーム等のたわみにより，吊り荷が外周方向に移動するため，フックの位置はたわみを考慮して作業半径の**少し内側で作業**する。

・荷を吊り上げる場合は，必ず地面からわずかに荷が浮いた（地切り）状態で停止し，機体の安定，吊り荷の重心，玉掛けの状態を確認する。
・移動式クレーンの運転者は，**荷をつったままで運転位置から離れてはならない**。
・クレーン機能付きバックホウでクレーン作業を行う場合は，**車両系建設機械と移動式クレーン双方の資格が必要**となる。（つり上げ荷重によって必要資格は異なる）
・移動式クレーンに係る作業を行うとき，**上部旋回体との接触**により労働者に危険が生じるおそれのある箇所に**立ち入らせてはならない**。
・移動式クレーンに係る作業を行う場合，**吊り荷の直下，及び，つり荷の移動範囲内で吊り荷の落下のおそれのある場所へは，作業員を立ち入らせてはならない**。
・**いかなる場合も，つり上げられている荷やつり具の下に労働者を立ち入らせてはならない主な場合**は以下のとおりである。

① **ハッカーを用いて玉掛けをした荷**がつり上げられている
② つりクランプ1個を用いて玉掛けをした荷がつり上げられている
③ ワイヤロープ等を用いて一箇所に玉掛けをした荷がつり上げられている（当該荷に設けられた穴等を通して玉掛けをしている場合を除く）
④ 複数の荷が一度につり上げられている場合であって，当該複数の荷が結束され，箱に入れられる等により固定されていないとき

※**原則として労働者をつり荷の下に立ち入らせてはならない**が，作業上，やむを得ず立ち入らなければならない場合もある。上記の事項については，如何なる場合であっても，労働者の立入りを認めないものについて規定したものである。

点検

・安全装置（過負荷防止装置等）は，常に正しく作動するよう整備・点検を行い，作業開始時はこれらの安全装置が確実に作動していることを確認させる。
・車両系建設機械と同様に，使用するクレーンにおいては，**オペレータ（運転者）**が**作業開始前に点検**を行い，その結果を記録する。また，**事業者**は，**特定自主検査（年次点検）**及び，**月例点検**を行う。自主検査の結果は，記録し**3年間保存**する。

玉掛け作業

・玉掛け作業責任者は，クレーンの据付け状況及び運搬経路を含む作業範囲内の状況を確認し，必要な場合は障害物の除去を行う。

・合図者は，クレーン運転者及び玉掛け者が視認できる場所に位置し，玉掛け者からの合図を受けた際は，関係労働者の退避状況と第三者の立入りがないことを確認して，クレーン運転者に合図を行う。

・玉掛用具であるフックを用いて作業する場合には，フックの位置を吊り荷の**重心**に誘導し，吊り角度と水平面とのなす角度を**60°以内**に確保して作業を行う。

・クレーン，移動式クレーン又はデリックの玉掛け用具であるワイヤロープの**安全係数は6以上**でなければならない。

・次のいずれかに該当するワイヤロープをクレーン，移動式クレーン又はデリックの**玉掛け用具として使用してはならない**。

① ワイヤロープ1よりの間において素線の数の10%以上の素線が切断しているもの
② 直径の減少が**公称径の7%を超えるもの**
③ **キンクしたもの**
④ 著しい形くずれ又は腐食があるもの

点検

・クレーン，移動式クレーン又はデリックの玉掛用具であるワイヤロープ（繊維ベルト・フック・シャックル・リング等の金具）等を用いて玉掛けの作業を行なうときは，その日の作業を開始する前に当該ワイヤロープ等の異常の有無について点検を行わなければならない。

・前項の点検を行った場合において，異常を認めたときは，直ちに補修しなければならない。

関連問題&よくわかる解説

問題１　□□□

下図は移動式クレーンでボックスカルバートの設置作業を行っている現場状況である。

この現場において安全管理上必要な労働災害防止対策に関して「労働安全衛生規則」又は「クレーン等安全規則」に定められている措置の内容について，5つ解答欄に記述しなさい。　令和３年度　問題No.10

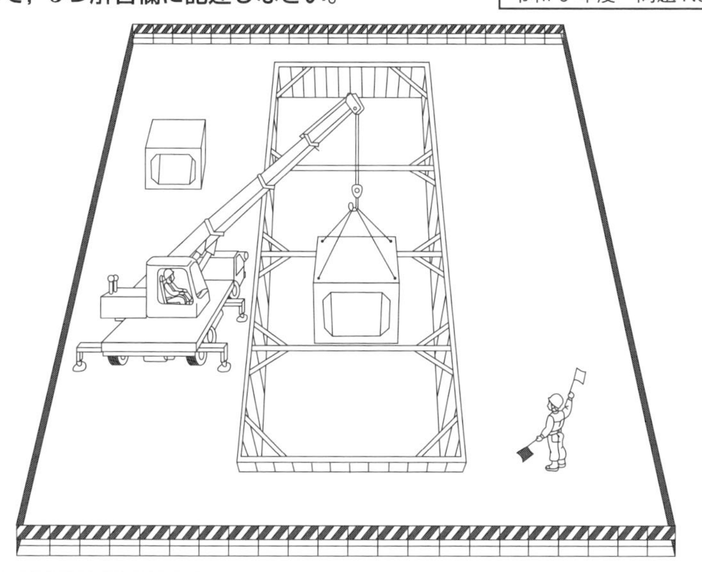

<解答欄>

安全管理上必要な労働災害防止対策に関して定められている措置；

1.

2.

3.

4.

5.

安全管理

解答

安全管理上必要な労働災害防止対策に関して定められている措置

① **作業の方法，転倒防止対策，労働者の配置等を定め**，作業の開始前に，**関係労働者に周知**する。

② **地盤が軟弱**である場所においては，**鉄板の敷設**，**地盤改良**等により補強を行う。

③ **吊り荷の直下**，及び，つり荷の移動範囲内で吊り荷の落下のおそれのある場所へは，**作業員を立入り禁止**とする。

④ **上部旋回体との接触**により労働者に危険が生じるおそれのある箇所は，**立入り禁止**とする。

⑤ アウトリガーを有する移動式クレーンを用いる場合は，**アウトリガーを最大限に張り出す**。

⑥ **強風**のため移動式クレーンに係る作業の実施について**危険が予想**されるときは，**当該作業を中止**する。

⑦ 移動式クレーンの運転者は，**荷をつったままで運転位置から離れてはならない**。

⑧ 移動式クレーン明細書に記載されているジブの傾斜角及び**定格荷重の範囲を超えて使用しない**。

⑨ 荷を吊り上げる場合，**フックが吊り荷の真上**にくるようにする。

⑩ 地面からわずかに**荷が浮いた（地切り）状態で停止**し，機体の安定，吊り荷の重心，**玉掛けの状態を確認**する。

上記から，**類似するものを避けて5つ**解答欄に簡潔に記述してください。

※ここに記載しているものの他にも正解となる解答がある場合があります。**「労働安全衛生規則」又は「クレーン等安全規則」**参照してください。

問題2 □□□

下図は，移動式クレーンで土止め支保工に用いる H 型鋼の現場搬入作業を行っている状況である。この現場において安全管理上必要な労働災害防止対策に関して「クレーン等安全規則」に定められている措置の内容について2つ解答欄に記述しなさい。

令和 1 年度　問題 No.10

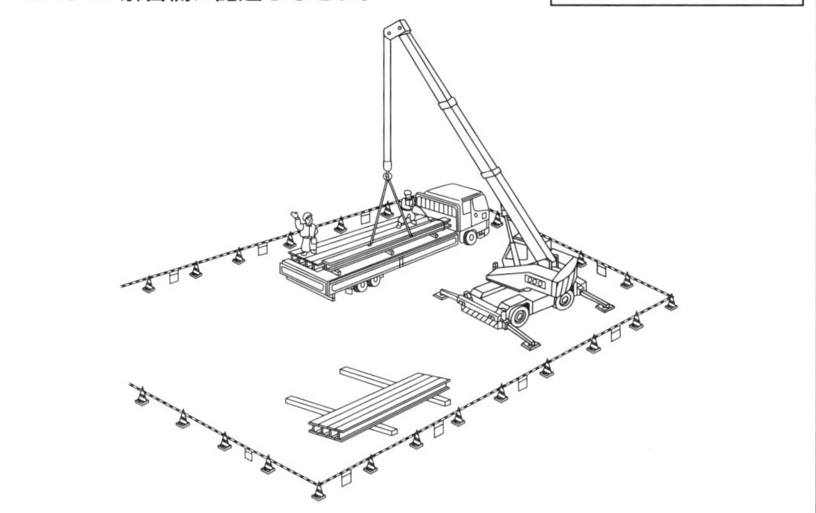

<解答欄>

安全管理上必要な労働災害防止対策に関して定められている措置；

1.

2.

解答

安全管理上必要な労働災害防止対策に関して定められている措置

① **作業の方法，転倒防止対策，労働者の配置等を定め**，作業の開始前に，**関係労働者に周知**する。

② **地盤が軟弱**である場所においては，**鉄板の敷設**，**地盤改良**等により補強を行う。

③ **吊り荷の直下**，及び，つり荷の移動範囲内で吊り荷の落下のおそれのある場所へは，**作業員を立入り禁止**とする。

④ **上部旋回体との接触**により労働者に危険が生じるおそれのある箇所は，**立入り**

安全管理

禁止とする。

⑤　アウトリガーを有する移動式クレーンを用いる場合は，**アウトリガーを最大限に張り出す**。

⑥　**強風**のため移動式クレーンに係る作業の実施について**危険が予想**されるときは，**当該作業を中止**する。

⑦　移動式クレーンの運転者は，**荷をつったままで運転位置から離れてはならない**。

⑧　移動式クレーン明細書に記載されているジブの傾斜角及び**定格荷重の範囲を超えて使用しない**。

⑨　荷を吊り上げる場合，**フックが吊り荷の真上**にくるようにする。

⑩　地面からわずかに**荷が浮いた（地切り）状態で停止**し，機体の安定，吊り荷の重心，**玉掛けの状態を確認**する。

⑪　一定の合図を定め，**合図を行う者を指名**して，**その者に合図を行わせる**。

上記から，**類似するものを避けて2つ**解答欄に簡潔に記述してください。

※ここに記載しているものの他にも正解となる解答がある場合があります。**「労働安全衛生規則」又は「クレーン等安全規則」**参照してください。

問題3　□□□

下図は，移動式クレーンで仮設材の撤去作業を行っている現場状況である。この現場において安全管理上必要な労働災害防止対策に関して，「労働安全衛生規則」又は「クレーン等安全規則」に定められている措置の内容について2つ解答欄に記述しなさい。

平成28年度　問題 No.8

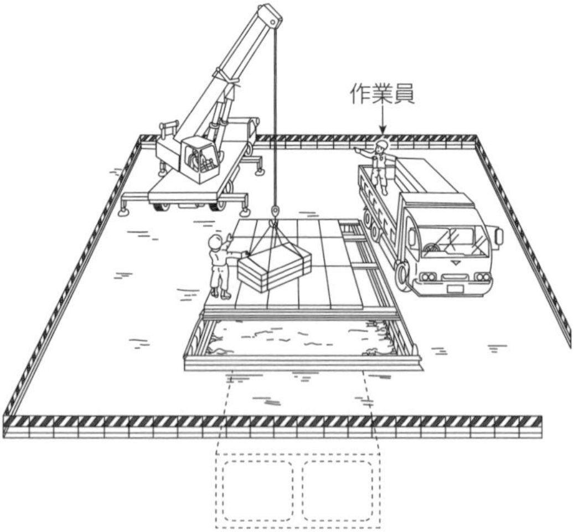

作業員

<解答欄>

安全管理上必要な労働災害防止対策に関して定められている措置；

1. ______________________________

2. ______________________________

解答

安全管理上必要な労働災害防止対策に関して定められている措置

① **作業の方法，転倒防止対策，労働者の配置等を定め**，作業の開始前に，**関係労働者に周知**する。

② **地盤が軟弱**である場所においては，**鉄板の敷設**，**地盤改良**等により補強を行う。

③ **吊り荷の直下**，及び，つり荷の移動範囲内で吊り荷の落下のおそれのある場所へは，**作業員を立入り禁止**とする。

④ **上部旋回体との接触**により労働者に危険が生じるおそれのある箇所は，**立入り禁止**とする。

⑤ アウトリガーを有する移動式クレーンを用いる場合は，**アウトリガーを最大限に張り出す**。

⑥ **強風**のため移動式クレーンに係る作業の実施について**危険が予想**されるときは，**当該作業を中止**する。

⑦ 移動式クレーンの運転者は，**荷をつったままで運転位置から離れてはならない**。

⑧ 移動式クレーン明細書に記載されているジブの傾斜角及び**定格荷重の範囲を超えて使用しない**。

⑨ 荷を吊り上げる場合，**フックが吊り荷の真上**にくるようにする。

⑩ 地面からわずかに**荷が浮いた（地切り）状態で停止**し，機体の安定，吊り荷の重心，**玉掛けの状態を確認**する。

⑪ 一定の合図を定め，**合図を行う者を指名**して，**その者に合図を行わせる**。

上記から，**類似するものを避けて2つ**解答欄に簡潔に記述してください。

※ここに記載しているものの他にも正解となる解答がある場合があります。**「労働安全衛生規則」又は「クレーン等安全規則」**参照してください。

安全管理

明り掘削

届出・資格

・掘削の高さ又は深さが**10m以上**である地山の掘削の作業（掘削機械を用いる作業で，掘削面の下方に労働者が立ち入らないものを除く。）を行う仕事は，あらかじめ，その計画を工事の開始日の14日前までに，所轄の労働基準監督署長に届け出なければならない。

・掘削面の高さが**2m以上**となる地山掘削作業を行うときは，地山の掘削及び土止め支保工作業主任者技能講習を修了した者のうちから，**地山の掘削作業主任者を選任**しなければならない。

掘削時の留意事項等

・地山の崩壊・土石の落下による危険のおそれがあるときは，地山の土質に応じた**十分安全な勾配をつけて掘削する**。

地山の種類	高　さ	角度
岩盤または堅い粘土からなる地山	5m未満	90°
	5m以上	75°
その他の地山	2m未満	90°
	2m以上5m未満	75°
	5m以上	60°
砂からなる地山	掘削面の勾配35°以下または高さ5m未満	
発破等で崩壊しやすい状態の地山	掘削面の勾配45°以下または高さ2m未満	

岩盤または堅い粘土からなる地山

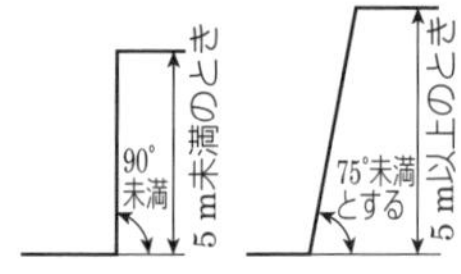

その他の地山

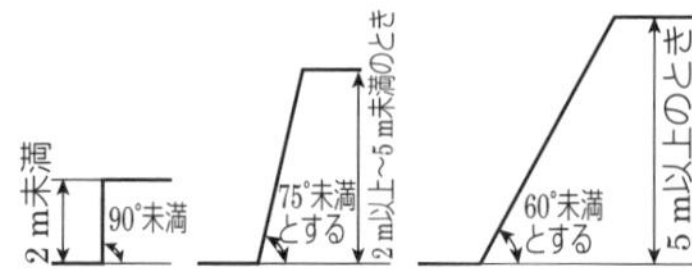

砂からなる地山を手掘りにより掘削作業

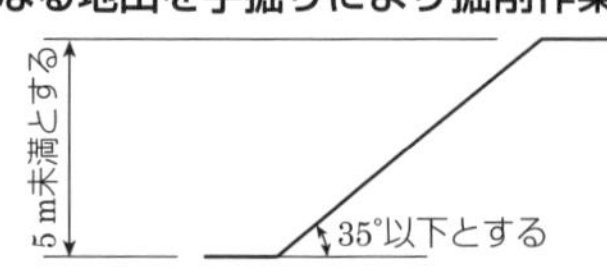

発破等により崩壊しやすい状態の地山

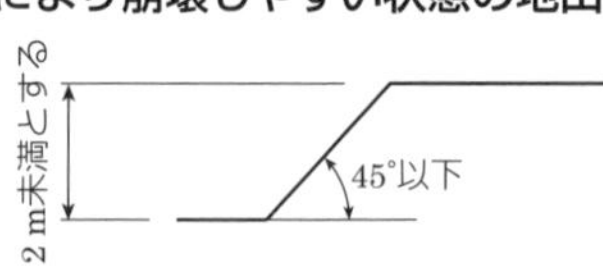

・地山の掘削の作業を行う場合において，地山の崩壊，埋設物等の損壊等により労働者に危険を及ぼすおそれのあるときは，あらかじめ，作業箇所及びその周辺の地山について次の事項をボーリングその他適当な方法により**調査**し，これらの事項について知り得たところに適応する掘削の時期及び順序を定めて，当該定めにより作業を行わなければならない。

① 形状，地質及び地層の状態
② き裂，含水，湧水及び凍結の有無及び状態
③ 埋設物等の有無及び状態
④ 高温のガス及び蒸気の有無及び状態

・明り掘削の作業を行う場合において，**地山の崩壊**又は**土石の落下**により労働者に危険を及ぼすおそれのあるときは，あらかじめ，**土止め支保工**を設け，**防護網**を張り，**労働者の立入りを禁止**する等当該危険を防止するための措置を講じなければならない。
・地山の崩壊又は土石の落下の原因となる**雨水，地下水等を排除**する。
・明り掘削の作業を行う場合において，運搬機械等が労働者の作業箇所に後進して接近するとき，又は転落するおそれのあるときは，**誘導**者を配置しその者にこれらの機械を**誘導**させなければならない。
・ショベル系掘削機による作業では，**バケットをトラックの運転席の上を通過させてはならない**。
・明り掘削の作業を行う場所については，当該作業を安全に行うため作業面にあまり強い影を作らないように必要な**照度**を保持しなければならない。

点検

・事業者は，明り掘削の作業を行なうときは，地山の崩壊又は土石の落下による労働者の危険を防止するため，次の措置を講じなければならない。

① 点検者を**指名**して，作業箇所及びその周辺の地山について，**その日の作業を開始する前**，**大雨の後及び中震以上の地震の後**，**浮石**及び**き裂の有無**及び状態並びに**含水，湧水及び凍結の状態**の変化を点検させる。
② 点検者を指名して，発破を行なつた後，当該発破を行なつた箇所及びその周辺の浮石及びき裂の有無及び状態を点検させる。

関連問題＆よくわかる解説

問題１ □□□

労働安全衛生規則の定めにより，事業者が行わなければならない明り掘削の安全作業に関する次の文章の［　　］の（イ）～（ホ）に当てはまる適切な語句又は数値を解答欄に記述しなさい。 平成23年度　問題 No.5

(1) 明り掘削の作業を行う場所については，当該作業を安全に行うために，照明設備等を設置し，必要な［（イ）］を保持しなければならない。

(2) 地山の崩壊，又は土石の落下による労働者の危険を防止するため，点検者を［（ロ）］し，作業箇所及びその周辺の地山について，その日の作業を開始する前に地山を点検させなければならない。

(3) 作業を行う場合において地山の崩壊，又は土石の落下により労働者に危険を及ぼすおそれのあるときは，あらかじめ［（ハ）］を設け，防護網を張り，労働者の立入りを禁止する等の措置を講じなければならない。

(4) 掘削面の高さが［（ニ）］以上となる地山の掘削の作業の場合，地山の［（ホ）］を選任しなければならない。

解答

(1) 明り掘削の作業を行う場所については，当該作業を安全に行うために，照明設備等を設置し，必要な［**（イ）；照度**］を保持しなければならない。

(2) 地山の崩壊，又は土石の落下による労働者の危険を防止するため，点検者を［**（ロ）；指名**］し，作業箇所及びその周辺の地山について，その日の作業を開始する前に地山を点検させなければならない。

(3) 作業を行う場合において地山の崩壊，又は土石の落下により労働者に危険を及ぼすおそれのあるときは，あらかじめ［**（ハ）；土止め支保工**］を設け，防護網を張り，労働者の立入りを禁止する等の措置を講じなければならない。

(4) 掘削面の高さが［**（ニ）；2m**］以上となる地山の掘削の作業の場合，地山の［**（ホ）；掘削作業主任者**］を選任しなければならない。

問題2 □□□

建設工事現場における作業のうち，次の⑴又は⑵のいずれか1つの番号を選び，番号欄に記入した上で，記入した番号の作業に関して労働者の危険を防止するために，労働安全衛生規則の定めにより事業者が実施すべき安全対策について解答欄に5つ記述しなさい。 平成30年度　問題 No.10

⑴　明り掘削作業（土止め支保工に関するものは除く）

⑵　型わく支保工の組立て又は解体の作業

※次項で解答解説します。

<解答欄>

明り掘削作業における事業者が実施すべき安全対策；

1.

2.

3.

4.

5.

解答

明り掘削作業における事業者が実施すべき安全対策；

①　地山の土質に応じた十分**安全な勾配**をつけて掘削する。

②　あらかじめ作業箇所及びその周辺の地山（形状，地質及び地層の状態，き裂・含水・湧水及び凍結の有無，埋設物等の有無，ガスの有無等）について**調査**し，**掘削の時期及び順序を定めて，作業を行う**。

③　土止め支保工を設け，防護網を張り，**労働者の立入りを禁止**する。

④　地山の崩壊又は土石の落下の恐れがある場合は，原因となる**雨水，地下水等を排除**する。

⑤　運搬機械が労働者に後進して接近するときは，**誘導者を配置しその者に誘導**させる。

⑥　作業を安全に行うため作業面にあまり強い影を作らないように**必要な照度を保持**する。

⑦　点検者を指名し，作業開始前に作業箇所・周辺の地山について，**状態の変化等**

安全管理

について点検させる。

⑧　掘削面の高さが2m以上となる地山掘削作業を行うときは，**地山の掘削作業主任者を選任**する。

⑨　地下埋設物の損壊により労働者に危険を及ぼすおそれのあるときは，建設機械を使用して掘削してはならない。

上記から，**類似するものを避けて5つ**解答欄に簡潔に記述してください。

※ここに記載しているものの他にも正解となる解答がある場合があります。**「労働安全衛生規則 第6章 掘削作業等における危険の防止 第1節 明り掘削の作業」**参照してください。

掘削工事に伴う埋設物等の公衆災害防止

- 道路上の工事では，工事の作業区域に安全柵を設置して**公衆の立入りを禁止**するとともに，工事の作業区域以外の場所では作業を行わない。
- 埋設物に近接して掘削を行う場合は，沈下等に十分注意し，必要に応じて埋設物管理者とあらかじめ協議して，埋設物の保安に必要な措置を講じなければならない。
- 埋設物が予想される場所で施工するときは，施工に先立ち，台帳に基づいて**試掘**を行い，その埋設物の種類，位置（平面・深さ），規格，構造等を原則として**目視**により，確認し，その平面位置・深さ等を道路管理者及び埋設物の**管理者に報告**する。※深さについては，原則として**標高**によって表示する。
- 掘削影響範囲に埋設物があることが分かった場合，その**埋設物の管理者**及び関係機関と協議し，関係法令等に従い，防護方法，立会の必要性及び保安上の必要な措置等を決定すること。
- 工事中埋設物が露出した場合は常に点検等を行い，埋設物が露出時にすでに**破損していた場合**は，直ちに起業者及びその**埋設物管理者に連絡し修理等の措置を求める**。
- 管理者の不明な埋設物を発見した場合，埋設物に関する調査を再度行い，当該管理者の立会を求め，安全を確認した後に処置しなければならない。
- 埋設物，コンクリートブロック塀，擁壁等の建設物に近接する箇所で明り掘削の作業を行なう場合において，これらの**損壊等により労働者に危険**を及ぼすおそれのあるときは，これらを**補強**し，**移設**する等当該危険を防止するための措置が講じられた後でなければ，**作業を行なってはならない**。
- 掘削断面内に移設できない地下埋設物がある場合は，**試掘**段階から本体工事の埋戻・路面復旧の段階までの間，適切に埋設物を防護し，維持管理する。

・掘削機械，積込機械及び運搬機械の使用によりガス導管，地中電線路等の**損壊により労働者に危険**を及ぼすおそれのあるときは，これらの**機械を使用してはならない**。

・掘削作業で**露出したガス導管**の損壊によって，危険を及ぼすおそれのあるときは，**つり防護，受け防護，ガス導管を移設する等の措置**が講じられた後でなければ，作業を行なってはならない。また，**ガス導管の防護の作業**については，当該作業を**指揮する者を指名**して，その者の直接の指揮のもとに当該作業を行なわせなければならない。

・**可燃性物質の輸送管等の埋設物付近**においては，**溶接機等火気を伴う機械器具類を原則，使用してはならない**。ただし，周囲に**可燃性ガス等が検知器等によって存在しないことを確認**し，**保安上の措置を講じた場合はこの限りではない**。

架空線事故の防止

・工事現場における架空線等上空施設について，施工に先立ち，現地調査を実施し，種類，位置（場所，高さ等）及び管理者を確認する。

・架空線等上空施設に近接した工事の施工に当たっては，架空線等と機械，工具，材料等について安全な**離隔**を確保すること。

移動式クレーン等

・移動式クレーン等を使用する作業を行う場合等において，当該作業に従事する労働者が作業中若しくは通行の際に，当該充電電路に身体等が接触し，又は接近することにより感電の危険が生ずる恐れのあるときは，次の各号のいずれかに該当する措置を講じなければならない。

① 当該充電電路を**移設**する。
② 感電の危険を防止するための**囲い**を設ける
③ 当該充電電路に**絶縁用防護具**を装着する。
④ （①～③の措置が困難なとき）監視人を置き，作業を監視させる

・送配電線の近くでの作業は，絶縁用防護措置がされていることを確認してから行う。

・絶縁用防護措置のされていない送配電線の近くでの作業時は，**安全離隔距離**を厳守して行う。

車両系建設機械・ダンプトラック等

・建設機械，ダンプトラック等のオペレータ・運転手に対し，工事現場区域及び工事用道路内の架空線等上空施設の種類，位置（場所，高さ等）を連絡するとともに，**ダンプトラックのダンプアップ状態での移動・走行の禁止や建設機械の旋回・立ち入り禁止区域**等の留意事項について周知徹底する。

・工事現場における架空線等上空施設について，建設機械等のブーム，ダンプトラックのダンプアップ等により，接触や切断の可能性があると考えられる場合は次の保安措置を行うこと。

① 架空線上空施設への**防護カバーの設置**
② 工事現場の出入り口等における**高さ制限装置の設置**
③ 架空線等**上空施設の位置を明示する看板等の設置**
④ 建設機械のブーム等の**旋回・立入り禁止区域等の設定**
⑤ 近接して施工する場合は監視人の配置

関連問題&よくわかる解説

問題 1 □□□

地下埋設物・架空線等に近接した作業に当たって，施工段階で実施する具体的な対策について，次の文章の　　　の（イ）～（ホ）に当てはまる適切な語句又は数値を解答欄に記述しなさい。 令和 4 年度　問題 No.2

(1) 掘削影響範囲に埋設物があることが分かった場合，その　（イ）　及び関係機関と協議し，関係法令等に従い，防護方法，立会の必要性及び保安上の必要な措置等を決定すること。

(2) 掘削断面内に移設できない地下埋設物がある場合は，　（ロ）　段階から本体工事の埋戻し，復旧の段階までの間，適切に埋設物を防護し，維持管理すること。

(3) 工事現場における架空線等上空施設について，建設機械等のブーム，ダンプトラックのダンプアップ等により，接触や切断の可能性があると考えられる場合は次の保安措置を行うこと。

① 架空線等上空施設への防護カバーの設置

② 工事現場の出入り口等における［（ハ）］装置の設置

③ 架空線等上空施設の位置を明示する看板等の設置

④ 建設機械のブーム等の旋回・［（ニ）］区域等の設定

(4) 架空線等上空施設に近接した工事の施工に当たっては，架空線等と機械，工具，材料等について安全な［（ホ）］を確保すること。

解答

(1) 掘削影響範囲に埋設物があることが分かった場合，その**［（イ）；埋設物の管理者］**及び関係機関と協議し，関係法令等に従い，防護方法，立会の必要性及び保安上の必要な措置等を決定すること。

(2) 掘削断面内に移設できない地下埋設物がある場合は，**［（ロ）；試掘］**段階から本体工事の埋戻し，復旧の段階までの間，適切に埋設物を防護し，維持管理すること。

(3) 工事現場における架空線等上空施設について，建設機械等のブーム，ダンプトラックのダンプアップ等により，接触や切断の可能性があると考えられる場合は次の保安措置を行うこと。

① 架空線等上空施設への防護カバーの設置

② 工事現場の出入り口等における**［（ハ）；高さ制限］**装置の設置

③ 架空線等上空施設の位置を明示する看板等の設置

④ 建設機械のブーム等の旋回・**［（ニ）；立入り禁止］**区域等の設定

(4) 架空線等上空施設に近接した工事の施工に当たっては，架空線等と機械，工具，材料等について安全な**［（ホ）；離隔］**を確保すること。

問題2 □□□

下記の現場条件で工事をする場合，⑴，⑵のいずれかを選びその施工時の安全上の留意点を2つ解答欄に記述しなさい。 平成25年度　問題 No.5-2

⑴　地下埋設物に近接する箇所で施工する場合

⑵　架空線に近接する箇所で施工する場合

<解答欄>

⑴　地下埋設物に近接する箇所で施工する場合の施工時の安全上の留意点；

1.

2.

⑵　架空線に近接する箇所で施工する場合の施工時の安全上の留意点；

1.

2.

解答

⑴　地下埋設物に近接する箇所で施工する場合の施工時の安全上の留意点；

①　施工に先立ち，**試掘**を行い，その埋設物の種類，位置，規格，構造等を**目視により確認**する。（試掘を行い，埋設物の平面位置，深さ，周辺地質の状況等の情報を**道路管理者及び埋設物管理者に報告**する。）

②　**管理者の不明な埋設物**を発見した場合，調査を再度行い，**当該管理者の立会**を求め，**安全を確認**する。

③　埋設物等の損壊により労働者に危険を及ぼすおそれのあるときは，これらを**補強**し，**移設**する。

※（移設できない地下埋設物がある場合）試掘段階から本体工事の埋戻・路面復旧の段階までの間，適切に**埋設物を防護**し，維持管理する。

⑤　ガス導管等の損壊の恐れがあるときは，**機械を使用してはならない。**

⑥　ガス導管の損壊を防止するため，**つり防護，受け防護，ガス導管を移設**する。

⑦　可燃性物質の輸送管等の埋設物付近においては，**溶接機等火気を伴う機械器具類を原則，使用してはならない。**

⑧　埋設物が露出時にすでに破損していた場合は，**直ちに起業者及びその埋設物管理者に連絡し修理等の措置を求める。**

上記から，**類似するものを避けて2つ**解答欄に簡潔に記述してください。

(2) 架空線に近接する箇所で施工する場合の施工時の安全上の留意点；

① 施工に先立ち，現地調査を実施し，種類，位置（場所，高さ等）及び管理者を確認する。

② 架空線等と機械，工具，材料等について**安全な離隔を確保**する。

③ 工事現場の出入り口等における**高さ制限装置を設置**する。

④ 架空線等上空施設の位置を**明示する看板等を設置**する。（感電の危険を防止するための囲いを設ける）

⑤ 建設機械の**ブームの旋回・立入り禁止区域を設定**する。

⑥ **当該充電電路を移設**する。

⑦ 当該充電電路に**絶縁用防護具を装着**する。

上記から，**類似するものを避けて2つ**解答欄に簡潔に記述してください。

ここに記載しているものの他にも正解となる解答がある場合があります。

「労働安全衛生規則 第6章 掘削作業等における危険の防止」「土木工事安全施工技術指針 第3章 地下埋設物・架空線等上空施設一般」「建設工事公衆災害防止対策要綱 土木工事編 第5章 埋設物」参照してください。

土止め支保工および型枠支保工を用いた作業における危険防止措置

土止め支保工

・土止め支保工の切ばり，または腹起しの取付けまたは取外しの作業については，地山の掘削及び土止め支保工作業主任者技能講習を修了した者のうちから，**土止め支保工作業主任者を選任**しなければならない。

・土止め支保工の材料については，**著しい損傷，変形又は腐食があるものを使用してはならない**。

・根入れ長は，原則として，**土止め杭（親杭）の場合においては1.5m**，**鋼矢板等の場合においては3.0m を下回ってはならない**。

・土止め支保工を組み立てるときは，あらかじめ，**組立図を作成**し，かつ，当該組立図により組み立てなければならない。

・組立図は，矢板，くい，背板，腹おこし，切りばり等の**部材の配置**，**寸法**及び**材質**並びに**取付けの時期**及び**順序**が示されているものでなければならない。

・土止め支保工の組立，および解体作業を行なう箇所には，**関係労働者以外の労働者が立ち入ることを禁止**する。

・材料，器具又は工具を上げ，又はおろすときは，**つり綱**，**つり袋等を労働者に使用**させる。

・**圧縮材**（火打ちを除く）の継手は**突合せ継手**とし，部材全体が一つの直線となるようにする。また，木材を圧縮材として用いる場合は，2個以上の添え物を用いて真すぐに継ぐ。

・切りばり又は火打ちの**接続部**及び切りばりと切りばりとの**交さ部**は，当て板をあててボルトにより緊結し，溶接により接合する等の方法により堅固なものとする。

・土止め工を施してある間は，点検員を配置して定期的に点検を行い，**土止め用部材の変形**，**緊結部のゆるみ**，**地下水位や周辺地盤の変化等の異常が発見された場合は**，**直ちに作業員全員を必ず避難させる**とともに，事故防止対策に万全を期したのちでなければ，次の段階の施工は行わない。

・土止め支保工を設けたときは，その後**7日**をこえない期間ごと，**中震**以上の地震の後及び大雨等により地山が急激に軟弱化するおそれのある事態が生じた後に，次の事項について点検し，異常を認めたときは，直ちに，補強し，又は補修しなければならない。

① 部材の**損傷**，**変形**，**腐食**，**変位**及び**脱落の有無**及び状態
② 切りばりの**緊圧**の度合
③ 部材の**接続部**，**取付け部**及び**交さ部**の状態

・必要に応じて測定計器を使用し，土止めに作用する土圧，変位を測定する。

型わく支保工

・支柱の高さが**3.5m 以上**である型枠支保工にあっては，あらかじめ，その設置計画を工事の開始日の**30日前**までに，所轄の労働基準監督署長に届け出なければならない。
・型枠支保工の組立または解体の作業については，型枠支保工の組立て等作業主任者技能講習を修了した者のうちから，**型枠支保工の組立て等作業主任者を選任**しなければならない。
・型わく支保工の材料については，**著しい損傷，変形又は腐食があるものを使用してはならない**。
・型わく支保工を組み立てるときは，**組立図を作成**し，かつ，当該組立図により組み立てなければならない。
・組立図は，支柱，はり，つなぎ，筋かい等の部材の配置，接合の方法及び寸法が示されているものでなければならない。
・型わく支保工の組立て，および解体作業を行う区域には，**関係労働者以外の立ち入りを禁止**する措置を講じなければならない。
・**強風，大雨，大雪等の悪天候**のため，**作業の実施について危険が予想される**ときは，当該作業に**労働者を従事させない**。
・材料，器具又は工具を上げ，又はおろすときは，**つり綱，つり袋等を労働者に使用させる**。
・コンクリートおよび型枠の重量と支柱などの自重のほかに，コンクリート打設時における**作業荷重**として少なくとも**150kg/m²**以上加えたものを設計荷重とする。
・鋼管枠を支柱として用いるものであるときは，当該型枠支保工の上端に，設計荷重の2.5％に相当する水平方向の荷重が作用しても安全な構造のものとする。（鋼管枠以外のもの場合は，設計荷重の5％）
・敷角の使用，コンクリートの打設，くいの打込み等支柱の沈下を防止するた

めの措置を講ずる。

- 支柱の脚部の固定，根がらみの取付け等支柱の脚部の滑動を防止するための措置を講ずる。
- 支柱の継手は，突合せ継手又は差込み継手とする。
- 鋼材と鋼材との接続部及び交差部は，ボルト，クランプ等の金具を用いて緊結する。
- **鋼管（パイプサポートを除く）**を支柱として用いるものにあっては，**高さ2m以内ごとに水平つなぎを2方向**に設け，かつ，水平つなぎの変位を防止する。
- **パイプサポート**を支柱として用いるものにあっては，パイプサポートを**3以上継いで用いてはならない。高さが3.5mを超える場合**には，**高さ2m以内**ごとに**2方向**に**水平つなぎ**を設け，かつ，水平つなぎの変位を防止する。
- **パイプサポート**を継いで用いるときは，**4以上のボルト又は専用の金具**を用いて継ぐ。
- **組立て鋼柱**を支柱として用いるものにあっては，高さが4mを超えるときは，**高さ4m以内ごとに水平つなぎを2方向**に設け，かつ，水平つなぎの変位を防止する。
- コンクリートの打設の作業を行なうときは，次に定めるところによらなければならない。

① その日の作業を開始する前に，当該作業に係る型わく支保工について点検し，異状を認めたときは，補修する。
② 作業中に型わく支保工に異状が認められた際における作業中止のための措置をあらかじめ講じておく。

関連問題&よくわかる解説

問題1 □□□

労働安全衛生規則の定めにより，事業者が行わなければならない土止め支保工の安全管理に関する次の文章の［　　］の（イ）～（ホ）に当てはまる適切な語句又は数値を解答欄に記述しなさい。 平成28年度　問題 No.5

⑴　組立図

土止め支保工の組立図は，矢板，くい，背板，腹おこし，切りばり等の部材の配置，寸法及び材質並びに取付けの時期及び［（イ）］が示されているものでなければならない。

⑵　部材の取付け等

土止め支保工の部材の取付け等については，切りばり及び腹おこしは，脱落を防止するため，矢板，くい等に確実に取り付け，圧縮材(火打ちを除く。）の継手は，［（ロ）］継手とすること。

切りばり又は火打ちの［（ハ）］及び切りばりと切りばりとの交さ部は，当て板をあててボルトにより緊結し，溶接により接合する等の方法により堅固なものとすること。

⑶　点検

土止め支保工を設けたときは，その後7日をこえない期間ごと，［（ニ）］以上の地震の後及び大雨等により地山が急激に軟弱化するおそれのある事態が生じた後に，次の事項について点検し，異常を認めたときは，直ちに，補強し，又は補修しなければならない。

一　部材の損傷，変形，腐食，変位及び脱落の有無及び状態

二　切りばりの［（ホ）］の度合

三　部材の［（ハ）］，取付け部及び交さ部の状態

解答

⑴　組立図

土止め支保工の組立図は，矢板，くい，背板，腹おこし，切りばり等の部材の配置，寸法及び材質並びに取付けの時期及び［**（イ）；順序**］が示されているものでなければならない。

安全管理

⑵　部材の取付け等

土止め支保工の部材の取付け等については，切りばり及び腹おこしは，脱落を防止するため，矢板，くい等に確実に取り付け，圧縮材（火打ちを除く。）の継手は，**(ロ)；突合せ** 継手とすること。

切りばり又は火打ちの **(ハ)；接続部** 及び切りばりと切りばりとの交さ部は，当て板をあててボルトにより緊結し，溶接により接合する等の方法により堅固なものとすること。

⑶　点検

土止め支保工を設けたときは，その後7日をこえない期間ごと，**(ニ)；中震** 以上の地震の後及び大雨等により地山が急激に軟弱化するおそれのある事態が生じた後に，次の事項について点検し，異常を認めたときは，直ちに，補強し，又は補修しなければならない。

一　部材の損傷，変形，腐食，変位及び脱落の有無及び状態

二　切りばりの **(ホ)；緊圧** の度合

三　部材の **(ハ)；接続部**，取付け部及び交さ部の状態

問題2 □□□

建設工事現場における作業のうち，次の⑴又は⑵のいずれか1つの番号を選び，番号欄に記入した上で，記入した番号の作業に関して労働者の危険を防止するために，労働安全衛生規則の定めにより事業者が実施すべき安全対策について解答欄に5つ記述しなさい。 平成30年度　問題 No.10

⑴　明り掘削作業（土止め支保工に関するものは除く）

※前項で解答解説しています。

⑵　型わく支保工の組立て又は解体の作業

<解答欄>

1.

2.

3.

4.

5.

解答

① 型枠支保工の組立て等**作業主任者を選任**する

② 型わく支保工の材料については，**著しい損傷，変形又は腐食があるものを使用してはならない**。

③ 型わく支保工を組み立てるときは，**組立図を作成**し，かつ，当該組立図により組み立てる。

④ 型わく支保工の組立て・解体作業を行う区域には，**関係労働者以外の立ち入りを禁止**する。

⑤ 強風，大雨，大雪等の**悪天候**のため，作業の実施について**危険が予想**されるときは，当該作業に**労働者を従事させない**。

⑥ 材料，器具又は工具を上げ，又はおろすときは，**つり綱，つり袋等を労働者に使用**させる。

⑦ 敷角を使用，コンクリートの打設，くいの打込み等により**支柱の沈下を防止**する。

⑧ 支柱の脚部の固定や根がらみを取付け，支柱の**脚部の滑動を防止**する。

⑨ 支柱の継手は，**突合せ継手**又は**差込み継手**とする。

上記から，**類似するものを避けて5つ**解答欄に簡潔に記述してください。

※ここに記載しているものの他にも正解となる解答がある場合があります。「**労働安全衛生規則 第3章 型わく支保工**」参照してください。

問題3 □□□

建設工事現場における土止め支保工の組立て又は解体作業において，労働安全衛生規則の定めにより事業者が実施すべき安全対策について解答欄に5つ記述しなさい。

過去未出題（出題予想）

<解答欄>

1.

2.

3.

4.

5.

安全管理

解答

① 土止め支保工**作業主任者を選任**する。

② 土止め支保工の材料については，**著しい損傷，変形又は腐食があるものを使用してはならない**。

③ 土止め支保工を組み立てるときは，**組立図を作成**し，かつ，当該組立図により組み立てる。

④ 土止め支保工の組立て・解体作業を行う区域には，**関係労働者以外の立ち入りを禁止**する。

⑤ 強風，大雨，大雪等の**悪天候**のため，作業の実施について**危険が予想される**ときは，当該作業に**労働者を従事させない**。

⑥ 材料，器具又は工具を上げ，又はおろすときは，**つり綱，つり袋等を労働者に使用**させる。

⑦ 圧縮材（火打ちを除く）の継手は**突合せ継手**とする。

上記から，**類似するものを避けて5つ**解答欄に簡潔に記述してください。

※ここに記載しているものの他にも正解となる解答がある場合があります。

「**労働安全衛生規則 第6章 掘削作業等における危険の防止 第1節 明り掘削の作業 第2款 土止め支保工**」参照してください。

土石流による危険の防止

土石流危険河川において建設工事の作業における留意事項

・降雨，融雪又は地震に伴い土石流が発生するおそれのある河川（土石流危険河川）において建設工事の作業を行うときは，土石流による労働者の危険を防止するため，あらかじめ，**作業場所から上流の河川及びその周辺の状況を調査し，その結果を記録**しておかなければならない。

・土石流危険河川において建設工事の作業を行うときは，あらかじめ，土石流による労働災害の防止に関する規程を定めなければならない。

① **降雨量の把握**の方法

② 降雨又は融雪があった場合及び地震が発生した場合に講ずる措置

③ 土石流の発生の前兆となる現象を把握した場合に講ずる措置

④ 土石流が発生した場合の**警報及び避難の方法**

⑤ **避難の訓練の内容**及び**時期**

・**作業開始時**にあっては**当該作業開始前24時間における降雨量**を，**作業開始後**にあっては**1時間ごとの降雨量**を，それぞれ雨量計による測定その他の方法により把握し，かつ，記録しておかなければならない。

・降雨があったことにより土石流が発生するおそれのあるときは，**監視人の配置**等土石流の発生を早期に把握するための措置を講じなければならない。ただし，速やかに作業を中止し，労働者を安全な場所に退避させたときは，この限りでない。

・土石流による労働災害発生の**急迫した危険があるとき**は，**直ちに作業を中止し，労働者を安全な場所に退避させなければならない**。

・土石流が発生した場合に**関係労働者にこれを速やかに知らせるためのサイレン，非常ベル等の警報用の設備を設け，関係労働者に対し，その設置場所を周知**させなければならない。（常時，有効に作動するように保持しておく）

・土石流が発生した場合に労働者を安全に避難させるための登り桟橋，はしご等の避難用の設備を適当な箇所に設け，関係労働者に対し，その設置場所及び使用方法を周知させなければならない。

・土石流が発生したときに備えるため，**関係労働者**に対し，**工事開始後遅滞なく1回，及びその後6月以内ごとに1回，避難の訓練を行わなければならない**。

・避難の訓練を行つたときは，次の事項を記録し，これを3年間保存しなければならない。

① 実施年月日　② 訓練を受けた者の氏名　③ 訓練の内容

関連問題&よくわかる解説

問題１　□□□

降雨，融雪又は地震に伴う土石流の発生や急激な水位上昇が発生するおそれのある河川において，建設工事の作業を行うとき，土石流や急激な水位上昇などの発生のおそれのあるときに発生を早期に把握する必要がある。

労働者を避難させ安全を確保するために，事業者があらかじめ定めておかなければならない事柄について，労働安全衛生法令及び土木工事安全施工技術指針に基づいて3つ解答欄に記述しなさい。 平成25年度　問題 No.5-1

＜解答欄＞

事業者があらかじめ定めておかなければならない事柄；

1. ______

2. ______

3. ______

解答

事業者があらかじめ定めておかなければならない事柄

① **降雨量の把握**の方法

② **降雨又は融雪**があった場合及び**地震が発生**した場合に講ずる措置

③ 土石流の発生の**前兆となる現象を把握**した場合に講ずる措置

④ 土石流が発生した場合の**警報及び避難の方法**

⑤ **避難の訓練**の**内容**及び**時期**

上記から，**類似するものを避けて3つ**解答欄に簡潔に記述してください。

※ここに記載しているものの他にも正解となる解答がある場合があります。

「**労働安全衛生規則第12章土石流による危険の防止**」参照してください。

安全管理全般

事業場における安全管理体制

① 事業者は，**常時100人以上**の労働者を使用する事業場では，安全管理者・衛生管理者・産業医に加えて，**総括安全衛生管理者**を選任しなければならない。

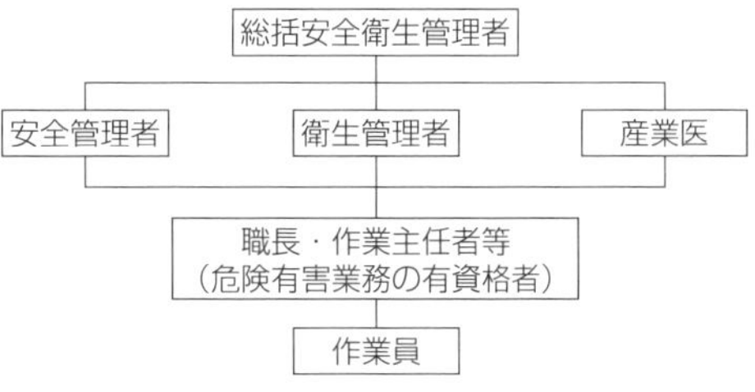

② 事業者は，**常時50人以上**の労働者を使用する事業場では，**安全管理者・衛生管理者・産業医**を選任しなければならない。

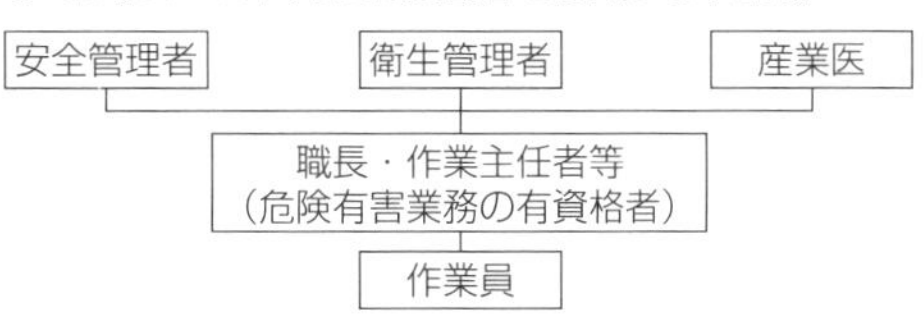

※**総括安全衛生管理者・安全管理者・衛生管理者・産業医**を選任すべき事由が発生した日から**14日以内**に選任し，遅延なく**所轄労働基準監督署**に提出しなければならない。

③ 事業者は，**常時10人以上50人未満**の労働者を使用する事業場では，安全衛生に係る業務担当者として，**安全衛生推進者**を選任しなければならない。

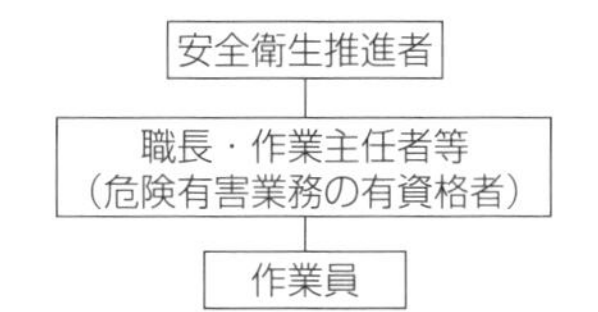

※安全衛生推進者は，選任すべき事由が発生した日から**14日以内**に選任し，その者の氏名を**労働者に周知**させなければならない。

下請け混在現場における安全管理体制

① 元請，下請混在作業における，**常時50人以上**の労働者が従事する事業場については，特定元方事業者は，**統括安全衛生責任者・元方安全衛生管理者**を選任しなければならない。

※**ずい道等の建設の仕事，橋梁の建設の仕事**（**道路上又は道路に隣接した場所**，軌道上又は軌道に隣接した場所であって，**人口が集中している地域内での工事**の場合），圧気工法による作業においては，**常時30人**を超える場合

安全管理

・統括安全衛生責任者を選任すべき事業者以外の請負人（下請負人）は，**安全衛生責任者**を（下請負業者が）選任しなければならない。

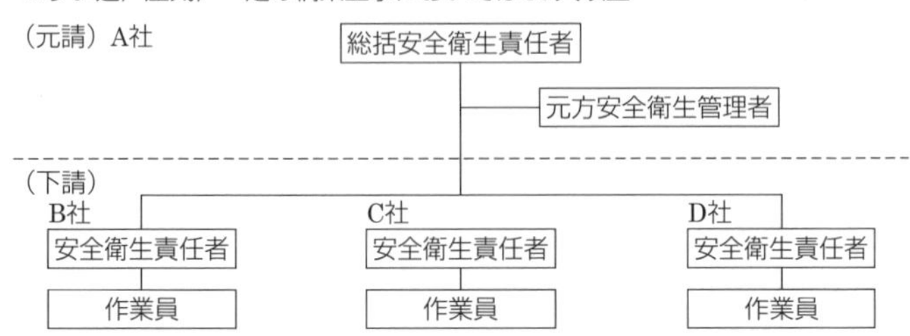

② 元方統括安全衛生責任者，元方安全衛生管理者，安全衛生責任者の選任が義務付けられていない中小規模の建設現場（**20人以上50人未満**，もしくは主要構造部が鉄骨，鉄骨鉄筋コンクリート造の場合）においては，元方事業者は，**店社安全衛生管理者**を選任しなければならない。

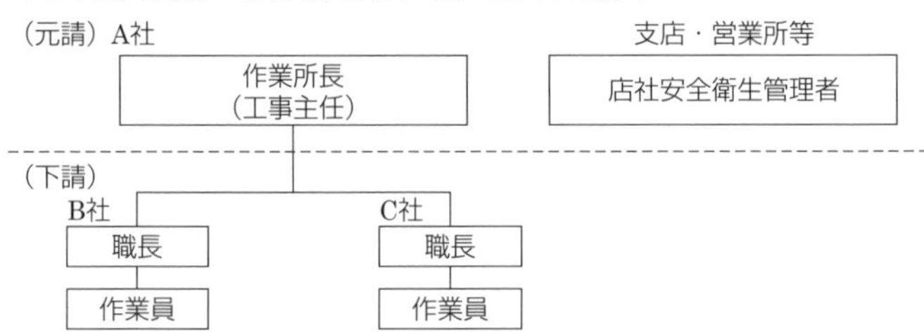

・特定元方事業者は，**事業の開始後**，遅滞なく，当該場所を管轄する**労働基準監督署長**へ特定元方事業者の事業開始報告を行わなければならない。**統括安全衛生責任者・元方安全衛生管理者**・店社安全衛生管理者を選任しなければならないときは，**その旨**及び**氏名を併せて報告**する。

作業主任者

・事業者は，労働災害を防止するための管理を必要とする作業については，作業主任者を選任し，その者に当該作業に従事する労働者の指揮等を行わせなければならない。また，事業者は，作業主任者を選任したときは，当該作業主任者の氏名およびその者に行わせる事項を作業場の**見やすい場所に掲示**する等により関係労働者に周知する。

作業主任者の選任が必要な作業と作業内容（抜粋）

名称	作業の内容	資格
地山の掘削作業主任者	掘削面の高さが2m以上となる地山の掘削の作業	技能講習
土止め支保工作業主任者	土止め支保工の切りばり又は腹おこしの取付け又は取り外しの作業	技能講習
ずい道等の掘削等作業主任者	ずい道等の掘削の作業又はこれに伴うずり積み，ずい道支保工の組立て，ロックボルトの取付け若しくはコンクリート等の吹付けの作業	技能講習
ずい道等の覆工作業主任者	ずい道等の覆工（ずい道型わく支保工の組立て，移動若しくは解体又は当該組立て若しくは移動に伴うコンクリートの打設）の作業	技能講習
型枠支保工の組立て等作業主任者	型枠支　保工の組立て又は解体の作業	技能講習
足場の組立て等作業主任者	つり足場，張出し足場又は高さが5m以上の構造の足場の組立て，解体又は変更の作業	技能講習
鋼橋架設等作業主任者	橋梁の上部構造であって，金属製の部材により構成されたもの（その高さが5m以上であるもの又は当該上部構造のうち橋梁の支間が30m以上である部分に限る。）の架設，解体又は変更の作業	技能講習
コンクリート橋架設等作業主任者	橋梁の上部構造であって，コンクリート造のもの（その高さが5m以上であるもの又は当該上部構造のうち橋梁の支間30m以上である部分に限る。）の架設又は変更の作業	技能講習
コンクリート造の工作物の解体等作業主任者	高さが5m以上のコンクリート造の工作物の解体又は破壊の作業	技能講習
酸素欠乏危険作業主任者	酸素欠乏危険場所における作業（ケーブル等，地下に敷設される物を収容するための暗きょ，マンホール又はピットの内部の作業）	技能講習
コンクリート破砕器作業主任者	コンクリート破砕器を用いて行う破砕の作業	技能講習
高圧室内作業主任者	圧気工法で行われる高圧室内作業	免許者
ガス溶接作業主任者	アセチレン溶接装置又はガス集合溶接装置を用いて行う金属の溶接，溶断又は加熱の作業	免許者

その他工事における留意事項

酸素欠乏危険作業

・爆発，酸化等を防止するために換気することができない場合又は作業の性質上換気することが著しく困難な場合は，同時に就業する労働者の数以上の**空気呼吸器等**(空気呼吸器，酸素呼吸器，送気マスク等)を備え，使用させる。

関連問題&よくわかる解説

問題1 □□□

建設工事現場で事業者が行なうべき労働災害防止の安全管理に関する次の文章の①～⑥のすべてについて，労働安全衛生法令等で定められている語句又は数値の誤りが文中に含まれている。

①～⑥から5つ選び，その番号，「誤っている語句又は数値」及び「正しい語句又は数値」を解答欄に記述しなさい。 令和4年度 問題No.10

① 高所作業車を用いて作業を行うときは，あらかじめ当該高所作業車による作業方法を示した作業計画を定め，関係労働者に周知させ，当該作業の指揮者を届け出て，その者に作業の指揮をさせなければならない。

② 高さが3m以上のコンクリート造の工作物の解体等の作業を行うときは，工作物の倒壊，物体の飛来又は落下等による労働者の危険を防止するため，あらかじめ当該工作物の形状，き裂の有無，周囲の状況等を調査し作業計画を定め，作業を行わなければならない。

③ 土石流危険河川において建設工事の作業を行うときは，作業開始時にあっては当該作業開始前48時間における降雨量を，作業開始後にあっては1時間ごとの降雨量を，それぞれ雨量計等により測定し，記録しておかなければならない。

④ 支柱の高さが3.5m以上の型枠支保工を設置するときは，打設しようとするコンクリート構造物の概要，構造や材質及び主要寸法を記載した書面及び図面等を添付して，組立開始14日前までに所轄の労働基準監督署長に提出しなければならない。

⑤ 下水道管渠等で酸素欠乏危険作業に労働者を従事させる場合は，当該作業を行う場所の空気中の酸素濃度を18%以上に保つよう換気しなければならない。しかし爆発等防止のため換気することができない場合等は，労働者に防毒マスクを使用させなければならない。

⑥ 土止め支保工の切りばり及び腹おこしの取付けは，脱落を防止するため，矢板，くい等に確実に取り付けるとともに，火打ちを除く圧縮材の継手は重ね継手としなければならない。

解答

番号	誤っている語句又は数値	正しい語句又は数値
①	届け出て	定めて
②	3m	5m
③	48時間	24時間
④	14日前	30日前
⑤	防毒マスク	空気呼吸器等
⑥	重ね継手	突合せ継手

以上の中から5つを選んで，解答する。

問題2 □□□

型わく支保工，足場工に関する次の～の記述のうち，労働安全衛生規則に定められている語句又は数値が誤っているものが文中に含まれているものがある。これらのうちから3つを抽出し，その番号をあげ誤っている語句又は数値と正しい語句又は数値を解答欄に記入しなさい。

平成27年度　問題 No.5

① 型わく支保工の設計では，設計荷重として型わく支保工が支える物の重量に相当する荷重に，型わく1m^{2}につき100kg以上の荷重を加えた荷重を考慮する。

② 型わく支保工に鋼管（パイプサポートを除く）を支柱として用いる場合は，高さ2m以内ごとに鉛直つなぎを2方向に設ける。

③ 型わく支保工の材料については，著しい損傷，変形又は腐食があるものを使用してはならない。

④ 鋼管足場の作業床には，高さ75cm以上の手すり又はこれと同等以上の機能を有する設備及び中さん等を設ける。

⑤ 鋼管足場の作業床の幅は，40cm以上とし，床材間のすき間は，3cm以下とする。

⑥ 鋼管足場の建地間の積載荷重は，500kgを限度とする。

⑦ わく組足場では，最上層及び5層以内ごとに筋かいを設ける。

解答

番号	誤っている語句又は数値	正しい語句又は数値
①	100kg	150kg
②	鉛直つなぎ	水平つなぎ
④	75cm	85cm
⑥	500kg	400kg
⑦	筋かい	水平材

以上の中から3つを選んで，解答する。

問題3 □□□

建設工事現場で労働災害防止の安全管理に関する次の記述のうち①～⑥のすべてについて，労働安全衛生法令などに定められている語句又は数値が誤っているものが文中に含まれている。①～⑥のうちから番号及び誤っている語句又は数値を2つ選び，正しい語句又は数値を解答欄に記入しなさい。

平成26年度　問題 No.5-2

① 事業者は，型わく支保工について支柱の高さが10m以上の構造となるときは型わく支保工の構造などの記載事項と組立図及び配置図を労働基準監督署長に当該仕事の開始の日の30日前までに届け出なければならない。

② 事業者は，足場上で作業を行う場合において，悪天候若しくは中震以上の地震又は足場の組立てや一部解体若しくは変更後に作業する場合，作業の開始した後に足場を点検し，異常を認めたときは補修しなければならない。

③ 重要な仮設工事に土留め壁を用いて明り掘削を行う場合，切ばりの水平方向の設置間隔は5m以下，鋼矢板の根入れ長は1.0mを下回ってはならない。

④ 事業者は，酸素欠乏症及び硫化水素中毒にかかるおそれのある暗きょ内などで労働者に作業をさせる場合には，作業開始前に空気中の酸素濃度，硫化水素濃度を測定し，規定値を保つように換気しなければならない。ただし，規定値を超えて換気することができない場合，労働者に防毒マスクを使用させなければならない。

⑤ 急傾斜の斜面掘削に際し，掘削面が高い場合は段切りし，段切りの

幅は2m以上とする。掘削面の高さが3.5m以上の掘削の際は安全帯等を使用させ，安全帯はグリップなどを使用して親綱に連結させる。

⑥　移動式クレーンで荷を吊り上げた際，ブーム等のたわみにより，吊り荷が外周方向に移動するためフックの位置はたわみを考慮して作業半径の少し外側で作業をすること。

解答

番号	誤っている語句又は数値	正しい語句又は数値
①	10m	3.5m
②	作業の開始した後	作業を開始する前
③	1.0m	3.0m
④	防毒マスク	空気呼吸器等
⑤	3.5m	2m
⑥	外側	内側

以上の中から2つを選んで，解答する。

問題4　□□□

建設工事現場での労働災害防止の安全管理に関する次の記述のうち①～⑦のすべてについて，労働安全衛生法令に定められている語句又は数値が適切でないものが文中に含まれている。①～⑦のうちから3つ抽出し，その番号をあげ，適切でない語句又は数値の訂正を解答欄に記入しなさい。

平成25年度　問題No.5-1

①　特定元方事業者は，同一の場所で複数のものに仕事の一部を請け負わせ，労働者が常時100人規模の事業を実施する工事現場では総括安全衛生管理者を選任する必要があり，特定元方事業者及びすべての関係請負人が参加する協議会組織を設置し，当該協議会を定期的に開催するとともに関係請負人相互間の連絡及び調整を随時行わせる。

②　事業者は，高所作業車を用いて作業を行う場合には，作業車の作業方法を示した作業計画を作成し，関係労働者に周知するとともに，作業の指揮者を届け出して作業を指揮させる。

③　事業者は，作業場に通ずる場所及び作業場内には労働者が使用するための安全な通路を設けるものとし，その架設通路について，墜落の

危険のある箇所には原則として，手すり枠の構造について，作業床からの高さは85cm以上の箇所に手すりを設けて，作業床と手すりの間に高さ35cm以上50cm以下に中さん等を設置するかまたは手すりと作業床の間に1本の斜材等を設置する。

④　事業者は，高所から物を投下する高さが7m以上となるものは適当な投下設備を設け監視人をおき，また，物体が飛来することにより労働者が危険な場合は飛来防止設備を設け，労働者に保護帽を使用させる。

⑤　事業者は，コンクリート造の工作物の解体の高さが7m以上となるものは，工作物の形状，亀裂の有無，周囲の状況を事前に調査するとともに，コンクリート造の工作物の解体等作業主任者を選任して器具，工具，安全帯等及び保護帽の機能を点検し，不良品を取り除くことを行わせる。

⑥　ずい道工事を行う事業者は，地山の形状，地質及び地層の状態を調査し，掘削方法や湧水若しくは可燃性ガスの処理などについて施工計画を定める。また，ずい道工事の出入口から1，500m以上の場所において作業を行うこととなるものは，救護に関する措置として厚生労働省令で定める資格を有する者のうちから技術的事項を管理する専属の者を事業場で選任して，労働者の救護の安全に関する措置をなし得る権限を与えなければならない。

⑦　土石流が発生するおそれがある工事現場の特定元方事業者は，請負人毎に避難訓練の実施方法や警報の方法を取り決め，技術上の指導を行う。

解答

番号	誤っている語句又は数値	正しい語句又は数値
①	総括安全衛生管理者	統括安全衛生責任者
②	指揮者を届け出して	指揮者を定め
③	手すりと作業床の間に1本の斜材等	同等以上の機能を有する設備
④	7m	3m
⑤	7m	5m
⑥	1,500m	1,000m
⑦	請負人毎	関係労働者

以上の中から3つを選んで，解答する。

施工計画

出題概要（過去の出題傾向と予想）

「施工計画」からは次章の「環境保全・建設副産物対策」と合わせて2～3問が出題されます。（施工計画の立案・施工手順からは出題がない年度もあります。また，令和3年の試験制度改正により，出題問題数は年度によりばらつきがみられています。

出題内容は，施工計画の立案・作成時の留意事項に関する**穴埋め問題**・**記述式問題**，施工手順に関する**穴埋め問題**等が出題されます。

	施工計画の立案	施工手順
令和5	◎；穴埋め　○；記述	○
令和4	－	－
令和3	記述	施工手順 （留意事項）
令和2	穴埋め	
令和1	記述	
平成30		施工手順 （留意事項）
平成29	穴埋め	
平成28	記述	
平成27		施工手順 （品質・出来形）
平成26		施工手順 （品質・出来形）
平成25	記述	
平成24	穴埋め	
平成23		施工手順 （機械・作業内容）

※ここに記載しているものは，過去問題の傾向と対策であり，実際の試験ではこの傾向通り出題されるとは限りません。

施工計画の立案

施工計画書の作成

土木工事共通仕様書において，「受注者は，工事着手前または施工方法が確定した時期に工事目的物を完成するために必要な手順や工法等についての施工計画書を監督職員に提出しなければならない。」と規定されており，以下の事項の記載が求められている。

⑴　工事概要　⑵　計画工程表　⑶　現場組織表
⑷　指定機械　⑸　主要船舶・機械　⑹　主要資材
⑺　施工方法（主要機械，仮設備計画，工事用地等を含む）
⑻　施工管理計画　⑼　安全管理
⑽　緊急時の体制及び対応　⑾　交通管理
⑿　環境対策　⒀　現場作業環境の整備
⒁　再生資源の利用の促進と建設副産物の適正処理方法
⒂　その他

> 上記の項目から**4項目が出題**され「**施工計画書に記載すべき内容**」を記述する。
> 過去に出題された項目には出題された年度を記載しています。

・**設計図書**及び　**事前調査**の結果に基づいて検討し，施工方法，工程，安全対策，環境対策など必要な事項について立案する。

・施工の**安全性**を前提として工事の工期（**工程**），**経済性**及び**品質**の確保という3つの条件の調和を保ちながら，施工方法，労働力，資材，資金など利用できるあらゆる生産手段を選定し，これらを活用するために最適な計画をたて，施工に移すための具体的方法を決める作業である。**安全**施工の計画には，工事の難易度を評価する項目（工事数量，地形地質，構造規模，適用工法，工期，工程，材料，用地など）を考慮し，工事の安全施工が確保されるように総合的な視点で作成する。

⑴　工事概要

工事概要については下記の例示内容程度を，また，工事内容については工事数量総括表の工種，種別，数量等を記入する。この場合，工種が一式表示であるもの及び主要工種以外については，工種のみの記載でもかまわない。費用明細書的な詳細な内容は必要ないものとする。

【留意点】

① 数量等工事内容は設計図書と整合が必要である。

② 主体工事は何かを記載する。

(2) 計画工程表

計画工程表は，各種別について作業の始めと終わりがわかるネットワーク等で作成する。作成にあたっては，気象，特に降雨，気温等によって施工に影響の大きい工種については，過去のデータ等を充分調査し，工程計画に反映させる。

【留意点】

① 計画工程表は，施工計画書に綴じ込むものの他，工程管理用として作成し，現場において日々管理しなければならない。

② 契約書添付の工程表（契約工期）との整合が必要である。

③ 工種毎の工期設定が施工量や施工時期を考え，適正に設定されているか把握する。

④ 全体工程と詳細工程を検討し記載する。

⑤ 休日（不稼働日）の設定は適切に行う必要がある。

⑥ 材料確認・段階確認等の立会時期を記載する。

(3) 現場組織表 ⇐ 出題年度；R1・H28・H25

現場組織表は，現場における**組織編成**及び**指揮命令系統**並びに**業務分担**について明確に記載する。また，工事契約規模による主任技術者または監理技術者，専門技術者をそれぞれ記載する。

【留意点】

① 建設業法第26条の2の規定により専門技術者が必要な場合，資格ある主任（監理）技術者が兼任するか会社の他の者をあてる，または下請けさせることになるが，この場合は会社名を記載する。下請けがある場合は，施工体系図を添付する。

② 現場代理人，主任(監理)技術者，専門技術者の資格者表を作成する。(主任（監理）技術者については，適正な資格保有者を記載する)

③ 工事に対する品質証明のために社内検査員を配置する。社内検査員は現場経験10年以上の者とし，複数配置も可であるが，主になる者を中心に行うのが望ましい。

④ 担当する職務や現場における担当責任者を記載する。

⑤ 河川工事では観測・連絡体制等も記載する。

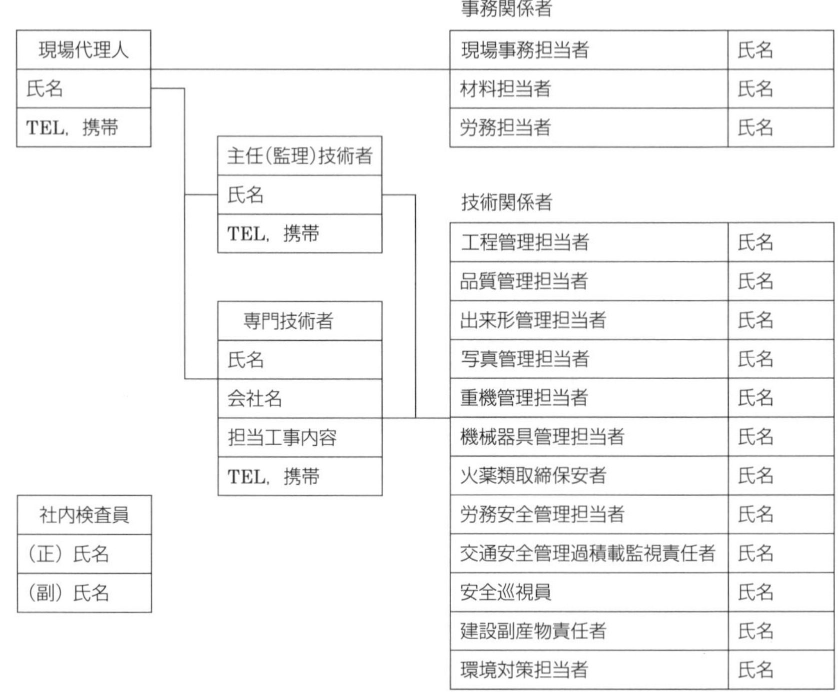

現場組織表の例

(4) 指定機械

工事に使用する機械で，設計図書に指定されている機械（騒音振動，排出ガス規制等）について規格・台数・使用工種を記載した使用計画書を作成する。

【留意点】

① 設計図書の指定条件を満足しているか。

② 使用機械の型式等に間違いないか。

機械名	型式	単位	数量	使用目的	使用期間					指定 or 任意	備考（機械名）
					5月	6月	7月	8月	9月		
バックホー	0.35m^3	台	2	掘削，床掘 埋戻し		←――	――→			指定	○○BF35
ブルドーザー	21t	台	1	盛土，敷き均し		←――	――→			任意	

トラクターショベル	○○m³	台	1	残土積み込み			←→			任意	
三点式クローラ杭打機	○○KW	台	1	鋼管杭打				←→		任意	
クローラークレーン	○○T吊	台	1	鋼管杭打				←→		任意	
バイブロハンマー	○○KW	台	1	鋼矢板打				←→		指定	○○

指定機械の例（指定外も含む）

(5) 主要船舶・機械 ⇦ 出題年度；R1・H20

工事に使用する船舶・機械で，設計図書に指定されている機械（騒音振動，排出ガス規制等）以外の主要なものについて規格・台数・使用工種等を記載した，使用計画書を作成する。

【留意点】

・使用機械の現場搬入において，特殊車両による輸送手続きが必要な機械であるか。

(6) 主要資材 ⇦ 出題年度；R1'・H25

工事に使用する指定材料及び主要材料，また品質確認の方法（材料試験方法，品質証明書等）及び材料納入時期等について記載する。

【留意点】

① 製造業者，販売業者に分けて，所在地（産地・購入先）も記載する。都道府県外の場合は都道府県から記入する。（できるだけ都道府県内産資材の利用促進を図る。）

② 品質証明欄も記入する。

③ 工事材料が設計図書に適合しているか確認して記載する。

④ 搬入経路，搬入時期，荷卸し場所等を考慮し記載する。

⑤ レディーミクストコンクリートについては，JIS マーク表示認証工場及び JIS 認定コンクリート名を記載する。

⑥ コンクリート二次製品で土木部の認定製品を使用する場合は，工場名を記載する。

⑦ 監督員が確認を要するとした材料については，確認に関する事項を記載する。

材料名	規格	予定数量	製造業者	販売業者	品質証明	摘要
生コンクリート	21·12·25 ·55% BB	30m³	○○生コン (△△市)		試験成績表	
異形棒鋼	D13〜D19	800kg	○○製鉄 (○県△町)	○○（株）(○○市)	ミルシート	

主要材料計画の例

(7) 施工方法 ⇦ 出題年度；R1・R1'・H28・H25

施工計画書の中心となる事項であるので，工事の施工方法に充分な検討を加え，できるだけ詳細に記載する。

1）「主要な工種」毎の作業フロー

該当工種における作業フローを記載し，各作業段階における以下の事項について記述する。

2）施工実施上の留意事項及び施工方法

・工事箇所の作業環境（周辺の土地利用状況，自然環境，近接状況等）や主要な工種の施工実施時期（降雨時期，出水・渇水時期等）等について。

・施工実施上の留意事項及び施工方法の要点，制約条件(施工時期，作業時間，交通規制，自然保護)，関係機関との調整事項等について。

・工事に関する基準点，地下埋設物，地上障害物に関する防護方法について。

3）使用機械

・該当工事における，使用予定機械を記述する。

4）仮設備等

・工事全体に共通する仮設備の**構造**，**配置**計画等について位置図，概略図等を用いて具体的に記述する。(仮設物の形式や**配置**計画が重要なので，安全でかつ能率のよい施工ができるよう各仮設物の形式，**配置**及び**残置期間**などに留意する。)

・安全を確認する方法として応力計算等も可能な限り記述する。

・その他，間接的設備として仮設建物，材料，機械等の仮置き場，プラント等の機械設備，運搬路，仮排水，安全管理に関する仮設備等について。

・共通仕様書において，監督員の「承諾」を得て施工するもののうち事前に記載できるもの及び施工計画書に記載することとなっている事項について記載する。

【留意点】

① 指定仮設又は重要な仮設工に関するもの及び応力計算等によって安全を確認できるものは，計算の記述がされているか。

② 作業フローの記述及び留意事項や施工方法の要点が記述されているか。

③ 工事測量，隣接工区との関連についての記述があるか。

④ 共通仕様書において承諾を要する事項及び施工計画書に記載すべき事項と指定された事項について記述されているか。

⑤ 安全管理に関する仮設備計画が記述されているか，特に枠組足場を使用する場合は足場の種類，設置方法等が「手すり先行工法」を原則としているかどうか。

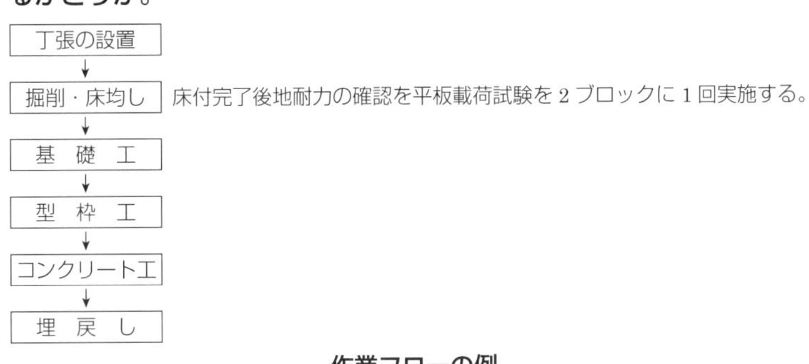

作業フローの例

(8) 施工管理計画

施工管理計画については設計図書・「土木工事施工管理基準及び規格値」等に基づき，その管理方法について記載する。

【留意点】

① 必要な工種が記載されているか。

② 工事規模に見合った管理回数となっているか。なお，必要に応じて施工規模が少ない場合など，規定の回数管理が困難なものについては，監督員と協議して定める。

③ 基準にないものの適用（基準設定）は妥当か。

④ 管理方法や処理は妥当か。

⑤ 施工管理基準に基づいて記載し，各工種一覧表を作成する。

⑥ 工事写真の撮影計画は写真管理基準と整合が必要である。

⑦ 社内検査（項目，方法，実施時期）の計画を適正に設定する。

1）工程管理 ⟸ 出題年度；H25

工程管理表として，ネットワーク式工程表，バーチャート工程表等，使用する工程表を記載する。合わせて，管理の方法・確認の頻度等についても記載する。

※作業員については，必要人員を確保するとともに，技術・技能のある人員を確保する。やむを得ず不足が生じる時は，**施工計画**，**工程**，**施工体制**，**施工機械**などについて，対応策を検討すること。

管理手法	ネットワークにより管理する
日常管理	各種別また細別毎の実施作業量を把握し，計画作業量を維持するため労務・機械等の配置を検討する。
週間・月間管理	毎週月曜日及び毎月25日までに工事進捗率を確認し，監督員に履行報告する。
進度管理	工事開始より2ヶ月間は2週間に1回，工程曲線を用いて管理を行い，計画に○%の差が生じた場合はフォローアップを実施する。また，それ以降は，1ヶ月に1回，同様の管理を実施する。

工程管理計画の例

2）品質管理

その工事で行う品質管理の「試験項目」（試験）について，次のような品質管理計画表を作成する。

種別	区分	試験項目	施工数量	試験方法	試験頻度	試験回数	規格値	社内規格値	備考
コンクリート施工	必須	塩化物総量規制	500m³	「コンクリートの耐久性向上」	○○○ ○○○	○○	0.3kg/m³以下	0.3 kg / m³以下	○○○
	必須	単位水量測定	500m³	エアメーター法	○○○ ○○○	○○	±○○kg/m³	±○○ kg/m³	○○○
	必須	スランプ試験	500m³	JIS A 1101	○○○ ○○○	○○	±2.5cm	○○	○○○
	必須	圧縮強度試験	500m³	JIS A 1108	○○○ ○○○	○○	85%以上(3回平均：呼び強度以上)	—	○○○
	必須	空気量測定	500m³	JIS A 1116 JIS A 1118 JIS A 1128	○○○ ○○○	○○	±1.5%	±1.5%	○○○

品質管理計画の例

※必要な工種（種別），試験方法，試験頻度，規格値等を記載する。

3）出来形管理及び写真管理

出来形管理の「測定項目」について，その工事で行う出来形管理の「測定項目」についてのみ記載する。なお，該当工種がないものについては，あらかじめ監督員と協議して定める。

工事写真については，「写真管理基準（案）」，その工事で必要となる撮影項目・撮影時期（時間）・撮影頻度等を記載する。

工種	細別	出来形管理			出来形写真		出来形状況写真		
		項目	測点及び位置	管理方法	撮影項目	撮影頻度	撮影項目	撮影時間	撮影頻度
	コンクリート基礎	基準高(FH)▽ 幅$(b_1 \sim b_3)$ 厚さ$(t_1 \sim t_4)$	No.198 No.200 No.202 No.204 No.206 変化点及び端部	出来形図 出来形成果表	幅$(b_1 \sim b_3)$ 厚さ$(t_1 \sim t_4)$	No.198 No.202 No.206 変化点及び端部	床掘状況 コンクリート打設 養生 基礎全景	完了時 施工時 養生時 完成時	1回 1回 1回 1回
	ブロック積工	基準高(FH)▽ 法長(l) 厚さ(t_1, t_2)	No.198 No.200 No.202 No.204 No.206 変化点及び端部	出来形図 出来形成果表	法長(L) 取上寸法 厚さ(t_1, t_2)	No.198 No.202 No.206 変化点及び端部	ブロック据付状況 砕石充填状況 コンクリート打設 完全全景	施工時 施工時 施工時 完了時	1回 1回 1回 1回
	コンクリート擁壁	基準高(FH)▽ 幅(b_1, b_2) 高さ(h)	施工延長40m毎 変化点及び端部	出来形図 出来形成果表	幅(b_1, b_2) 高さ(h) 取上寸法	施工延長40m毎 変化点及び端部	コンクリート打設 養生 完成全景	施工時 養生時 完成時	1回 1回 1回

出来形管理及び写真管理計画表の例

4）段階確認

設計図書で定められた段階確認項目について，施工予定時期，撮影項目等を記載する。記載に当たり，施工フローの整合に留意する。

種別	細別	確認時期	確認事項	施工予定時期	確認の程度
矢板工	鋼矢板	打込時	使用材料，長さ， 溶接部の適否	10月中旬	試験矢板＋ 一般：1回／150枚 重点：1回／100枚
		打込完了時	基準高，変位		
RC擁壁	逆T擁壁	土(岩)質の変化した時	土（岩）質，変化位置	11月～12月	1回／土（岩）質の変化毎
		床掘削完了時	支持地盤（直接基礎）		1回／1構造物
		鉄筋組立完了時	使用材料 設計図書との対比		一般：30％程度／1構造物 重点：60％程度／1構造物
		埋戻し前	設計図書との対比 （不可視部分の出来形）		1回／1構造物

段階確認項目の例

※土木工事共通仕様書の段階確認一覧表に示された項目以外についても，完成時不可視になる施工箇所については，監督職員と協議の上，段階確認の必要のあるものは記載する。

5）品質証明（社内検査）

その工事の中で行う社内検査項目，検査方法，実施時期について記載する。品質管理，出来形管理における社内管理の目標値，規格値等は，前項の品質管理，出来形管理計画に記載する。下請けに対する完成検査の方法，時期，内容についても記述する。また，社内検査員について，現場経験10年が確認出来る経歴書を添付する。

(9) 安全管理 ⇐ 出題年度；R1・R1‘

安全管理に必要なそれぞれの責任者や組織づくり，安全管理についての活動方針について記載する。また，**事故発生時における関係機関や被災者宅等への連絡方法や緊急病院等についても記載**する。記載が必要な項目は次のとおりである。

・**工事安全管理対策**
① 安全管理組織（安全協議会の組織等も含む）
② 危険物を使用する場合は，保管及び取り扱いについて
③ 刈払機・チェーンソーを使用する場合は危険防止装置の装着がわかる仕様等を記載する。
④ その他必要事項

・**第三者施設への安全管理対策**
家屋，商店，鉄道，ガス，電気，電話，水道等の第三者施設と近接して工事を行う場合の対策
※関係機関などとの協議・調整が必要となるような工事では，その協議・調整内容をよく把握し，特に都市内工事にあっては，**第三者**災害防止上の**安全**確保に十分留意すること。

・**工事安全教育及び訓練についての活動計画**
安全管理活動として実施予定のものについて参加予定者，開催頻度等
① 関係法令，指針の必要事項の抜粋や整合
② 労働安全衛生法及び関連法令
③ 土木工事安全施工技術指針
④ 建設機械施工安全技術指針
⑤ 建設工事公衆災害防止対策要領
⑥ 建設機械施工安全マニュアル

【留意点】

① 安全管理組織において，現場パトロールの体制や保安要員を明記する。
② 関係法令，指針の必要・参考事項が抜粋されているかなどを把握する。
③ 作業主任者の配置が必要な作業については，作業名及び作業主任者の氏名等を記載する。
④ 労働安全衛生規則で定められている選任すべき作業主任者（地山掘削作業，土止め支保工作業等）及び危険有害業務（クレーン運転，玉掛け作業等）に従事する有資格者一覧表を添付する。
⑤ 工種別の重点管理目標と事故対策を記載する。
⑥ 安全活動，現場パトロール等の実施計画を記載する。
⑦ 現場保安施設計画を記載する。
⑧ 危険物，火気を使用する場合，火薬類の使用計画書やその他取扱いについて記載する。
⑨ リスクアセスメント実施一覧表（任意様式）を必要に応じて添付する。

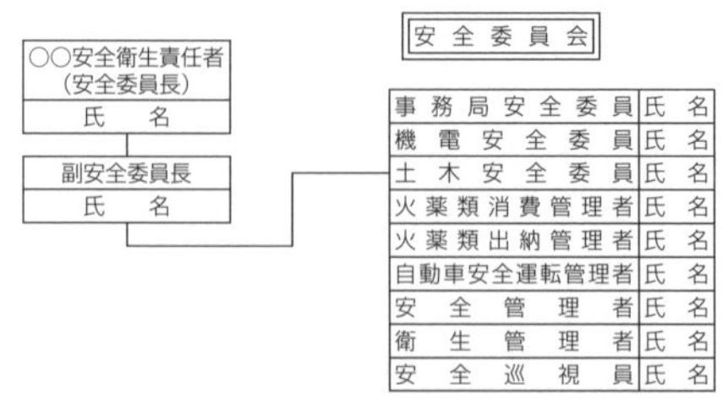

安全管理組織の例

名称	場所	参加予定者	内容	頻度
朝礼	現場事務所	現場作業従事者		毎日
安全巡視	現場	安全巡視員		毎日
安全訓練	現場事務所	現場作業従事者		毎月1回

安全管理活動の例

⑽ 緊急時の体制及び対応 出題年度；R1'

大雨，強風等の異常気象時及び地震発生時の災害防災並びに自然災害が発生した場合や事故・労働災害発生時における体制及び連絡系統を記載する。

【留意点】

① 緊急時の連絡順位をあらかじめ定めておく。人命の対応を最優先にする。

② 下記連絡体制のように，すべて現場事務所から連絡するのではなく，本社などと連絡先を分担し，現場事務所では応急措置，被災者への対応を優先する。

③ 災害発生時，異常気象時，現場内事故発生時を考慮し，緊急体制を記載する。

④ 緊急時連絡系統図を作成する。

⑤ 受注者，発注者の夜間・休日の緊急連絡先を記載する。

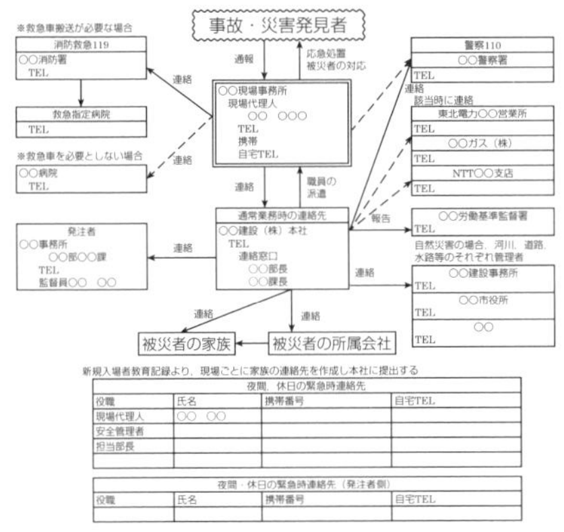

夜間，休日の緊急時連絡先			
役職	氏名	携帯番号	自宅TEL
現場代理人	○○　○○		
安全管理者			
担当部長			

夜間・休日の緊急時連絡先（発注者側）			
役職	氏名	携帯番号	自宅TEL

安全管理活動の例

⑾　交通管理

工事に伴う交通処理及び交通対策について共通仕様書第1編交通安全管理によって記載する。

道路上で工事を行うにあたって円滑な道路交通と現場作業員の安全を確保するために下記項目を検討する。

① 工事用運搬路として，一般道路を使用するときの対策及び歩行者等第三者に対する対策
② 工事用資材・機械を輸送する時の輸送経路・期間・方法・輸送担当者，交通誘導員の配置，標識及び安全施設の設置場所
③ 一般道路に係る工事の安全対策
④ 指定された工事道路の新設・改良・維持管理・補修及び使用方法
⑤ 工事用道路を共有するときの対策
⑥ 一般道路上の工事用資材・機械または設備の保管・修理方法

【留意点】

① 交通規制，作業時間帯は警察協議によるものを記載する。
② 交通誘導員は施工段階に応じた配置を考慮したものとする。
③ 指定路線で交通誘導警備業務を行わせる場合は有資格者を配置したものとする。
④ 現道上の交通切替えがある場合，施工段階に応じた切替え方法を記載する。
⑤ 交通管理図の作成にあたり，交通誘導のための保安施設を施工段階毎に適切な配置計画とする。

⑿ 環境対策 ⇐ 出題年度；H28

環境保全計画の対象としては，建設工事における騒音，振動，掘削による地盤沈下や地下水の変動，土砂運搬時の飛散，建設副産物の処理などがある。

工事現場地域の生活環境の保全と，円滑な工事施工を図ることを目的として，環境保全対策について関係法令・仕様書等の規定を遵守のうえ，次のような項目の環境対策計画を記載する。

1）騒音，振動対策
2）水質汚濁対策
3）ゴミ，ほこりの処理
4）事業損失防止対策（日陰，地下水の枯渇，掘削による地盤沈下対策等）
5）産業廃棄物の対応
6）苦情対応
7）交通問題対策（工事用車両による沿道障害等）
8）有害物質の処理等
9）その他

【留意点】

① 環境対策機械使用計画の記載は適正か。

② 騒音規制法・振動規制法に基づく特定建設作業に該当する場合，届出の必要性について記載しているか。

③ 騒音・振動・排ガス対策が記述されているか。

④ 流入車規制について各地方自治体生活環境の保全に関する条例を遵守のこと。

⒀ 現場作業環境の整備

現場作業環境の整備に関して，環境美化などのイメージアップを考慮して次のような項目の計画を記載する。

1）仮設関係
2）安全関係
3）営繕関係
4）その他事項

【留意点】

①　作業員のための良好な作業環境を確保するよう配慮する。

②　工事用地内のイメージアップに関するものも記載する。

⒁　再生資源の利用の促進と建設副産物の適正処理方法

再生資源利用の促進に関する法律に基づき，次のような項目について計画する。

1）再生資源利用計画書

2）再生資源利用促進計画書

3）処理委託業者名（建設副産物を運搬（委託），処分を行う場合）

4）マニフェスト使用の徹底

5）社内の管理体制（建設副産物対策の責任者の明確化）

6）建設副産物を搬入する処分場名

⒂　その他

官公庁への手続き（警察，市町村），地元への周知，休日作業等，その他重要な事項について，必要に応じて記載（添付）する。

施工計画

関連問題&よくわかる解説

問題1 □□□

土木工事の施工計画作成時に留意すべき事項について，次の文章の［　　］の（イ）～（ホ）に当てはまる適切な語句又は数値を解答欄に記述しなさい。

令和2年度　問題　No. 6

⑴　施工計画は，施工条件などを十分に把握したうえで，［（イ）］，資機材，労務などの一般的事項のほか，工事の難易度を評価する項目を考慮し，工事の［（ロ）］施工が確保されるように総合的な視点で作成すること。

⑵　関係機関などとの協議・調整が必要となるような工事では，その協議・調整内容をよく把握し，特に都市内工事にあっては，［（ハ）］災害防止上の［（ロ）］確保に十分留意すること。

⑶　現場における組織編成及び［（ニ）］，指揮命令系統が明確なものであること。

⑷　作業員については，必要人員を確保するとともに，技術・技能のある人員を確保すること。

やむを得ず不足が生じる時は，施工計画，［（イ）］，施工体制，施工機械などについて，対応策を検討すること。

⑸　工事による作業場所及びその周辺への振動，騒音，水質汚濁，粉じんなどを考慮した［（ホ）］対策を講じること。

解答

⑴　施工計画は，施工条件などを十分に把握したうえで，**［(イ)；工程］**，資機材，労務などの一般的事項のほか，工事の難易度を評価する項目を考慮し，工事の**［(ロ)；安全］**施工が確保されるように総合的な視点で作成すること。

⑵　関係機関などとの協議・調整が必要となるような工事では，その協議・調整内容をよく把握し，特に都市内工事にあっては，**［(ハ)；第三者］**災害防止上の**［(ロ)；安全］**確保に十分留意すること。

⑶　現場における組織編成及び**［(ニ)；業務分担］**，指揮命令系統が明確なものであること。

⑷　作業員については，必要人員を確保するとともに，技術・技能のある人員を確

保すること。

やむを得ず不足が生じる時は，施工計画，**（イ）；工程**，施工体制，施工機械などについて，対応策を検討すること。

⑸ 工事による作業場所及びその周辺への振動，騒音，水質汚濁，粉じんなどを考慮した **（ホ）；環境** 対策を講じること。

問題2 □□□

施工計画の立案に際して留意すべき事項について，次の文章の［　　］の（イ）～（ホ）に当てはまる適切な語句又は数値を解答欄に記述しなさい。

平成29年度　問題　No.6

⑴ 施工計画は，設計図書及び［（イ）］の結果に基づいて検討し，施工方法，工程，安全対策，環境対策など必要な事項について立案する。

⑵ 関係機関などとの協議・調整が必要となる工事では，その協議・調整内容をよく把握し，特に都市内工事にあたっては，［（ロ）］災害防止上の安全確保に十分留意する。

⑶ 現場における組織編成及び［（ハ）］，指揮命令系統が明確であること。

⑷ 環境保全計画の対象としては，建設工事における騒音，［（ニ）］，掘削による地盤沈下や地下水の変動，土砂運搬時の飛散，建設副産物の処理などがある。

⑸ 仮設工の計画では，その仮設物の形式や［（ホ）］計画が重要なので，安全でかつ能率のよい施工ができるよう各仮設物の形式，［（ホ）］及び残置期間などに留意する。

解答

⑴ 施工計画は，設計図書及び **（イ）；事前調査** の結果に基づいて検討し，施工方法，工程，安全対策，環境対策など必要な事項について立案する。

⑵ 関係機関などとの協議・調整が必要となる工事では，その協議・調整内容をよく把握し，特に都市内工事にあたっては，**（ロ）；第三者** 災害防止上の安全確保に十分留意する。

⑶ 現場における組織編成及び **（ハ）；業務分担**，指揮命令系統が明確であること。

⑷ 環境保全計画の対象としては，建設工事における騒音，**（ニ）；振動**，掘削による地盤沈下や地下水の変動，土砂運搬時の飛散，建設副産物の処理などがある。

(5) 仮設工の計画では，その仮設物の形式や **(ホ)；配置** 計画が重要なので，安全でかつ能率のよい施工ができるよう各仮設物の形式，**(ホ)；配置** 及び残置期間などに留意する。

問題2 □□□

施工計画の立案に留意する事項について，次の文章の［　　］の（イ）～（ホ）に当てはまる適切な語句又は数値を解答欄に記述しなさい。

平成24年度　問題　No.6

(1) 施工計画は，施工の安全性を前提として工事の工期，経済性及び［（イ）］の確保という3つの条件の調和を保ちながら，施工方法，労働力，資材，資金など利用できるあらゆる生産手段を選定し，これらを活用するために最適な計画をたて，施工に移すための具体的方法を決める作業である。

(2) 安全施工の計画には，工事の難易度を評価する項目（工事数量，地形地質，構造規模，適用工法，工期，工程，材料，用地など）を考慮し，工事の安全施工が確保されるように総合的な視点で作成する。

また，設計図書及び［（ロ）］の結果に基づいて安全対策について立案する。

関係機関との協議・調整が必要となる工事では，その協議・調整内容をよく把握し，特に都市内工事にあっては，［（ハ）］災害防止上の安全確保に十分留意する。

(3) 環境保全計画の対象としては，建設工事における［（ニ）］・振動，掘削による［（ホ）］や地下水の変動，土砂運搬時の飛散，建設副産物の処理などがある。これらは工事現場周辺の生活環境に影響するばかりではなく工事の円滑な遂行を妨げる要因にもなるため，関連法規などに十分留意し，作業方法，対策方法などについて十分な検討を行う。

解答

(1) 施工計画は，施工の安全性を前提として工事の工期，経済性及び **(イ)；品質** の確保という3つの条件の調和を保ちながら，施工方法，労働力，資材，資金など利用できるあらゆる生産手段を選定し，これらを活用するために最適な計画をたて，施工に移すための具体的方法を決める作業である。

⑵ 安全施工の計画には，工事の難易度を評価する項目（工事数量，地形地質，構造規模，適用工法，工期，工程，材料，用地など）を考慮し，工事の安全施工が確保されるように総合的な視点で作成する。

また，設計図書及び **（ロ）；事前調査** の結果に基づいて安全対策について立案する。

関係機関との協議・調整が必要となる工事では，その協議・調整内容をよく把握し，特に都市内工事にあっては， **（ハ）；第三者** 災害防止上の安全確保に十分留意する。

⑶ 環境保全計画の対象としては，建設工事における **（ニ）；騒音** ・振動，掘削による **（ホ）；地盤沈下** や地下水の変動，土砂運搬時の飛散，建設副産物の処理などがある。これらは工事現場周辺の生活環境に影響するばかりではなく工事の円滑な遂行を妨げる要因にもなるため，関連法規などに十分留意し，作業方法，対策方法などについて十分な検討を行う。

問題3 □□□

公共土木工事の施工計画書を作成するにあたり，次の項目の中から2つを選び，施工計画書に記載すべき内容について，解答欄の（例）を参考にして，それぞれの解答欄に記述しなさい。

ただし，解答欄の（例）と同一内容は不可とする。

令和 1 年度　No.11＋平成28・25年

- 施工方法（R1・R1’・H28・H25）
- 現場組織表（R1・H28・H25）
- 主要資材（R1・H25）
- 主要船舶・機械（R1’・H28）
- 安全管理（R1・R1’）
- 工程管理（H25）
- 環境対策（H28）
- 緊急時の体制及び対応（R1’）

※過去の出題ではこれらの項目から4つが出題され，2つを選んで記載します。（　）内は出題された年度を記載しています。R1は他の資格試験との日程の重なりがあった為，臨時で2回試験が実施されているためR1‘と記載しています。

＜解答欄＞

	項目	施工計画書に記載すべき内容
例	現場組織表	担当する職務や現場における担当責任者を記載する。
1.		
2.		

解答

項目	施工計画書に記載すべき内容
施工方法	・主要な工種毎の**作業フロー**及び，各作業段階における**留意事項**等。 ・工事箇所の**作業環境や主要な工種の施工実施時期**等。 ・施工実施上の**留意事項及び施工方法の要点，制約条件，関係機関との調整事項**等。 ・工事に関する**基準点，地下埋設物，地上障害物に関する防護方法**等。
現場組織表	・現場における**組織の編成及び命令系統並びに業務分担。** ・**主任技術者**または**監理技術者，専門技術者。** ・**現場代理人，主任（監理）技術者，専門技術者の資格者表。**
主要資材	・**工事に使用する指定材料及び主要材料**の**材料試験方**法等について。 ・**工事に使用する指定材料及び主要材料**が**設計図書に適合しているか。** ・**工事に使用する指定材料及び主要材料**の**搬入経路，搬入時期，荷卸し場所**等。
主要船舶・機械	・工事に使用する船舶・機械で，設計図書に**指定されている機械以外**の主要なものについて**規格・台数・使用工種**等。 ・設計図書に**指定されている機械以外**の主要なものについての**使用計画書。**
安全管理	・安全管理に必要なそれぞれの**責任者や組織づくり，安全管理**についての**活動方針**について。 ・安全管理組織において，**現場パトロールの体制や保安要員。** ・事故発生時における**関係機関や被災者宅等への連絡方法や緊急病院**等について。 ・**安全管理組織**及び，**危険物を使用する場合の保管及び取り扱い**について等の**工事安全管理対策。** ・家屋，商店，鉄道，ガス，電気，電話，水道等の第三者施設と近接して工事を行う場合の対策（**第三者施設への安全管理対策**）。 ・**工事安全教育及び訓練の参加予定者，開催頻度**等の活動計画。

工程管理	・ネットワーク式工程表，バーチャート工程表等，**工程管理表として，使用する工程表。** ・**工程管理の方法・確認の頻度**等について。
環境対策	・**騒音，振動対策・水質汚濁対策・ゴミ，ほこりの処理・事業損失防止対策・産業廃棄物の対応・交通問題対策・有害物質の処理**等。 ※上記の記述の中から，2〜3項目程度を選択して回答して下さい。
緊急時の体制及び対応	・**災害発生時，異常気象時，現場内事故発生時**における**緊急体制及び連絡系統**。 ・受注者，発注者の夜間・休日の緊急連絡先。

上記から，**2つを選択し**，解答欄に簡潔に記述してください。（年度によって出題される事項は異なります）

※ここに記載しているものの他にも正解となる解答がある場合があります。

「土木工事共通仕様書第1編共通編第1章総則〜施工計画書〜及び国土交通省（各地方自治体）が作成している施工計画書作成例・作成の手引き等」を参照してください。

事前調査

・施工計画を作成するための**事前調査**事項には，**契約条件**と**現場条件**がある。

契約条件の確認

①　契約内容の確認

・事業損失，不可抗力による損害に対する取扱い方法
・工事中止にもとづく損害に対する取扱い方法
・資材，労務費の変動にもとづく変更の取扱い方法
・契約不適合責任（かし担保）の範囲等
・工事代金の支払条件
・数量の増減による変更の取扱い方法

②　設計図書の確認（工事内容の把握）

・図面と現場との相違点および数量の違算の有無
・図面，仕様書，施工管理基準などによる規格値や基準値
・現場説明事項の内容

③　その他の確認

・監督職員の指示，承諾，協議事項の範囲
・当該工事に影響する附帯工事，関連工事
・工事が施工される都道府県，市町村の各種条例とその内容

現場条件の確認

①　自然・気象条件の把握

・地形，地質，土質，地下水
・施工に関係のある水文気象

②　仮設計画の立案

・施工方法，仮設規模，施工機械の選択方法
・動力源，工事用水の入手方法

③　資機材の把握

・材料の供給源と価格および運搬路
・労務の供給，労務環境，賃金の状況

④　近隣環境の把握

・工事によって支障を生ずる問題点

・用地買収の進行状況
・隣接工事の状況
・騒音，振動などに関する環境保全基準，各種指導要綱の内容
・文化財および地下埋設物などの有無

⑤　建設副産物の適正処理

・建設副産物の処理方法・処理条件など

関連問題＆よくわかる解説

問題１ □□□

土木工事における，施工管理の基本となる施工計画の立案に関して，下記の５つの検討項目における検討内容をそれぞれ解答欄に記述しなさい。

ただし，（例）の検討内容と同一の内容は不可とする。 令和３年度　No.3

・契約書類の確認事項
・現場条件の調査（自然条件の調査）
・現場条件の調査（近隣環境の調査）
・現場条件の調査（資機材の調査）
・施工手順

＜解答欄＞

<table>
<tr><th></th><th colspan="2">検討項目</th><th>検討内容</th></tr>
<tr><td>（例）</td><td colspan="2">施工手順</td><td>全体工程，全体工費に及ぼす影響の大きい工種を優先して取り上げる。</td></tr>
<tr><td>1.</td><td colspan="2">契約書類の確認事項</td><td></td></tr>
<tr><td>2.</td><td rowspan="3">現場条件の調査</td><td>自然条件の調査</td><td></td></tr>
<tr><td>3.</td><td>近隣環境の調査</td><td></td></tr>
<tr><td>4.</td><td>資機材の調査</td><td></td></tr>
<tr><td>5.</td><td colspan="2">施工手順</td><td></td></tr>
</table>

解答

<table>
<tr><th></th><th colspan="2">検討項目</th><th>検討内容</th></tr>
<tr><td>1.</td><td colspan="2">契約書類の確認事項</td><td>・事業損失，不可抗力による損害に対する取扱方法について。
・工事中止にもとづく損害に対する取扱い方法について。
・資材，労務費の変動にもとづく変更の取扱い方法について。
・数量の増減による変更の取扱い方法について。
・図面と現場との相違点および数量の違算の有無
・図面，仕様書，施工管理基準などによる規格値や基準値</td></tr>
<tr><td>2.</td><td rowspan="3">現場条件の調査</td><td>自然条件の調査</td><td>・地形，地質，土質，地下水の状態について。
・降雨量，気温，風力，風向等の気象データについて。</td></tr>
<tr><td>3.</td><td>近隣環境の調査</td><td>・文化財および地下埋設物などの有無について。
・送電線や鉄塔等の地上障害物についての支障物件（制約条件）について。
・掘削による近接家屋への影響（地盤沈下，地下水等）について。
・騒音，振動，粉塵等工事によって支障を生ずる問題点について。</td></tr>
<tr><td>4.</td><td>資機材の調査</td><td>・材料の供給源と価格および運搬路について。
・労務の供給，労務環境，賃金の状況について。
・砂，砂利，盛土材料，生コンクリート等の資材の単価，生産地との距離等について。
・工事規模，施工速度，施工量等から使用機械の必要台数，機械の能力，組み合わせについて。</td></tr>
<tr><td>5.</td><td colspan="2">施工手順</td><td>・主要工種における作業フロー及び，各作業段階における留意事項・施工方法について。
・段階確認，品質証明の時期，内容について。</td></tr>
</table>

上記の解答例から，**各検討項目について1つを選択し**，解答欄に簡潔に記述してください。

※ここに記載しているものの他にも正解となる解答がある場合があります。

「土木工事共通仕様書第1編共通編第1章総則～施工計画書～及び国土交通省（各地方自治体）が作成している施工計画書作成例・作成の手引き等」を参照してください。

作業フロー

試験では，プレキャストボックスカルバート・L 型擁壁など設置する工事における，**「施工手順」「工種名」「使用機械」「作業内容」「留意事項」「品質管理又は出来形管理の確認事項」**等が穴埋め形式で出題されます。

・この項目は，実際に出題された問題をこなすことにより解答方法に慣れていきましょう。

管きょ布設

・施工手順

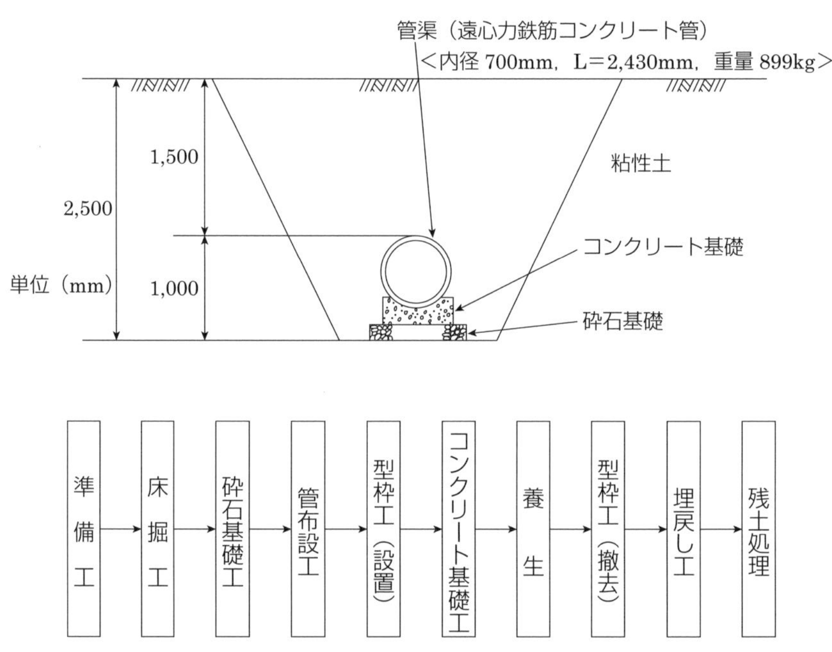

・主な作業内容等

工種名	主な作業内容 （使用機械）	留意事項 （品質管理又は出来形管理の確認項目）
準備工	丁張り （トータルステーション）	・丁張は施工図面に従って位置・高さを正確に設置する。 ・丁張りの設置間隔は直線部で10m，曲線部等複雑な箇所については5m程度を標準とする。
床掘工	掘削（バックホゥ）	・床掘りの仕上がり面においては，地山を乱さないように，かつ不陸が生じないように施工する。 ・床掘り箇所の湧水及び滞水などは，ポンプあるいは排水溝を設けるなどして排除する。 **（出来形管理；幅，深さ）**
砕石 基礎工	砕石敷均し （バックホゥ） 砕石締固め （振動ローラ）	・基礎工は，地下水に留意しドライワークで施工する。 ※施工含水比に留意し，必要に応じて散水を行う。 ・施工基面の不陸を整正し十分締固め，設計図書に示す形状に仕上げる。
管布設工	管布設 （トラッククレーン・ ラフテレーンクレーン）	・基礎工の上に通りよく管を据付ける。 ・管の下面及びカラーの周囲にはコンクリートまたは固練りモルタルを充填し，空隙あるいは漏水が生じないように施工する。 ※ソケット付の管を布設する場合は，上流側にソケットを向けて敷設する。 **（出来形管理；基準高，延長）**
コンク リート 基礎工	コンクリート打設 （コンクリートポンプ車）	・前後の水路とのすり付けを考慮して，その施工高，方向を定める。 ・管の両側から均等に管底まで充填し，棒状バイブレーターを使用し入念に締め固める。 **（出来形管理；幅，厚さ）**
埋戻し工	敷均し （バックホゥ） 締固め （タンパ・振動ローラ）	・良質な土質材料を用い，高まきを避け（1層30cm以下で）入念に締め固める。 ※舗装の下1m以内の路床盛土の場合は1層20cm以下で締め固める。 ・偏土圧がかからないよう，両側から均等に薄層で締め固める。

プレキャストボックスカルバート据付

・**施工手順**

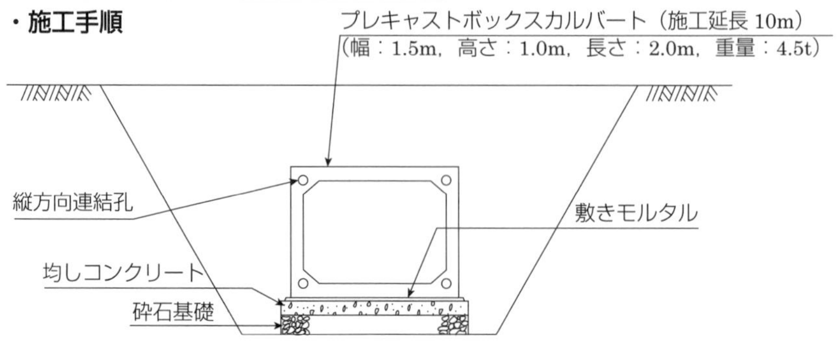

※連結方法　PC 鋼材による縦方向連結型

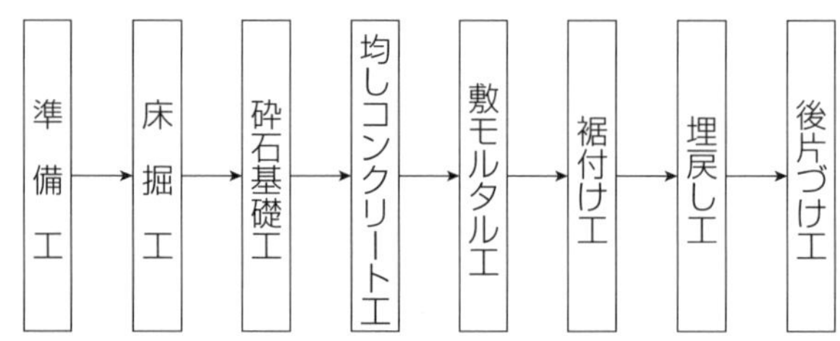

・**主な作業内容等**

工種名	主な作業内容（使用機械）	施工上の具体的な留意事項
準備工	丁張り （トータルステーション）	・丁張は，施工図面に従って位置・高さを正確に設置する。 ・丁張りの設置間隔は直線部で 10m，曲線部等複雑な箇所については 5m 程度を標準とする。
床掘工	掘削（バックホゥ）	・床掘りの仕上がり面においては，地山を乱さないように，かつ不陸が生じないように施工する。 ・床掘り箇所の湧水及び滞水などは，ポンプあるいは排水溝を設けるなどして排除する。 **（出来形管理；基準高，法長）**
砕石基礎工	砕石敷均し （バックホゥ） 砕石締固め （振動ローラ）	・基礎工は，地下水に留意しドライワークで施工する。 ※施工含水比に留意し，必要に応じて散水を行う。 ・施工基面の不陸を整正し十分締固め，設計図書に示す形状に仕上げる。

均し コンク リート工	コンクリート打設 （コンクリートポンプ車）	・均しコンクリートの施工にあたって沈下，滑動，不陸などが生じないようにする。 **（出来形管理；幅，厚さ，延長）**
据付け工 （本体工・ ボックス カルバート 据付け工）	ボックスカルバート据付 （トラッククレーン・ ラフテレーンクレーン） （ジャッキ）	・基盤の低い方より高い方に向かって敷設する。 ・急激な緊張や偏荷重を掛けないよう留意する。（仮緊張を行い，その後本緊張を行う。） ・接合部，継ぎ手部が正しく挿入されていることを確認する。 **（出来形管理；基準高，延長）**
埋戻し工	敷均し （バックホゥ） 締固め （タンパ・振動ローラ）	・良質な土質材料を用い，高まきを避け（1層20cm以下で）入念に締め固める。 ・偏土圧がかからないよう，両側から均等に薄層で締め固める。

プレキャストL型擁壁据付（路床面まで施工する場合）

・施工手順

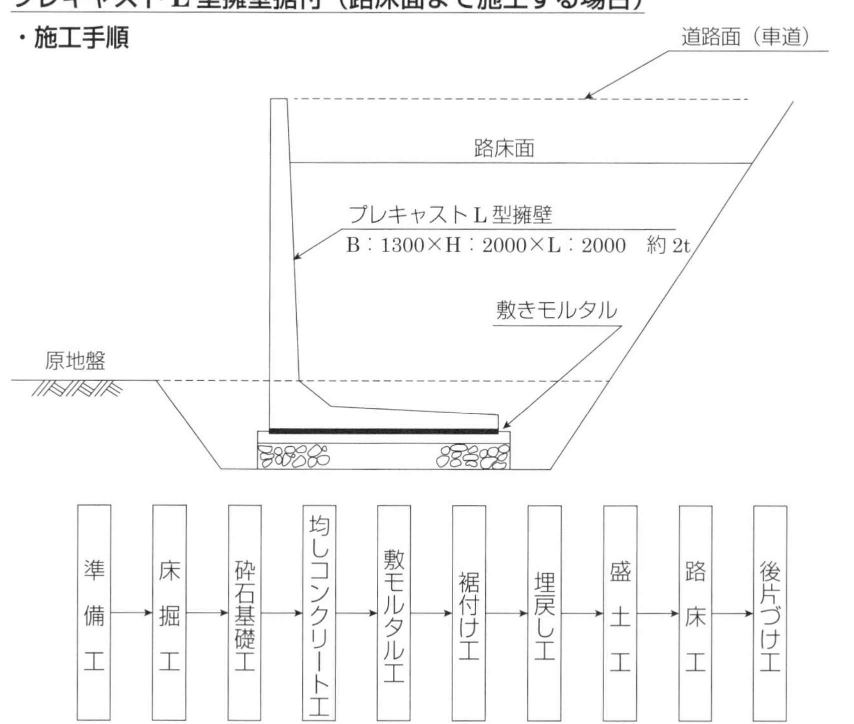

準備工 → 床掘工 → 砕石基礎工 → 均しコンクリート工 → 敷モルタル工 → 据付け工 → 埋戻し工 → 盛土工 → 路床工 → 後片づけ工

・主な作業内容等

工種名	主な作業内容 （使用機械）	施工上の具体的な留意事項
準備工	丁張り （トータルステーション）	・丁張は，施工図面に従って位置・高さを正確に設置する。 ・丁張りの設置間隔は直線部で10m，曲線部等複雑な箇所については5m程度を標準とする。
床掘工	掘削（バックホゥ）	・床掘りの仕上がり面においては，地山を乱さないように，かつ不陸が生じないように施工する。 ・床掘り箇所の湧水及び滞水などは，ポンプあるいは排水溝を設けるなどして排除する。 **（出来形管理；基準高，法長）**
砕石基礎工 （基礎砕石工）	砕石敷均し （バックホゥ） 砕石締固め （振動ローラ）	・基礎工は，地下水に留意しドライワークで施工する。 ※施工含水比に留意し，必要に応じて散水を行う。 ・施工基面の不陸を整正し十分締固め，設計図書に示す形状に仕上げる。
均しコンクリート工	コンクリート打設	・均しコンクリートの施工にあたって沈下，滑動，不陸などが生じないようにする。 **（出来形管理；幅，厚さ，延長）**
据付け工 （プレキャスト擁壁据付け工）	プレキャスト擁壁据付 （トラッククレーン・ラフテレーンクレーン）	・地形条件などを考慮して0.5m程度の根入れ長さを確保する。 ・$3m^2$に1箇所以上の水抜き孔を設ける。 **（出来形管理；基準高，延長）**
盛土工 （路体工・路体盛土工）	敷均し （バックホゥ） 締固め （タンパ・振動ローラ）	・良質な土質材料を用い，高まきを避け（1層30cm以下で）入念に締め固める。 **（出来形管理；基準高，締固め度）**
路床工 （路床盛土工）	敷均し （バックホゥ） 締固め （タンパ・振動ローラ）	・良質な土質材料を用い，1層20cm以下で入念に締め固める。 **（出来形管理；基準高，締固め度）**

関連問題&よくわかる解説

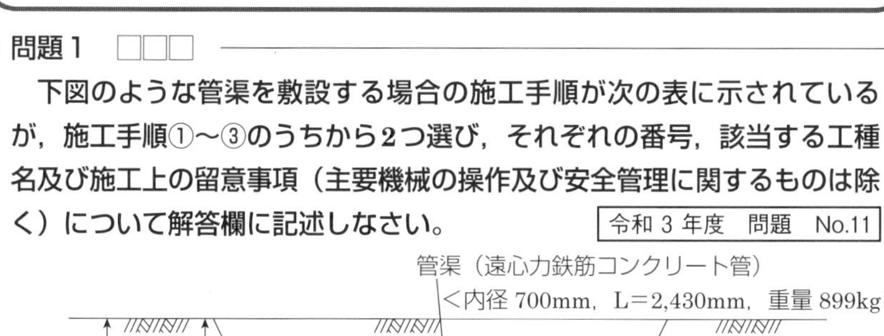

問題１ □□□

下図のような管渠を敷設する場合の施工手順が次の表に示されているが，施工手順①～③のうちから２つ選び，それぞれの番号，該当する工種名及び施工上の留意事項（主要機械の操作及び安全管理に関するものは除く）について解答欄に記述しなさい。

令和３年度　問題　No.11

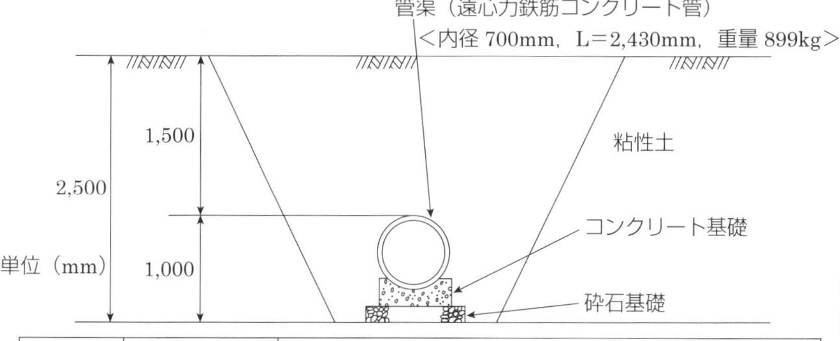

施工手順番号	工種名	施工上の留意事項（主要機械の操作及び安全管理に関するものは除く）
	準備工(丁張り)	・丁張りは，施工図に従って位置・高さを正確に設置する。
	↓	
①	□ (バックホウ)	□
	↓	
	砕石基礎工	・基礎工は，地下水に留意しドライワークで施工する。
	↓	
②	□ (トラッククレーン)	□
	↓	
	型枠工(設置)	
	↓	
	コンクリート基礎工	・コンクリートは，管の両側から均等に投入し，管底まで充填するようにバイブレータ等を用いて入念に行う。
	↓	
	養生工	
	↓	
	型枠工(撤去)	
	↓	
③	□ (タンパ)	□
	↓	
	残土処理	

施工計画

<解答欄>

番号	工種名	施工上の具体的な留意事項

解答

番号	工種名	施工上の具体的な留意事項
①	床掘り工 （掘削工・ 掘削床掘工）	・仕上がり面は，**地山を乱さない**ように，かつ不陸を生じさせないよう施工する。 ・床付け仕上がり面の**過掘りに注意**し，**手掘り**もしくは**バックホウの刃を平状**のものを用いて丁寧に仕上げる。 ・**湧水や滞水**は**ポンプあるいは排水溝を設け排除**する。 ・床付け面の土質が設計条件と異なり軟弱な場合は，良質土に置き換える。
②	管布設工 （据付け工）	・専用の吊り下げ治具を用いて，**偏荷重のかからないように吊り上げる**。 ・管渠の**下流側から上流側に向かって敷設**する。 ・通り（位置），高さに留意して正確に敷設する。
③	埋戻し工	・良質な土質材料を用い，**高まきを避け入念に締め固める**。 ・偏土圧がかからないよう，**両側から均等に薄層で締め固める**。

上記の項目より2つ選び，解答欄に合わせて簡潔に記述する。

※具体的な留意事項はいずれか1つ記入すればよい。また，ここに記載している事項以外でも正解となる留意事項はあります。

問題2 □□□

下図のようなプレキャストボックスカルバートを施工する場合の施工手順が次の表に示されているが，施工手順①～③のうちから2つ選び，それぞれの番号，該当する工種名及び施工上の具体的な留意事項（主要機械の操作及び安全管理に関するものは除く）を解答欄に記述しなさい。

平成30年度　問題　No.11

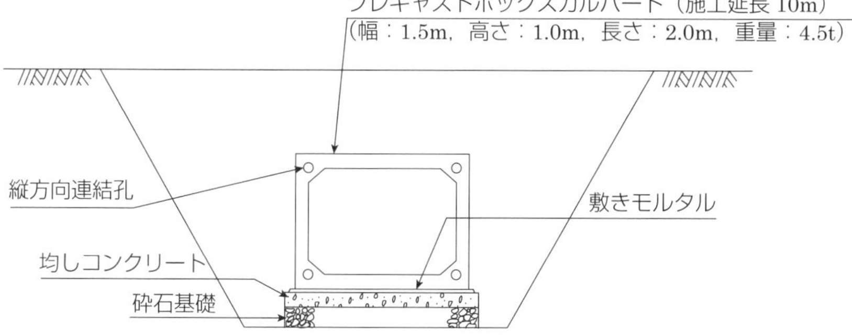

※連結方法　PC鋼材による縦方向連結型

施工手順番号	工種名	施工上の留意事項（主要機械の操作及び安全管理に関するものは除く）
	準備工(丁張り) ↓	○丁張は，施工図面に従って位置・高さを正確に設置する。
①	□ (バックホウ) ↓	□
	砕石基礎工 ↓	○基礎工は，地下水に留意しドライワークで施工する。
	均しコンクリート工 ↓	○均しコンクリートの施工にあたって沈下，滑動などが生じないようにする。
	敷きモルタル工 ↓	○ボックスカルバートの底面と砕石基礎が確実に面で密着するように，敷きモルタルを施工する。
②	□ (トラッククレーン) (ジャッキ)↓ ↓	□
③	□ (タンパ) ↓	□
	後片づけ工	

<解答欄>

番号	工種名	施工上の具体的な留意事項

解答

番号	工種名	施工上の具体的な留意事項
①	床掘工	・床掘りの仕上がり面においては，地山を乱さないように，かつ不陸が生じないように施工する。 ・床掘り箇所の湧水及び滞水などは，ポンプあるいは排水溝を設けるなどして排除する。
②	据付け工（本体工・ボックスカルバート据付け工）	・基盤の低い方より高い方に向かって敷設する。 ・急激な緊張や偏荷重を掛けないよう留意する。（仮緊張行い，その後本緊張を行う。） ・接合部，継ぎ手部が正しく挿入されていることを確認する。
③	埋戻し工	・良質な土質材料を用い，高まきを避け入念に締め固める。 ・偏土圧がかからないよう，両側から均等に薄層で締め固める。

上記の項目より2つ選び，解答欄に合わせて簡潔に記述する。

※具体的な留意事項はいずれか1つ記入すればよい。また，ここに記載している事項以外でも正解となる留意事項はあります。

問題3 □□□

下図のような断面の条件において管きょを布設する場合の施工手順が次の表に示されているが，工種名，主な作業内容及び品質管理又は出来形管理の確認項目の欄における［　　］の（イ）～（ホ）に当てはまる適切な語句を解答欄に記入しなさい。

平成27年度　問題　No.6

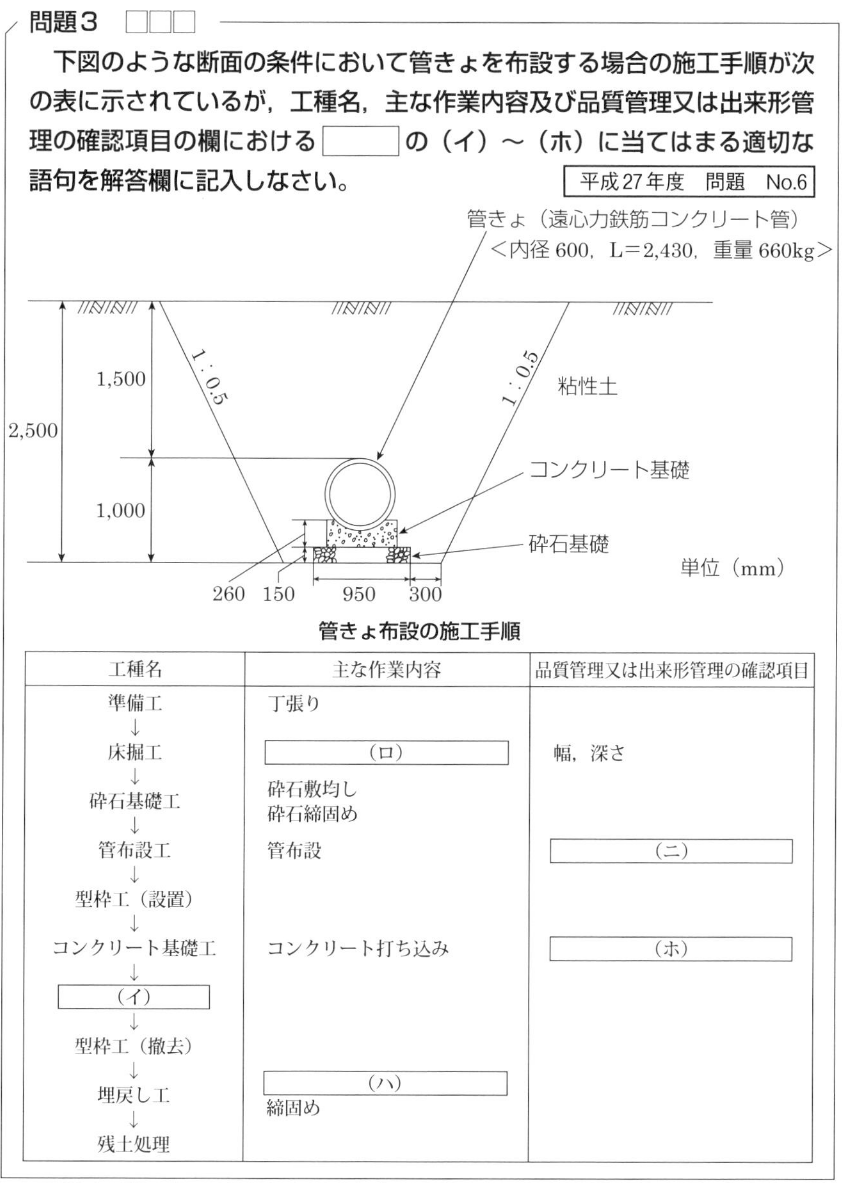

管きょ布設の施工手順

工種名	主な作業内容	品質管理又は出来形管理の確認項目
準備工	丁張り	
↓		
床掘工	（ロ）	幅，深さ
↓		
砕石基礎工	砕石敷均し 砕石締固め	
↓		
管布設工	管布設	（ニ）
↓		
型枠工（設置）		
↓		
コンクリート基礎工	コンクリート打ち込み	（ホ）
↓		
（イ）		
↓		
型枠工（撤去）		
↓		
埋戻し工	（ハ） 締固め	
↓		
残土処理		

解答

工種名	主な作業内容 （使用機械）	品質管理又は出来形管理の確認項目
準備工	丁張り	
↓		
床掘工	**ロ；掘削**	幅，深さ
↓		
砕石基礎工	砕石敷均し 砕石締固め	
↓		
管布設工	管布設	**ニ；基準高，延長**
↓		
型枠工（設置）		
↓		
コンクリート基礎工	コンクリート打設	**ホ；幅，厚さ**
↓		
イ；養生		
↓		
型枠工（撤去）		
↓		
埋戻し工	**ハ；敷均し** 締固め	
↓		
残土処理		

問題4 □□□

下図のようなプレキャストＬ型擁壁を設置し路床面まで施工する場合，施工手順①～③のうちから**2**つ選び，それぞれの該当する工種名とその工種で使用する主な建設機械名及び工種で実施する品質管理又は出来形管理の確認項目を解答欄に記入しなさい。

ただし，排水工は考慮しないものとする。

平成26年度　問題　No.6

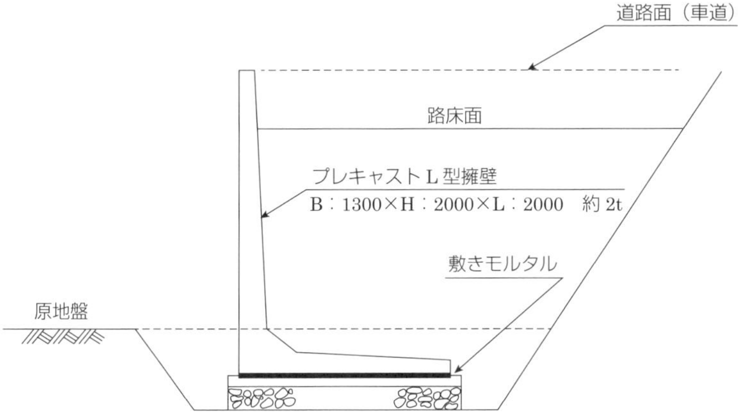

道路面（車道）

路床面

プレキャストＬ型擁壁
B：1300×H：2000×L：2000　約2t

敷きモルタル

原地盤

施工手順	工種名	主な建設機械名	品質管理又は出来形管理の確認項目
	準備工（丁張りなど） ↓		
①	□ ↓	□	□
	基礎砕石工 ↓		
	均しコンクリート工 （型枠設置，コンクリート打込み，養生，型枠脱型） ↓		
	敷きモルタル工 ↓		
②	□ ↓	□	□
	埋戻し工 ↓		
③	□ ↓	□	□
	路床工 ↓		
	後片付け工		

施工計画

<解答欄>

番号	工種名	主な建設機械名	品質管理または出来形管理の確認項目

解答

番号	工種名	主な建設機械名	品質管理または出来形管理の確認項目
①	床掘工	バックホゥ	基準高，法長
②	据付け工 （プレキャスト擁壁 据付け工）	トラッククレーン・ ラフテレーンクレーン	基準高，延長
③	盛土工 （路体工･路体盛土工）	バックホゥ タンパ・振動ローラ	基準高，幅（又は締固め度）

上記の項目より2つ選び，解答欄に合わせて簡潔に記述する。

※建設機械名いずれか1つ記入すればよい。

問題4 □□□

下図のような断面の条件でプレキャストボックスカルバートを設置する場合の施工手順において，①～⑤に該当する工種名とその工種で使用する主な機械及び作業内容を解答欄に記述しなさい。

ただし，抜根除草などを含む準備工までは完了しているものとする。

また，土の移動は施工場所近くに仮置きとする。

平成23年度　問題　No.6

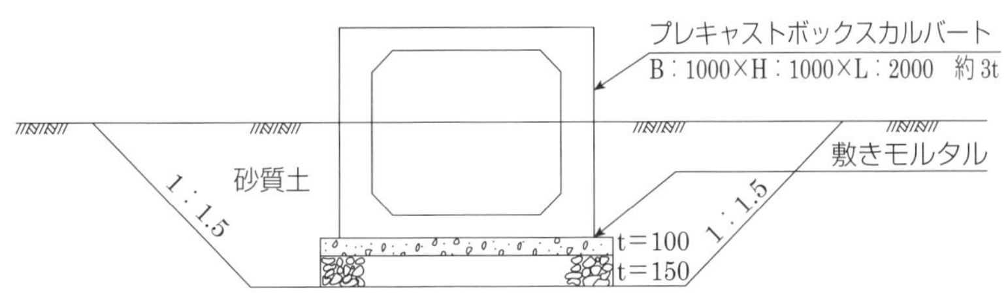

施工手順	工種名	主な使用機械とその作業内容
	準備工	トランシットにより掘削中心線，幅，高さの丁張り設置
	↓	
①	□	□
	↓	
②	□	□
	↓	
	型枠工（設置）	
	↓	
③	□	□
	↓	
	養生工	
	↓	
	型枠工（撤去）	
	↓	
	敷きモルタル	
	↓	
④	□	□
	↓	
⑤	□	□
	↓	
	残土処理	

施工計画

<解答欄>

番号	工種名	主な使用機械とその作業内容
①		
②		
③		
④		
⑤		

解答

番号	工種名	主な使用機械とその作業内容
①	床掘工	バックホゥにより，掘削し，床付けを行う。
②	砕石基礎工 （基礎工・基礎砕石工）	バックホゥにより砕石を敷き均し，振動ローラ（振動コンパクタ・ランマ）により締め固める。
③	均しコンクリート工	コンクリートポンプ車により，コンクリートを流し込み，棒状バイブレーターを使用し締め固める。
④	据付け工 （本体工・ボックスカルバート据付け工）	トラッククレーン（ラフテレーンクレーン）により，ボックスカルバートを吊りこみ，据え付ける。
⑤	埋戻し工	バックホゥにより土砂を敷き均し，振動ローラ（振動コンパクタ・ランマ）により締め固める。

※ここに記載している事項以外でも正解となる使用機械・作業内容はあります。

第7章 環境保全・建設副産物対策

出題概要

「環境保全・建設副産物対策」からは1問が出題されています。出題内容は，副産物対策（適正処理推進要綱・手続き等），副産物の保管・収集運搬（廃棄物処理法），再資源化（建設リサイクル法），騒音，振動対策等から空欄に適切な語句・数値を記入する**穴埋め問題**，留意事項や注意点等を記述する**記述式問題**等が出題されます。

	特定建設資材（建設リサイクル法）	適正処理推進要綱・手続き等	副産物の保管・収集運搬（廃棄物処理法）	騒音，振動対策
令和5	○；記述・穴埋め	◎；穴埋め	△；記述	○；記述
令和4			記述	
令和3	穴埋め			
令和2				記述
令和1‘		穴埋め		
令和1	穴埋め			
平成30		穴埋め		
平成29			記述	
平成28		穴埋め		
平成27			記述	
平成26	穴埋め			
平成25		穴埋め		
平成24			記述	
平成23	記述（再資源化）			

※ここに記載しているものは，過去問題の傾向と対策であり，実際の試験ではこの傾向通り出題されるとは限りません。

建設副産物対策

建設副産物対策の基本

・建設副産物対策に関連する法律としては，生産段階では，「資源の有効な利用の促進に関する法律（リサイクル法）」，消費，使用段階では「国等による環境物品等の調達の推進等に関する法律（グリーン購入法）」，回収リサイクル段階では，「建設工事に係る資材の再資源化等に関する法律（建設リサイクル法）」，最終廃棄段階では，「廃棄物の処理及び清掃に関する法律（廃棄物処理法）」がある。

建設副産物対策の基本

① **発生の抑制**　② **再使用・再利用の促進**　③ **適正処分の徹底**

建設工事に係る資材の再資源化等に関する法律（建設リサイクル法）

① 目的・施工業者の責務等

・建設業を営む者は，建設資材の選択や施工方法等の工夫により，建設資材廃棄物の**発生を抑制**するとともに，分別解体等及び建設資材廃棄物の再資源化等に要する**費用を低減**するよう努めなければならない。

・特定建設資材を用いた建築物等に係る解体工事又はその施工に特定建設資材を使用する新築工事等における対象建設工事の受注者又は自主施工者は，正当な理由がある場合を除き，分別解体等をしなければならない。

対象建設工事

工事の種類	規模の基準
建築物の解体	床面積の合計　80m^{2}以上
建築物の新築・増築	床面積の合計　500m^{2}以上
建築物の修繕・模様替（リフォーム等）	請負代金の額　1億円以上
その他工作物に関する工事（土木工事等）	請負代金の額　500万円以上

・分別解体等とは，新築工事等に伴い副次的に生ずる建設資材廃棄物を，その種類ごとに分別しつつ当該工事を施工することなどをいう。

・発注者は，再生資源化等に要する費用の適正な負担，建設資材廃棄物の再資源化により得られた建設資材の使用等により，分別解体等の促進に努めなければならない。

・解体工事業者は，工事現場における解体工事の施工に関する技術上の管理をつかさどる技術管理者を選任しなければならない。

再生資源化とは

・分別解体等に伴って生じた建設資材廃棄物について，**資材または原材料として利用すること**（建設資材廃棄物をそのまま用いることを除く）ができる状態にすること。
・分別解体等に伴って生じた建設資材廃棄物で燃焼の用に供することができるものまたはその可能性のあるものを，**熱を得ることに利用することができる状態にすること。**

② **登録・届出**

・解体工事業を営もうとする場合は，**建設業の許可**（土木工事業，建築工事業，又は解体工事業）を受けた者を除いて，建設業の許可を受けないで500万円未満の工事を請け負う場合は，**解体工事業の都道府県知事の登録**が必要である。

・対象建設工事の元請業者は，発注者に対し次の事項を記載した書面を交付して説明しなければならない。

㋑ 解体工事の場合は，**解体する建設物等の構造**
㋺ 新築工事等の場合は，使用する**特定建設資材の種類**
㋩ **工事着手の時期および工程の概要**
㊁ **分別解体等の計画**
㋭ 解体工事の場合は，解体する建築物等の用いられた**建設資材の量の見込み**

※**発注者又は自主施工者**は，これらの事項を工事着手の7日前までに**都道府県知事に届け出**なければならない。

・元請業者は，請け負った工事の特定建設資材廃棄物の再資源化等が**完了したとき**は，下記の事項を**発注者に書面で報告**するとともに，再資源化等の実施状況に関する**記録を作成し，保存**しなければならない。

㋑ 再資源化等が完了した年月日
㋺ 再資源化等をした施設の名称・所在地
㋩ 再資源化等に要した費用

③ **特定建設資材**

建設資材廃棄物となった場合にその再資源化が資源の有効な利用及び廃棄物の減量を図る上で特に必要であり，かつ，その再資源化が経済性の面において制約が著しくないと認められるものとして政令で定めるものを「特定建設資材」という。
※建設発生土（土砂）は特定建設資材に含まない。

㋑ コンクリート（コンクリート塊）
㋺ コンクリート及び鉄から成る建設資材（コンクリート塊）
㋩ 木材（建設発生木材）
㋥ アスファルト・コンクリート（アスファルト・コンクリート塊）

※これらの資材が廃棄物になった場合は（　）内のように区分される。

特定建設資材の処理方法と利用用途

特定建設資材	具体的な処理方法	再生資源名（再生資材）	主な利用用途
コンクリート，コンクリート及び鉄から成る建設資材	① **破砕** ② **選別** ③ 混合物除去 ④ 粒度調整	① 再生**クラッシャーラン** ② 再生コンクリート砂 ③ 再生粒度調整砕石	① **路盤材** ② 埋め戻し材 ③ 基礎材 ④ コンクリート用骨材
木材（**建設発生木材**）	① **チップ化**	① 木質ボード ② 堆肥 ③ 木質マルチング材	① 住宅構造用建材 ② コンクリート型枠 ③ **発電燃料**
アスファルト・コンクリート	① **破砕** ② **選別** ③ 混合物除去 ④ 粒度調整	① **再生加熱**アスファルト安定処理混合物 ② 表層基層用**再生加熱**アスファルト混合物 ③ 再生骨材	① 上層路盤材 ② 基層用材料 ③ 表層用材料 ④ **路盤材** ⑤ 埋め戻し材 ⑥ 基礎材

資源の有効な利用の促進に関する法律（リサイクル法）

・リサイクル法では，土砂は建設発生土であり，再生資源として利用される。

建設発生土の主な利用用途

区　分	コーン指数	土　質	利用用途
第1種 建設発生土	−	砂，礫及びこれらに準ずるもの	工作物の埋戻し材料 土木構造物の裏込材 道路盛土材料 河川築堤材料（高規格堤防） 宅地造成用材料
第2種 建設発生土	800kN/m^{2}以上	砂質土，礫質土及びこれらに準ずるもの	工作物の埋戻し材料 土木構造物の裏込材 道路盛土材料 河川築堤材料 宅地造成用材料
第3種 建設発生土	400kN/m^{2}以上	通常の施工性が確保される粘性土及びこれらに準ずるもの	工作物の埋戻し材料（土質改良必要） 土木構造物の裏込材（土質改良必要） 道路路床用盛土材料（土質改良必要） 道路路体用盛土材料 河川築堤材料 宅地造成用材料 水面埋立て用材料
第4種 建設発生土	200kN/m^{2}以上	粘性土及びこれらに準ずるもの〔第3種建設発生土を除く〕	工作物の埋戻し材料（土質改良必要） 土木構造物の裏込材（土質改良必要） 道路用盛土材料（土質改良必要） 水面埋立て用材料
建設汚泥	200kN/m^{2}未満	廃棄物処理法では産業廃棄物に規定	水面埋立て用材料（土質改良必要）

計画書が必要となる工事

再生資源利用計画書（実施書）	再生資源利用促進計画書（実施書）
次のいずれか1つでも満たす建設資材を**搬入**する建設工事 土砂……………………………1,000m^{3}以上 砕石……………………………500t 以上 加熱アスファルト混合物…200t 以上	次のいずれか1つでも満たす指定副産物を**搬出**する建設工事 土砂 ……………………………………1,000m^{3}以上 コンクリート塊 アスファルト・コンクリート塊 建設発生木材 （以上3品目）…合わせて200t 以上

廃棄物の処理及び清掃に関する法律（廃棄物処理法）

①　廃棄物の分類

・産業廃棄物…事業活動に伴って生じた廃棄物

・一般廃棄物…産業廃棄物以外の廃棄物

建設副産物（廃棄物）の具体的内容

<table>
<tr><th colspan="4">分類［項目］</th><th>具体的内容（例）</th></tr>
<tr><td rowspan="15">建設副産物</td><td colspan="3">建設発生土</td><td>土砂及び専ら土地造成の目的となる土砂に準ずるもの，港湾，河川等浚渫こ伴って生ずる土砂その他これに類するもの</td></tr>
<tr><td colspan="3">有価物</td><td>スクラップ等他人に有償で売却できるもの</td></tr>
<tr><td rowspan="13">建設廃棄物</td><td colspan="2">一般廃棄物</td><td>・河川堤防や道路の表面等の除草作業で発生する刈草，道路の植樹帯等の管理で発生する剪定枝葉
・現場事務所から発生する一般ごみ（生ごみ・新聞・雑誌等）</td></tr>
<tr><td rowspan="9">産業廃棄物</td><td>がれき類</td><td>工作物の新築，改築又は除去に伴って生じたコンクリートの破片その他これに類する不要物
①コンクリート破片　②アスファルト・コンクリート破片　③れんが破片</td></tr>
<tr><td>汚泥</td><td>含水率が高く微細な泥状の掘削物</td></tr>
<tr><td>木くず</td><td>工作物の新築，改築，又は除去に伴って生ずる木くず（具体的には型枠，足場材等，内装・建具工事等の残材，抜根・伐採材，木造解体材等）</td></tr>
<tr><td>廃プラスチック類</td><td>廃発泡スチロール等梱包材，廃ビニール，合成ゴムくず，廃タイヤ，廃シート類，廃塩化ビニル管，廃塩化ビニル継手</td></tr>
<tr><td>ガラスくず，陶磁器くず</td><td>ガラスくず，タイル衛生陶磁器くず，耐火レンガくず，廃石膏ボード</td></tr>
<tr><td>金属くず</td><td>鉄骨鉄筋くず，金属加工くず，足場パイプ，保安塀くず</td></tr>
<tr><td>紙くず</td><td>工作物の新築，改築，又は除去に伴って生ずる紙くず（具体的には包装材，段ボール，壁紙くず）</td></tr>
<tr><td>繊維くず</td><td>工作物の新築，改築又は除去に伴って生ずる繊維くず（具体的には廃ウエス，縄，ロープ類）</td></tr>
<tr><td>廃油</td><td>防水アスファルト（タールピッチ類），アスファルト乳剤等の使用残さ</td></tr>
<tr><td rowspan="3">特別管理産業廃棄物</td><td>廃油</td><td>揮発油類，灯油類，軽油類</td></tr>
<tr><td>廃 PCB 等
及び PCB 汚染物</td><td>トランス，コンデンサ，蛍光灯安定器</td></tr>
<tr><td>廃石綿等</td><td>飛散性アスベスト廃棄物</td></tr>
</table>

② 目的・排出事業者の責務等

・この法律は，廃棄物の排出を抑制し，及び廃棄物の適正な分別，保管，収集，運搬，再生，処分等の処理をし，並びに生活環境を清潔にすることにより，生活環境の保全及び公衆衛生の向上を図ることを目的とする。

・排出事業者は，建設廃棄物の最終処分量を減らし，建設廃棄物を適正に処理するため，施工計画時に発生抑制，再生利用等の減量化や処分方法並びに分別方法について具体的な処理計画を立てる。

・**排出事業者**は，原則として発注者から直接工事を請け負った**元請業者が該当**する。

・排出事業者は，建設廃棄物の処理を他人に委託する場合は，収集運搬業者及び中間処理業者又は最終処分業者とそれぞれ事前に委託契約を書面にて行う。

・排出事業者は，廃棄物の取扱い処理を委託した下請業者に**建設廃棄物の処理を委託した場合**も，**産業廃棄物管理票の整理・記録・保存を事業者自ら行わなければならない**。

③ 保管

・排出事業者が当該産業廃棄物を生ずる事業場の外において**自ら保管**するときは，あらかじめ**都道府県知事に届出**なければならない。

・**非常災害時に応急処置**として行う建設工事に伴い生ずる産業廃棄物を**事業場の外に保管する場合**には，**14日以内に都道府県知事に届出**なければならない。

④ 運搬・処分等

・事業者は，産業廃棄物の運搬又は処分を委託する場合，当該産業廃棄物の処理の状況に関する確認を行い，発生から最終処分が終了するまでの一連の処理の行程における処理が適正に行われるために必要な措置を講ずるように努めなければならない。

・排出事業者は，産業廃棄物の運搬又は処分を業とする者に**委託する場合**，**産業廃棄物の種類及び数量，運搬の最終目的地の所在地等が記述された委託契約を書面により行う**。

・産業廃棄物の収集運搬にあたっては，産業廃棄物が飛散及び流出しないようにしなければならない。

・建設業に係るアスファルト・コンクリートの破片の再生を行う処理施設において，再生のために**保管する当該廃棄物の数量**は，**当該処理施設の一日当たりの処理能力の70日分に相当する数量以内**とされている。
・最終処分にあたっては，**有害な廃棄物は遮断型処分場**で，**公共の水域および地下水を汚染するおそれのある廃棄物は管理型処分場**で，その**おそれのない廃棄物は安定型処分場**で，それぞれ埋立処分を行う。
・**最終処分場の設置**にあたっては，規模の大小に関わらず**都道府県知事**（及び指定都市の長）等の**許可が必要**である。

最終処分場の形式と処分できる廃棄物

処分場の形式	処分できる廃棄物
安定型処分場	廃プラスチック類，ゴムくず，金属くず，ガラスくずおよび陶磁器くず，がれき類，非飛散性アスベスト
管理型処分場	廃油（タールピッチ類に限る），紙くず，木くず，繊維くず，廃石膏ボード，動植物性残渣，動物のふん尿，動物の死体等，基準に適合した燃え殻，ばいじん，汚泥，鉱さい，飛散性アスベスト
遮断型処分場	基準に適合しない燃え殻，ばいじん，汚泥，鉱さい

[廃棄物の保管と運搬]

① 廃棄物を現場内で保管する場合は，飛散，流出することのないよう，必要に応じてシート等で覆い，散水，囲障などを行う。
② 分別した廃棄物については，他の廃棄物が混合しないように仕切り等を設け，保管物の種類や責任者を表示する必要がある。
③ 建設汚泥については，液状，流動性をていするものは貯留槽等で保管し，脱水した汚泥は雨水等の浸水防止のためシート等で覆うなどの配慮が必要である。
④ 木くず等の可燃物を保管する場合は，消火設備等により火災防止に配慮する必要がある。
⑤ 運搬にあたっては，飛散，流出しないよう適切な構造の運搬車両を使用し，必要に応じシート等で覆うなどの措置が必要である。
⑥ 運搬経路の選定にあたっては，事前に経路付近の状況を調査し，騒音・振動などの防止，安全運転につとめ，過積載とならないようにする。
⑦ 産業廃棄物を運搬する車両の表示および書面の備付け（携帯）が必要である。

産業廃棄物管理票（マニフェスト）

・**産業廃棄物管理票（マニフェスト）**とは，産業廃棄物の**排出事業者**が産業廃棄物の処理を**委託**する場合に，引渡しと同時に受託者に対して管理票を交付し，各受注者が処理終了後に処理終了を記載した管理票の写しを送付することにより，排出事業者が委託契約どおりに産業廃棄物が環境上，適正に**最終処分**されたことを確認する制度である。

・マニフェストには，複写式の紙伝票を利用する**紙マニフェスト**と情報処理センターにパソコンを使って情報登録する**電子マニフェスト**があり，どちらも利用することができる。ただし，前々年度の特別管理産業廃棄物（PCB廃棄物を除く。）の発生量が50t以上の事業場から特別管理産業廃棄物（PCB廃棄物を除く。）の処理を委託する場合には電子マニフェストを使用しなければならない。排出事業者，収集運搬業者，処分業者間でやりとりするマニフェストを一次マニフェスト，処分委託者としての中間処理業者，収集運搬業者，最終処分業者間でやりとりするマニフェストを二次マニフェストという。

(1) 交付の留意事項

① 産業廃棄物管理票の交付は，産業廃棄物の運搬先が2以上ある場合にあっては，**運搬先ごと**に管理票を処理業者に交付し，最終処分が終了したことを確認しなければならない。

② 管理票交付者（排出事業者）は，運搬，処分受託者から業務終了後10日以内に返送された管理票の写しを**5年間保存**しなければならない。同じく，それぞれの受託者も管理票の写しを5年間保存しなければならない。

③ 管理票交付者は，交付日から90日以内（最終処分が伴う場合は180日以内）に受託者から管理票の写しが送付されない場合，または送付された管理票に規定事項が記載されていない場合，虚偽の記載がある場合は，すみやかに委託した産業廃棄物の運搬，処分の状況を把握するとともに，適切な処置を講じなければならない。また，管理票の送付を受けるべき期間が経過した日から**30日以内**に，関係**都道府県知事**に**報告書**を提出しなければならない。

④ 産業廃棄物管理票の交付者は，**運搬又は処分（最終処分）が終了**したことを当該産業廃棄物管理票の写しにより確認し，産業廃棄物管理票に関す

る**報告書**を**都道府県知事に提出**する。

⑤　産業廃棄物の運搬または処分の受託者は，産業廃棄物管理票の交付を受けずに，産業廃棄物の引き渡しを受けてはならない。

⑥　産業廃棄物の**運搬又は処分を受託した者**は，**運搬又は処分を終了**したときには産業廃棄物管理票に必要な事項を記載し，定められた期間内に産業廃棄物管理票を交付した者に当該産業廃棄物管理票の**写しを送付**しなければならない。

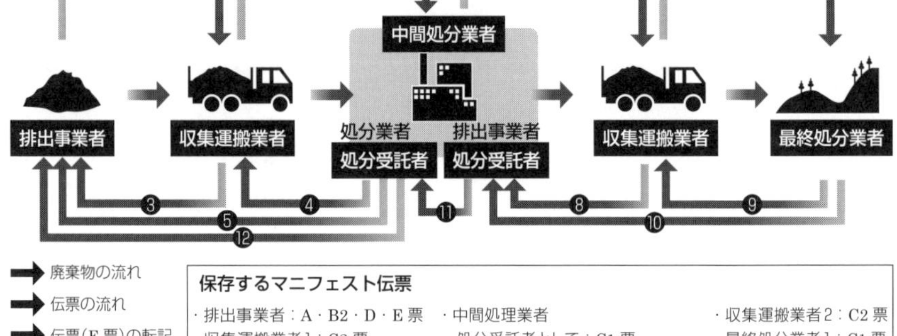

産業廃棄物管理票（マニフェスト）の流れ

作業所（現場）内における廃棄物の分別・保管

建設廃棄物の再生利用等による適正処理のために「分別・保管」を行う場合，廃棄物の処理及び清掃に関する法律の定めにより排出事業者が作業所（現場）内において実施すべき具体的な対策について，同法施行規則及び建設廃棄物処理指針（平成22年度版）に，以下のように定められている。

①「建設廃棄物処理指針（平成22年度版）」6.1分別

・排出事業者は建設廃棄物の再生利用等による減量化を含めた適正処理を図るため，作業所（現場）において分別に努めなければならない。

イ．排出事業者は，あらかじめ**分別計画を作成するとともに，下請負人や処理業者に対し分別方法の徹底を図る**。

ロ．処理施設の受入れ条件を十分検討し，条件に応じた分別計画を立てる。

ハ．廃棄物集積場や分別容器に廃棄物の種類（特定建設資材，有価物，安定型，管理型等）を表示し，現場の作業員が間違わずに分別できるようにする。

ニ．分別品目毎に容器を設け，分別表示板を取り付ける。

② **産業廃棄物の保管基準（施行規則第8条）**

産業廃棄物の保管基準の概要は，次のとおりである。

イ．**保管場所の周囲に囲い**が設けられていること。

ロ．**見やすい箇所に必要な事項（産業廃棄物の種類，管理者等）を表示した掲示板**が設けられていること。

ハ．保管場所から**産業廃棄物の飛散，流出，地下浸透，悪臭発散が生じないように次の措置**を講ずること。

・**保管に伴い生じる汚水によって，公共水域及び地下水を汚染しないよう，必要な排水溝等を設けるとともに，底面を不浸透性の材料で覆うこと。**

・**屋外において容器を用いずに保管する場合は，積み上げられた産業廃棄物が決められた高さを超えないようにすること。**

ニ．保管場所には，**ねずみが生息したり，蚊・ハエその他の害虫が発生したりしないようにする**こと。

③ **「建設廃棄物処理指針（平成22年度版）」6.2作業所（現場）内保管**

・排出事業者は建設廃棄物を作業所（現場）内で保管する場合，廃棄物処理法に定める保管基準に従うとともに，分別した廃棄物の種類ごとに保管すること。

イ．**可燃物の保管**には**消火設備を設けるなど火災時の対策を講じる**こと。

ロ．**作業員等関係者に保管方法等を周知徹底**すること。

ハ．**泥水等液状又は流動性を呈するもの**は，**貯留槽で保管**する。また，必要に応じ，**流出事故を防止するための堤防等を設ける**こと。

ニ．**がれき類は崩壊，流出等の防止措置を講ずる**とともに，**必要に応じ散水を行う**など**粉塵防止措置**を講じること。

建設副産物適正処理推進要綱（抜粋）

責務と役割

⑴　**発注者の責務と役割**

①　発注者は，建設副産物の**発生の抑制**並びに**分別解体**等，建設廃棄物の**再資源化**等及び**適正な処理の促進**が図られるような建設工事の計画及び設計に努めなければならない。

発注者は，発注に当たっては，元請業者に対して，適切な**費用を負担**するとともに，実施に関しての明確な指示を行うこと等を通じて，建設副産物の発生の抑制並びに分別解体等，建設廃棄物の再資源化等及び適正な処理の促進に努めなければならない。

②　また，公共工事の発注者にあっては，リサイクル原則化ルールや建設リサイクルガイドラインの適用に努めなければならない。

⑵　**元請業者及び自主施工者の責務と役割**

①　元請業者は，建築物等の設計及びこれに用いる建設資材の選択，建設工事の施工方法等の工夫，施工技術の開発等により，建設副産物の**発生を抑制**するよう努めるとともに，分別解体等，建設廃棄物の再資源化等及び適正な処理の実施を容易にし，それに要する**費用を低減**するよう努めなければならない。

自主施工者は，建築物等の設計及びこれに用いる建設資材の選択，建設工事の施工方法等の工夫，施工技術の開発等により，建設副産物の発生を抑制するよう努めるとともに，分別解体等の実施を容易にし，それに要する**費用を低減**するよう努めなければならない。

②　**元請業者**は，分別解体等を適正に実施するとともに，**排出事業者**として建設廃棄物の**再資源化**等及び処理を適正に実施するよう努めなければならない。

自主施工者は，分別解体等を適正に実施するよう努めなければならない。

③　元請業者は，建設副産物の発生の抑制並びに分別解体等，建設廃棄物の**再資源化**等及び**適正な処理**の促進に関し，中心的な役割を担っていることを認識し，発注者との**連絡調整**，管理及び施工体制の整備を行わなければならない。

また，建設副産物対策を適切に実施するため，工事現場における**責任者**

を明確にすることによって，現場担当者，下請負人及び産業廃棄物処理業者に対し，建設副産物の発生の抑制並びに分別解体等，建設廃棄物の再資源化等及び適正な処理の実施についての明確な指示及び指導等を責任をもって行うとともに，分別解体等についての計画，再生資源利用計画，再生資源利用促進計画，廃棄物処理計画等の内容について教育，**周知徹底**に努めなければならない。

④　元請業者は，工事現場の責任者に対する指導並びに職員，**下請負人**，資材納入業者及び産業廃棄物処理業者に対する建設副産物対策に関する意識の啓発等のため，社内**管理**体制の整備に努めなければならない。

⑶　下請負人の責務と役割

・**下請負人**は，建設副産物対策に自ら積極的に取り組むよう努めるとともに，元請業者の指示及び指導等に従わなければならない。

⑷　その他の関係者の責務と役割

①　建設資材の製造に携わる者は，端材の発生が抑制される建設資材の開発及び製造，建設資材として使用される際の材質，品質等の表示，有害物質等を含む素材等分別解体等及び建設資材廃棄物の再資源化等が困難となる素材を使用しないよう努めること等により，建設資材廃棄物の発生の抑制並びに分別解体等，建設資材廃棄物の再資源化等及び適正な処理の実施が容易となるよう努めなければならない。

建設資材の販売又は運搬に携わる者は建設副産物対策に取り組むよう努めなければならない。

②　建築物等の設計に携わる者は，分別解体等の実施が容易となる設計，建設廃棄物の再資化等の実施が容易となる建設資材の選択など設計時における工夫により，建設副産物の**発生の抑制**並びに**分別解体**等，建設廃棄物の再資源化等及び**適正な処理**の実施が効果的に行われるようにするほか，これらに要する**費用の低減**に努めなければならない。

なお，建設資材の選択に当たっては，有害物質等を含む建設資材等建設資材廃棄物の再資源化が困難となる建設資材を選択しないよう努めなければならない。

③　建設廃棄物の処理を行う者は，建設廃棄物の再資源化等を適正に実施するとともに，再資源化等がなされないものについては適正に処分をしなけ

ればならない。

計画の作成

(1) **工事全体の手順**

・対象建設工事は，以下のような手順で実施しなければならない。

また，対象建設工事以外の工事については，五の事前届出は不要であるが，それ以外の事項については実施に努めなければならない。

① **事前調査の実施**

建設工事を発注しようとする者から直接受注しようとする者及び自主施工者は，対象建築物等及びその周辺の状況，作業場所の状況，搬出経路の状況，残存物品の有無，付着物の有無等の調査を行う。

② **分別解体等の計画の作成**

建設工事を発注しようとする者から直接受注しようとする者及び自主施工者は，事前調査に基づき，分別解体等の計画を作成する。

③ **発注者への説明**

建設工事を発注しようとする者から直接受注しようとする者は，発注しようとする者に対し分別解体等の計画等について書面を交付して説明する。

④ **発注及び契約**

建設工事の発注者及び元請業者は，工事の契約に際して，建設業法で定められたもののほか，分別解体等の方法，解体工事に要する費用，再資源化等をするための施設の名称及び所在地並びに再資源化等に要する費用を書面に記載し，署名又は記名押印して相互に交付する。

⑤ **事前届出**

発注者又は自主施工者は，工事着手の7日前までに，分別解体等の計画等について，都道府県知事又は建設リサイクル法施行令で定められた市区町村長に届け出る。

⑥ **下請負人への告知**

受注者は，その請け負った建設工事を他の建設業を営む者に請け負わせようとするときは，その者に対し，その工事について発注者から都道府県知事又は建設リサイクル法施行令で定められた市区町村長に対して届け出られた事項を告げる。

⑦ **下請契約**

建設工事の下請契約の当事者は，工事の契約に際して，建設業法で定められたもののほか，分別解体等の方法，解体工事に要する費用，再資源化等をするための施設の名称及び所在地並びに再資源化等に要する費用を書面に記載し，署名又は記名押印して相互に交付する。

⑧　**施工計画の作成**

元請業者は，施工計画の作成に当たっては，**再生資源利用計画**，**再生資源利用促進計画**及び**廃棄物処理計画**等を作成する。

⑨　**工事着手前に講じる措置の実施**

施工者は，分別解体等の計画に従い，作業場所及び**搬出経路**の確保，残存物品の搬出の確認，付着物の除去等の措置を講じる。

⑩　**工事の施工**

施工者は，分別解体等の計画に基づいて，次のような手順で分別解体等を実施する。建築物の解体工事においては，建築設備及び内装材等の取り外し，屋根ふき材の取り外し，外装材及び上部構造部分の取り壊し，基礎及び基礎ぐいの取り壊しの順に実施。

建築物以外のものの解体工事においては，さく等の工作物に付属する物の取り外し，工作物の本体部分の取り壊し，基礎及び基礎ぐいの取り壊しの順に実施。

新築工事等においては，建設資材廃棄物を分別しつつ工事を実施。

⑪　**再資源化等の実施**

元請業者は，分別解体等に伴って生じた特定建設資材廃棄物について，再資源化等を行うとともに，その他の廃棄物についても，可能な限り再資源化等に努め，再資源化等が困難なものは適正に処分を行う。

⑫　**発注者への完了報告**

元請業者は，再資源化等が完了した旨を発注者へ書面で報告するとともに，再資源化等の実施状況に関する記録を作成し，保存する。

⑵　事前調査の実施

・建設工事を発注しようとする者から直接受注しようとする者及び自主施工者は，対象建設工事の実施に当たっては，施工に先立ち，以下の調査を行わなければならない。

また，対象建設工事以外の工事においても，施工に先立ち，以下の調査の実施に努めなければならない。

①　工事に係る建築物等（以下「対象建築物等」という。）及びその周辺の

状況に関する調査

② 分別解体等をするために必要な作業を行う場所（以下「作業場所」という。）に関する調査

③ 工事の現場からの特定建設資材廃棄物その他の物の搬出の経路（以下「搬出経路」という。）に関する調査

④ 残存物品（解体する建築物の敷地内に存する物品で，当該建築物に用いられた建設資材に係る建設資材廃棄物以外のものをいう。以下同じ。）の有無の調査

⑤ 吹付け石綿その他の対象建築物等に用いられた特定建設資材に付着したもの（以下「付着物」という。）の有無の調査

⑥ その他対象建築物等に関する調査

⑶ 元請業者による分別解体等の計画の作成

① 計画の作成

・建設工事を発注しようとする者から直接受注しようとする者及び自主施工者は，対象建設工事においては，**⑵の事前調査**の結果に基づき，建設副産物の発生の抑制並びに建設廃棄物の再資源化等の促進及び適正処理が計画的かつ効率的に行われるよう，適切な分別解体等の計画を作成しなければならない。また，対象建設工事以外の工事においても，建設副産物の発生の抑制並びに建設廃棄物の再資源化等の促進及び適正処理が計画的かつ効率的に行われるよう，適切な分別解体等の計画を作成するよう努めなければならない。

・分別解体等の計画においては，以下のそれぞれの工事の種類に応じて，特定建設資材に係る分別解体等に関する省令（平成14年国土交通省令第17号。以下「分別解体等省令」という。）第2条第2項で定められた様式第一号別表に掲げる事項のうち分別解体等の計画に関する以下の事項を記載しなければならない。

○　**建築物に係る解体工事である場合**

一　事前調査の結果
二　工事着手前に実施する措置の内容
三　工事の工程の順序並びに当該工程ごとの作業内容及び分別解体等の方法びに当該順序が省令で定められた順序により難い場合にあってはその理由
四　対象建築物に用いられた特定建設資材に係る特定建設資材廃棄物の種類ごとの量の見込み及びその発生が見込まれる対象建築物の部分
五　その他分別解体等の適正な実施を確保するための措置に関する事項

○　**建築物に係る新築工事等（新築・増築・修繕・模様替）である場合**

一　事前調査の結果
二　工事着手前に実施する措置の内容
三　工事の工程ごとの作業内容
四　工事に伴い副次的に生ずる特定建設資材廃棄物の種類ごとの量の見込み並びに工事の施工において特定建設資材が使用される対象建築物の部分及び特定建設資材廃棄物の発生が見込まれる対象建築物の部分
五　その他分別解体等の適正な実施を確保するための措置に関する事項

○　**建築物以外のものに係る解体工事又は新築工事等(土木工事等)である場合**

1）解体工事においては,
一　工事の種類
二　事前調査の結果
三　工事着手前に実施する措置の内容
四　工事の工程の順序並びに当該工程ごとの作業内容及び分別解体等の方法並びに当該順序が省令で定められた順序により難い場合にあってはその理由
五　対象工作物に用いられた特定建設資材に係る特定建設資材廃棄物の種類ごとの量の見込み及びその発生が見込まれる対象工作物の部分
六　その他分別解体等の適正な実施を確保するための措置に関する事項

2）新築工事等においては，
一　工事の種類
二　事前調査の結果
三　工事着手前に実施する措置の内容
四　工事の工程ごとの作業内容
五　工事に伴い副次的に生ずる特定建設資材廃棄物の種類ごとの量の見込み並びに工事の施工において特定建設資材が使用される対象工作物の部分及び特定建設資材廃棄物の発生が見込まれる対象工作物の部分
六　その他分別解体等の適正な実施を確保するための措置に関する事項

② **発注者への説明**

・対象建設工事を発注しようとする者から直接受注しようとする者は，発注しようとする者に対し，少なくとも**以下の事項について，これらの事項を記載した書面を交付して説明しなければならない**。

　また，対象建設工事以外の工事においても，これに準じて行うよう努めなければならない。

一　解体工事である場合においては，解体する建築物等の構造
二　新築工事等である場合においては，使用する特定建設資材の種類
三　工事着手の時期及び工程の概要
四　**分別解体等の計画**
五　解体工事である場合においては，解体する建築物等に用いられた建設資材の量の見込み

③ **公共工事発注者による指導**

・公共工事の発注者にあっては，建設リサイクルガイドラインに基づく計画の作成等に関し，元請業者を指導するよう努めなければならない。

(4) 工事の発注及び契約

① 発注者による条件明示等

・発注者は，建設工事の発注に当たっては，建設副産物対策の**条件を明示**するとともに，分別解体等及び建設廃棄物の再資源化等に必要な**経費**を計上しなければならない。なお，現場条件等に変更が生じた場合には，設計変更等により適切に対処しなければならない

② **契約書面の記載事項**

・対象建設工事の請負契約（下請契約を含む。）の当事者は，工事の契約において，建設業法で定められたもののほか，以下の事項を書面に記載し，署名又は記名押印をして相互に交付しなければならない。

一　分別解体等の方法
二　解体工事に要する費用
三　再資源化等をするための施設の名称及び所在地
四　再資源化等に要する費用

・また，対象建設工事以外の工事においても，請負契約（下請契約を含む。）の当事者は，工事の契約において，建設業法で定められたものについて書面に記載するとともに，署名又は記名押印をして相互に交付しなければならない。また，上記の一から四の事項についても，書面に記載するよう努めなければならない。

③ **解体工事の下請契約と建設廃棄物の処理委託契約**

・元請業者は，解体工事を請け負わせ，建設廃棄物の収集運搬及び処分を委託する場合には，それぞれ個別に直接契約をしなければならない。

⑸ 工事着手前に行うべき事項

① **発注者又は自主施工者による届出等**

・対象建設工事の発注者又は自主施工者は，工事に着手する日の7日前までに，分別解体等の計画等について，別記様式（分別解体等省令第2条第2項で定められた様式第一号）による届出書により都道府県知事又は建設リサイクル法施行令で定められた市区町村長に届け出なければならない。

・国の機関又は地方公共団体が上記の規定により届出を要する行為をしようとするときは，あらかじめ，都道府県知事又は建設リサイクル法施行令で定められた市区町村長にその旨を通知しなければならない。

② **受注者からその下請負人への告知**

・対象建設工事の受注者は，その請け負った建設工事を他の建設業を営む者に請け負わせようとするときは，**当該他の建設業を営む者に対し，対象建設工事について発注者から都道府県知事又は建設リサイクル法施行令で定められた市区町村長に対して届け出られた事項を告げなければならない。**

③ **元請業者による施工計画の作成**

・元請業者は，工事請負契約に基づき，建設副産物の発生の抑制，再資源化等の促進及び適正処理が計画的かつ効率的に行われるよう適切な施工計画を作成しなければならない。
・施工計画の作成に当たっては，再生資源利用計画及び再生資源利用促進計画を作成するとともに，**廃棄物処理**計画の作成に努めなければならない。
・自主施工者は，建設副産物の発生の抑制が計画的かつ効率的に行われるよう適切な施工計画を作成しなければならない。施工計画の作成に当たっては，再生資源利用計画の作成に努めなければならない。

④　**事前措置**

・対象建設工事の施工者は，分別解体等の計画に従い，作業場所及び搬出経路の確保を行わなければならない。また，対象建設工事以外の工事の施工者も，作業場所及び**搬出経路**の確保に努めなければならない。
・発注者は，家具，家電製品等の残存物品を解体工事に先立ち適正に処理しなければならない。

(6)　工事現場の管理体制

①　**建設業者の主任技術者等の設置**

・建設業者は，工事現場における建設工事の施工の技術上の管理をつかさどる者で建設業法及び建設業法施行規則（昭和24年建設省令第14号）で定められた基準に適合する者（以下「主任技術者等」という。）を置かなければならない。

②　**解体工事業者の技術管理者の設置**

・解体工事業者は，工事現場における解体工事の施工の技術上の管理をつかさどる者で解体工事業に係る登録等に関する省令（平成13年国土交通省令第92号。以下「解体工事業者登録省令」という。）で定められた基準に適合するもの（以下「技術管理者」という。）を置かなければならない。

③　**公共工事の発注者の責任者**

・公共工事の発注者にあっては，工事ごとに建設副産物対策の責任者を明確にし，発注者の明示した条件に基づく工事の実施等，建設副産物対策が適切に実施されるよう指導しなければならない。

④　**標識の掲示**

・建設業者及び解体工事業者は，その店舗または営業所及び工事現場ごとに，建設業法施行規則及び解体工事業者登録省令で定められた事項を記載した標識を掲げなければならない。

⑤　**帳簿の記載**

・建設業者及び解体工事業者は，その営業所ごとに帳簿を備え，その営業に関する事項で建設業法施行規則及び解体工事業者登録省令で定められたものを記載し，これを保存しなければならない。

⑺　**工事完了後に行うべき事項**

①　**完了報告**

・対象建設工事の**元請業者は，当該工事に係る特定建設資材廃棄物の再資源化等が完了したときは，以下の事項を発注者へ書面で報告するとともに，再資源化等の実施状況に関する記録を作成し，保存しなければならない。**

一　再資源化等が**完了**した年月日
二　再資源化等をした**施設**の名称及び**所在地**
三　再資源化等に要した**費用**

・また，対象建設工事以外においても，元請業者は，上記の一から三の事項を発注者へ書面で報告するとともに，再資源化等の実施状況に関する記録を作成し，保存するよう努めなければならない。

②　**記録の保管**

・元請業者は，建設工事の完成後，速やかに再生資源利用計画及び再生資源利用促進計画の実施状況を把握するとともに，それらの記録を1年間保管しなければならない。

建設発生土

⑴　**搬出の抑制及び工事間の利用の促進**

①　**搬出の抑制**

・発注者，元請業者及び自主施工者は，建設工事の施工に当たり，適切な工法の選択等により，建設発生土の発生の抑制に努めるとともに，その現場内利用の促進等により搬出の抑制に努めなければならない。

②　**工事間の利用の促進**

・発注者，元請業者及び自主施工者は，建設発生土の土質確認を行うとともに，建設発生土を必要とする他の工事現場との情報交換システム等を活用した連絡調整，ストックヤードの確保，再資源化施設の活用，必要に応じて土質改良を行うこと等により，工事間の利用の促進に努めなければならない。

⑵ 工事現場等における分別及び保管

・元請業者及び自主施工者は，建設発生土の搬出に当たっては，建設廃棄物が混入しないよう分別に努めなければならない。重金属等で汚染されている建設発生土等については，特に適切に取り扱わなければならない。

・また，建設発生土をストックヤードで保管する場合には，建設廃棄物の混入を防止するため必要な措置を講じるとともに，公衆災害の防止を含め周辺の生活環境に影響を及ぼさないよう努めなければならない。

⑶ 運搬

・元請業者及び自主施工者は，次の事項に留意し，建設発生土を運搬しなければならない。

① 運搬経路の適切な設定並びに車両及び積載量等の適切な管理により，騒音，振動，塵埃等の防止に努めるとともに，安全な運搬に必要な措置を講じること。

② 運搬途中において一時仮置きを行う場合には，関係者等と打合せを行い，環境保全に留意すること。

③ 海上運搬をする場合は，周辺海域の利用状況等を考慮して適切に経路を設定するとともに，運搬中は環境保全に必要な措置を講じること。

⑷ 受入地での埋立及び盛土

・発注者，元請業者及び自主施工者は，建設発生土の工事間利用ができず，受入地において埋め立てる場合には，関係法令に基づく必要な手続のほか，受入地の関係者と打合せを行い，建設発生土の崩壊や降雨による流出等により公衆災害が生じないよう適切な措置を講じなければならない。重金属等で汚染されている建設発生土等については，特に適切に取り扱わなければならない。

・また，海上埋立地において埋め立てる場合には，上記のほか，周辺海域への環境影響が生じないよう余水吐き等の適切な汚濁防止の措置を講じなければならない。

建設廃棄物

(1) 分別解体等の実施

・対象建設工事の施工者は，以下の事項を行わなければならない。また，対象建設工事以外の工事においても，施工者は以下の事項を行うよう努めなければならない。

① 事前措置の実施

・分別解体等の計画に従い，残存物品の搬出の確認を行うとともに，特定建設資材に係る分別解体等の適正な実施を確保するために，付着物の除去その他の措置を講じること。

② 分別解体等の実施

・正当な理由がある場合を除き，以下に示す**特定建設資材廃棄物**をその種類ごとに分別することを確保するための適切な施工方法に関する基準に従い，分別解体を行うこと。

○ 建築物の解体工事の場合

一 建築設備，内装材その他の建築物の部分（屋根ふき材，外装材及び構造耐力上主要な部分を除く。）の取り外し
二 屋根ふき材の取り外し
三 外装材並びに構造耐力上主要な部分のうち基礎及び基礎ぐいを除いたものの取り壊し
四 基礎及び基礎ぐいの取り壊し

ただし，建築物の構造上その他解体工事の施工の技術上これにより難い場合は，この限りでない。

○ 工作物の解体工事の場合

一 さく，照明設備，標識その他の工作物に附属する物の取り外し
二 工作物のうち基礎以外の部分の取り壊し
三 基礎及び基礎ぐいの取り壊し

ただし，工作物の構造上その他解体工事の施工の技術上これにより難い場合は，この限りでない。

○ 新築工事等の場合

・工事に伴い発生する端材等の建設資材廃棄物をその種類ごとに分別しつつ工事を施工すること。

③　元請業者及び**下請負人**は，解体工事及び新築工事等において，**再生資源利用促進計画**，**廃棄物処理計画**等に基づき，以下の事項に留意し，工事現場等において**分別**を行わなければならない。

一　工事の施工に当たり，**粉じん**の飛散等により周辺環境に影響を及ぼさないよう適切な措置を講じること。
二　一般廃棄物は，産業廃棄物と**分別**すること。
三　**特定建設資材廃棄物**は確実に**分別**すること。
四　特別管理産業廃棄物及び再資源化できる産業廃棄物の**分別**を行うとともに，安定型産業廃棄物とそれ以外の産業廃棄物との**分別**に努めること。
五　再資源化が可能な産業廃棄物については，再資源化施設の受入条件を勘案の上，破砕等を行い，**分別**すること。

④　自主施工者は，解体工事及び新築工事等において，以下の事項に留意し，工事現場等において分別を行わなければならない。

一　工事の施工に当たり，粉じんの飛散等により周辺環境に影響を及ぼさないよう適切な措置を講じること。
二　特定建設資材廃棄物は確実に分別すること。
三　特別管理一般廃棄物の分別を行うともに，再資源化できる一般廃棄物の分別に努めること。

⑤　現場保管

・施工者は，建設廃棄物の現場内保管に当たっては，周辺の生活環境に影響を及ぼさないよう廃棄物処理法に規定する保管基準に従うとともに，分別した廃棄物の**種類**ごとに保管しなければならない。

(2) 排出の抑制

・発注者，元請業者及び下請負人は，建設工事の施工に当たっては，資材納入業者の協力を得て建設廃棄物の発生の抑制を行うとともに，現場内での再使用，再資源化及び再資源化したものの利用並びに縮減を図り，工事現場からの建設廃棄物の排出の抑制に努めなければならない。
・自主施工者は，建設工事の施工に当たっては，資材納入業者の協力を得て建設廃棄物の発生の抑制を行うよう努めるとともに，現場内での再使用を図り，建設廃棄物の排出の抑制に努めなければならない。

⑶ 処理の委託

・元請業者は，建設廃棄物を自らの責任において適正に処理しなければならない。処理を委託する場合には，次の事項に留意し，適正に委託しなければならない。

① 廃棄物処理法に規定する委託基準を遵守すること。

② 運搬については産業廃棄物収集運搬業者等と，処分については産業廃棄物処分業者等と，それぞれ個別に直接契約すること。

③ 建設廃棄物の排出に当たっては，**産業廃棄物管理票（マニフェスト）**を交付し，最終処分（再生を含む。）が完了したことを確認すること。

⑷ 運搬

・元請業者は，次の事項に留意し，建設廃棄物を運搬しなければならない。

① 廃棄物処理法に規定する処理基準を遵守すること。

② 運搬経路の適切な設定並びに車両及び積載量等の適切な管理により，騒音，振動，塵埃等の防止に努めるとともに，安全な運搬に必要な措置を講じること。

③ 運搬途中において積替えを行う場合は，関係者等と打合せを行い，環境保全に留意すること。

④ 混合廃棄物の積替保管に当たっては，手選別等により廃棄物の性状を変えないこと。

⑸ 再資源化等の実施

① 対象建設工事の元請業者は，分別解体等に伴って生じた特定建設資材廃棄物について，再資源化を行わなければならない。

また，対象建設工事で生じたその他の建設廃棄物，対象建設工事以外の工事で生じた建設廃棄物についても，元請業者は，可能な限り再資源化に努めなければならない。

なお，指定建設資材廃棄物（建設発生木材）は，工事現場から最も近い再資源化のための施設までの距離が建設工事にかかる資材の再資源化等に関する法律施行規則（平成14年国土交通省・環境省令第1号）で定められた距離（50km）を越える場合，または再資源化施設までの道路が未整備の場合で縮減のための運搬に要する費用の額が再資源化のための運搬に要する費用の額より低い場合については，再資源化に代えて縮減すれば足りる。

② 元請業者は，現場において分別できなかった混合廃棄物については，再資源化等の推進及び適正な処理の実施のため，選別設備を有する中間処理施設の活用に努めなければならない。

(6) 最終処分

・元請業者は，建設廃棄物を最終処分する場合には，その種類に応じて，廃棄物処理法を遵守し，適正に埋立処分しなければならない。

建設廃棄物ごとの留意事項

(1) コンクリート塊

① 対象建設工事

・元請業者は，分別されたコンクリート塊を破砕することなどにより，再生骨材，路盤材等として再資源化をしなければならない。

・発注者及び施工者は，再資源化されたものの利用に努めなければならない。

② 対象建設工事以外の工事

・元請業者は，分別されたコンクリート塊について，①のような再資源化に努めなければならない。また，発注者及び施工者は，再資源化されたものの利用に努めなければならない。

(2) アスファルト・コンクリート塊

① 対象建設工事

・元請業者は，分別されたアスファルト・コンクリート塊を，破砕することなどにより再生骨材，路盤材等として又は破砕，加熱混合することなどにより再生加熱アスファルト混合物等として再資源化をしなければならない。

・発注者及び施工者は，再資源化されたものの利用に努めなければならない。

② 対象建設工事以外の工事

・元請業者は，分別されたアスファルト・コンクリート塊について，①のような再資源化に努めなければならない。また，発注者及び施工者は，再資源化されたものの利用に努めなければならない。

(3) 建設発生木材

① 対象建設工事

・元請業者は，分別された建設発生木材を，チップ化することなどにより，木質ボード，堆肥等の原材料として再資源化をしなければならない。また，原材料として再資源化を行うことが困難な場合などにおいては，熱回収をしなければならない。

・なお，建設発生木材は指定建設資材廃棄物であり，(5)の①に定める場合については，再資源化に代えて縮減すれば足りる。

・発注者及び施工者は，再資源化されたものの利用に努めなければならない

② 対象建設工事以外の工事

・元請業者は，分別された建設発生木材について，①のような再資源化等に努めなければならない。また，発注者及び施工者は，再資源化されたものの利用に努めなければならない。

③ 使用済型枠の再使用

・施工者は，使用済み型枠の再使用に努めなければならない。

・元請業者は，再使用できない使用済み型枠については，再資源化に努めるとともに，再資源化できないものについては適正に処分しなければならない。

④ 伐採木・伐根等の取扱い

・元請業者は，工事現場から発生する伐採木，伐根等は，再資源化等に努めるとともに，それが困難な場合には，適正に処理しなければならない。また，発注者及び施工者は，再資源化されたものの利用に努めなければならない。

⑤ CCA 処理木材の適正処理

・元請業者は，CCA 処理木材について，それ以外の部分と分離・分別し，それが困難な場合には，CCA が注入されている可能性がある部分を含めてこれをすべて CCA 処理木材として焼却又は埋立を適正に行わなければならない。

(4) 建設汚泥

① 再資源化等及び利用の推進

・元請業者は，建設汚泥の再資源化等に努めなければならない。再資源化に当たっては，廃棄物処理法に規定する再生利用環境大臣認定制度，再生利

用個別指定制度等を積極的に活用するよう努めなければならない。また，発注者及び施工者は，再資源化されたものの利用に努めなければならない。

② 流出等の災害の防止

・施工者は，処理又は改良された建設汚泥によって埋立又は盛土を行う場合は，建設汚泥の崩壊や降雨による流出等により公衆災害が生じないよう適切な措置を講じなければならない。

⑸ 廃プラスチック類

・元請業者は，分別された廃プラスチック類を，再生プラスチック原料，燃料等として再資源化に努めなければならない。特に，建設資材として使用されている塩化ビニル管・継手等については，これらの製造に携わる者によるリサイクルの取組に，関係者はできる限り協力するよう努めなければならない。また，再資源化できないものについては，適正な方法で縮減をするよう努めなければならない。発注者及び施工者は，再資源化されたものの利用に努めなければならない。

⑹ 廃石膏ボード等

・元請業者は，分別された廃石膏ボード，廃ロックウール化粧吸音板，廃ロックウール吸音・断熱・保温材，廃 ALC 板等の再資源化等に努めなければならない。再資源化に当たっては，広域再生利用環境大臣指定制度が活用される資材納入業者を活用するよう努めなけれならない。また，発注者及び施工者は，再資源化されたものの利用に努めなければならない。特に，廃石膏ボードは，安定型処分場で埋立処分することができないため，分別し，石膏ボード原料等として再資源化及び利用の促進に努めなければならない。また，石膏ボードの製造に携わる者による新築工事の工事現場から排出される石膏ボード端材の収集，運搬，再資源化及び利用に向けた取組に，関係者はできる限り協力するよう努めなければならない。

⑺ 混合廃棄物

① 元請業者は，混合廃棄物について，選別等を行う中間処理施設を活用し，再資源化等及び再資源化されたものの利用の促進に努めなければならない。

② 元請業者は，再資源化等が困難な建設廃棄物を最終処分する場合は，中

間処理施設において選別し，熱しゃく減量を5％以下にするなど，安定型処分場において埋立処分できるよう努めなければならない。

(8) 特別管理産業廃棄物

① 元請業者及び自主施工者は，解体工事を行う建築物等に用いられた飛散性アスベストの有無の調査を行わなければならない。飛散性アスベストがある場合は，分別解体等の適正な実施を確保するため，事前に除去等の措置を講じなければならない。

② 元請業者は，飛散性アスベスト，PCB 廃棄物等の特別管理産業廃棄物に該当する廃棄物について，廃棄物処理法等に基づき，適正に処理しなければならない。

(9) 特殊な廃棄物

① 元請業者及び自主施工者は，建設廃棄物のうち冷媒フロン使用製品，蛍光管等について，専門の廃棄物処理業者等に委託する等により適正に処理しなければならない。

② 施工者は，非飛散性アスベストについて，解体工事において，粉砕することによりアスベスト粉じんが飛散するおそれがあるため，解体工事の施工及び廃棄物の処理においては，粉じん飛散を起こさないような措置を講じなければならない。

関連問題&よくわかる解説

問題1 □□□

建設副産物適正処理推進要綱に定める関係者の責務と役割に，次の文章の［　　］の（イ）～（ホ）に当てはまる適切な語句を解答欄に記述しなさい。

令和1再試験　問題 No.6

⑴　元請業者は，建築物等の設計及びこれに用いる建設資材の選択，建設工事の施工方法等の工夫，施工技術の開発等により，建設副産物の発生を［（イ）］するよう努めるとともに分別解体等，建設廃棄物の再資源化等及び適正な処理の実施を容易にし，それに要する費用を［（ロ）］するよう努めなければならない。

⑵　元請業者は，分別解体等を適正に実施するとともに，［（ハ）］事業者として建設廃棄物の再資源化等及び処理を適正に実施するよう努めなければならない。

⑶　元請業者は，工事現場の責任者に対する指導並びに職員，［（ニ）］，資材納入業者及び産業廃棄物処理業者に対する建設副産物対策に関する意識の啓発等のため，社内［（ホ）］体制の整備に努めなければならない。

⑷　［（ニ）］は，建設副産物対策に自ら積極的に取り組むよう努めるとともに，元請業者の指示及び指導等に従わなければならない。

解答

⑴　元請業者は，建築物等の設計及びこれに用いる建設資材の選択，建設工事の施工方法等の工夫，施工技術の開発等により，建設副産物の発生を［**（イ）；抑制**］するよう努めるとともに分別解体等，建設廃棄物の再資源化等及び適正な処理の実施を容易にし，それに要する費用を［**（ロ）；低減**］するよう努めなければならない。

⑵　元請業者は，分別解体等を適正に実施するとともに，［**（ハ）；排出**］事業者として建設廃棄物の再資源化等及び処理を適正に実施するよう努めなければならない。

⑶　元請業者は，工事現場の責任者に対する指導並びに職員，［**（ニ）；下請負人**］，資材納入業者及び産業廃棄物処理業者に対する建設副産物対策に関する意識の啓発等のため，社内［**（ホ）；管理**］体制の整備に努めなければならない。

⑷　［**（ニ）；下請負人**］は，建設副産物対策に自ら積極的に取り組むよう努めるとと

もに，元請業者の指示及び指導等に従わなければならない。

問題2 □□□

建設副産物適正処理推進要綱に定められている関係者の責務と役割等に関する，次の文章の［　　］の（イ）～（ホ）に当てはまる適切な語句を解答欄に記述しなさい。

平成30年度　問題 No.6

(1) 発注者は，建設工事の発注に当たっては，建設副産物対策の［（イ）］を明示するとともに，分別解体等及び建設廃棄物の再資源化等に必要な［（ロ）］を計上しなければならない。

(2) 元請業者は，分別解体等を適正に実施するとともに，［（ハ）］事業者として建設廃棄物の再資源化等及び処理を適正に実施するよう努めなければならない。

(3) 元請業者は，工事請負契約に基づき，建設副産物の発生の［（ニ）］，再資源化等の促進及び適正処理が計画的かつ効率的に行われるよう適切な施工計画を作成しなければならない。

(4) ［（ホ）］は，建設副産物対策に自ら積極的に取り組むよう努めるとともに，元請業者の指示及び指導等に従わなければならない。

解答

(1) 発注者は，建設工事の発注に当たっては，建設副産物対策の**［(イ)；条件］**を明示するとともに，分別解体等及び建設廃棄物の再資源化等に必要な**［(ロ)；経費］**を計上しなければならない。

(2) 元請業者は，分別解体等を適正に実施するとともに，**［(ハ)；排出］**事業者として建設廃棄物の再資源化等及び処理を適正に実施するよう努めなければならない。

(3) 元請業者は，工事請負契約に基づき，建設副産物の発生の**［(ニ)；抑制］**，再資源化等の促進及び適正処理が計画的かつ効率的に行われるよう適切な施工計画を作成しなければならない。

(4) **［(ホ)；下請負人］**は，建設副産物対策に自ら積極的に取り組むよう努めるとともに，元請業者の指示及び指導等に従わなければならない。

問題３ □□□

建設工事に伴い発生する建設副産物の適正な処理に関し「建設副産物適正処理推進要綱」に定められている，次の文章の［　　］の（イ）～（ホ）に当てはまる適切な語句を解答欄に記述しなさい。 平成28年度　問題 No.6

⑴　元請業者は，分別解体等の計画に従い，残存物品の搬出の確認を行うとともに，［（イ）］に係る分別解体等の適正な実施を確保するために，付着物の除去その他の措置を講じること。

⑵　元請業者及び［（ロ）］，解体工事及び新築工事等において，［（ハ）］促進計画，廃棄物処理計画等に基づき，以下の事項に留意し，工事現場等において分別を行わなければならない。

1）工事の施工に当たり，粉じんの飛散等により周辺環境に影響を及ぼさないよう適切な措置を講じること。

2）一般廃棄物は，産業廃棄物と分別すること。

3）［（イ）］廃棄物は確実に分別すること。

⑶　元請業者は，建設廃棄物の現場内保管にあたっては，周辺の生活環境に影響を及ぼさないよう「廃棄物の処理及び清掃に関する法律」に規定する保管基準に従うとともに，分別した廃棄物の［（ニ）］ごとに保管しなければならない。

⑷　元請業者は，建設廃棄物の排出にあたっては，［（ホ）］を交付し，最終処分（再業者生を含む）が完了したことを確認すること。

解答

⑴　元請業者は，分別解体等の計画に従い，残存物品の搬出の確認を行うとともに，**［（イ）；特定建設資材］**に係る分別解体等の適正な実施を確保するために，付着物の除去その他の措置を講じること。

⑵　元請業者及び**［（ロ）；下請負人］**，解体工事及び新築工事等において，**［（ハ）；再生資源利用］**促進計画，廃棄物処理計画等に基づき，以下の事項に留意し，工事現場等において分別を行わなければならない。

1）工事の施工に当たり，粉じんの飛散等により周辺環境に影響を及ぼさないよう適切な措置を講じること。

2）一般廃棄物は，産業廃棄物と分別すること。

3）**［（イ）；特定建設資材］**廃棄物は確実に分別すること。

⑶　元請業者は，建設廃棄物の現場内保管にあたっては，周辺の生活環境に影響を及ぼさないよう「廃棄物の処理及び清掃に関する法律」に規定する保管基準に従うとともに，分別した廃棄物の **(ニ)；種類** ごとに保管しなければならない。

⑷　元請業者は，建設廃棄物の排出にあたっては， **(ホ)；産業廃棄物管理票（マニフェスト)** を交付し，最終処分（再業者生を含む）が完了したことを確認すること。

問題４ □□□

建設副産物が発生する建設工事（以下「対象建設工事」）を実施するにあたり，建設副産物適正処理推進要綱に定められている「工事着手前に行うべき事項」，「工事現場の管理体制」及び「工事完了後に行うべき事項」に関する，次の文章の［　　］の（イ）～（ホ）に当てはまる適切な語句を解答欄に記述しなさい。

平成25年度　問題 No.6

⑴　対象建設工事の元請業者は，工事請負契約に基づき，建設副産物の発生の抑制，再資源化等の促進及び適正処理が計画的かつ効率的に行われるよう適切な施工計画を作成しなければならない。

施工計画の作成に当たっては，再生資源利用計画及び再生資源利用促進計画を作成するとともに，［（イ）］計画の作成に努めなければならない。

⑵　対象建設工事の施工者は，分別解体等の計画に従い，作業場所及び［（ロ）］の確保を行わなければならない。

また，対象建設工事以外の工事の施工者も，作業場所及び［（ロ）］の確保に努めなければならない。

⑶　建設業者及び解体工事業者は，その店舗または営業所及び工事現場ごとに，建設業法施行規則及び解体工事業者登録省令で定められた事項を記載した［（ハ）］を掲げなければならない。

⑷　建設業者及び解体工事業者は，その営業所ごとに［（ニ）］を備え，その営業に関する事項で建設業法施行規則及び解体工事業者登録省令で定められたものを記載し，これを保存しなければならない。

⑸　対象建設工事の元請業者は，当該工事に係る特定建設資材廃棄物の再資源化等が完了したときは，以下の事項を発注者へ書面で報告するとともに，再資源化等の実施状況に関する記録を作成し，保存しなければならない。

一　再資源化等が完了した年月日

二　再資源化等をした［（ホ）］の名称及び所在地
三　再資源化等に要した費用
　また，対象建設工事以外においても，元請業者は，上記の一から三の事項を発注者へ書面で報告するとともに，再資源化等の実施状況に関する記録を作成し，保存するよう努めなければならない。

解答

⑴　対象建設工事の元請業者は，工事請負契約に基づき，建設副産物の発生の抑制，再資源化等の促進及び適正処理が計画的かつ効率的に行われるよう適切な施工計画を作成しなければならない。
施工計画の作成に当たっては，再生資源利用計画及び再生資源利用促進計画を作成するとともに，**［(イ)；廃棄物処理］**計画の作成に努めなければならない。
⑵　対象建設工事の施工者は，分別解体等の計画に従い，作業場所及び**［(ロ)；搬出経路］**の確保を行わなければならない。
また，対象建設工事以外の工事の施工者も，作業場所及び**［(ロ)；搬出経路］**の確保に努めなければならない。
⑶　建設業者及び解体工事業者は，その店舗または営業所及び工事現場ごとに，建設業法施行規則及び解体工事業者登録省令で定められた事項を記載した**［(ハ)；標識］**を掲げなければならない。
⑷　建設業者及び解体工事業者は，その営業所ごとに**［(ニ)；帳簿］**を備え，その営業に関する事項で建設業法施行規則及び解体工事業者登録省令で定められたものを記載し，これを保存しなければならない。
⑸　対象建設工事の元請業者は，当該工事に係る特定建設資材廃棄物の再資源化等が完了したときは，以下の事項を発注者へ書面で報告するとともに，再資源化等の実施状況に関する記録を作成し，保存しなければならない。
一　再資源化等が完了した年月日
二　再資源化等をした**［(ホ)；施設］**の名称及び所在地
三　再資源化等に要した費用
　また，対象建設工事以外においても，元請業者は，上記の一から三の事項を発注者へ書面で報告するとともに，再資源化等の実施状況に関する記録を作成し，保存するよう努めなければならない。

問題5 □□□

建設工事に係る資材の再資源化等に関する法律（建設リサイクル法）により再資源化を促進する特定建設資材に関する，次の文章の□□の（イ）～（ホ）に当てはまる適切な語句を解答欄に記述しなさい。

令和 3 年度　問題 No.7

(1) コンクリート塊については，破砕，選別，混合物の［（イ）］，［（ロ）］調整等を行うことにより再生クラッシャーラン，再生コンクリート砂等として，道路，港湾，空港，駐車場及び建築物等の敷地内の舗装の路盤材，建築物等の埋戻し材，又は基礎材，コンクリート用骨材等に利用することを促進する。

(2) 建設発生木材については，チップ化し，［（ハ）］ボード，堆肥等の原材料として利用することを促進する。これらの利用が技術的な困難性，環境への負荷の程度等の観点から適切でない場合には［（ニ）］として利用することを促進する。

(3) アスファルト・コンクリート塊については，破砕，選別，混合物の［（イ）］，［（ロ）］調整等を行うことにより，再生加熱アスファルト［（ホ）］混合物及び表層基層用再生加熱アスファルト混合物として，道路等の舗装の上層路盤材，基層用材料，又は表層用材料に利用することを促進する。

解答

(1) コンクリート塊については，破砕，選別，混合物の［**（イ）；除去**］，［**（ロ）；粒度**］調整等を行うことにより再生クラッシャーラン，再生コンクリート砂等として，道路，港湾，空港，駐車場及び建築物等の敷地内の舗装の路盤材，建築物等の埋戻し材，又は基礎材，コンクリート用骨材等に利用することを促進する。

(2) 建設発生木材については，チップ化し，［**（ハ）；木質**］ボード，堆肥等の原材料として利用することを促進する。これらの利用が技術的な困難性，環境への負荷の程度等の観点から適切でない場合には［**（ニ）；燃料**］として利用することを促進する。

(3) アスファルト・コンクリート塊については，破砕，選別，混合物の［**（イ）；除去**］，［**（ロ）；粒度**］調整等を行うことにより，再生加熱アスファルト［**（ホ）；安定処理**］混合物及び表層基層用再生加熱アスファルト混合物として，道路等の舗装の上層路盤材，基層用材料，又は表層用材料に利用することを促進する。

問題6 □□□

特定建設資材廃棄物の再資源化等の促進のための具体的な方策等に関する，次の文章の［　　］の（イ）～（ホ）に当てはまる適切な語句を解答欄に記述しなさい。

令和１年度　問題 No.6

⑴　コンクリート塊については，破砕，［（イ）］，混合物除去，粒度調整等を行うことにより，再生［（ロ）］，再生コンクリート砂等として，道路，港湾，空港，駐車場及び建築物等の敷地内の舗装の［（ハ）］，建築物等の埋め戻し材又は基礎材，コンクリート用骨材等に利用することを促進する。

⑵　［（ニ）］については，チップ化し，木質ボード，堆肥等の原材料として利用することを促進する。これらの利用が技術的な困難性，環境への負荷の程度等の観点から適切でない場合には燃料として利用することを促進する。

⑶　アスファルト・コンクリート塊については，破砕，［（イ）］，混合物除去，粒度調整等を行うことにより，［（ホ）］アスファルト安定処理混合物及び表層基層用［（ホ）］アスファルト混合物として，道路等の舗装の上層［（ハ）］，基層用材料又は表層用材料に利用することを促進する。

解答

⑴　コンクリート塊については，破砕，**［(イ)；選別］**，混合物除去，粒度調整等を行うことにより，再生**［(ロ)；クラッシャーラン］**，再生コンクリート砂等として，道路，港湾，空港，駐車場及び建築物等の敷地内の舗装の**［(ハ)；路盤材］**，建築物等の埋め戻し材又は基礎材，コンクリート用骨材等に利用することを促進する。

⑵　**［(ニ)；建設発生木材］**については，チップ化し，木質ボード，堆肥等の原材料として利用することを促進する。これらの利用が技術的な困難性，環境への負荷の程度等の観点から適切でない場合には燃料として利用することを促進する。

⑶　アスファルト・コンクリート塊については，破砕，**［(イ)；選別］**，混合物除去，粒度調整等を行うことにより，**［(ホ)；再生加熱］**アスファルト安定処理混合物及び表層基層用**［(ホ)；再生加熱］**アスファルト混合物として，道路等の舗装の上層**［(ハ)；路盤材］**，基層用材料又は表層用材料に利用することを促進する。

問題7 □□□

特定建設資材廃棄物の再資源化等の促進のための具体的な方策等に関する，次の文章の□の（イ）～（ホ）に当てはまる適切な語句を解答欄に記述しなさい。

平成26年度　問題No.6-1

(1)　コンクリート塊

コンクリート塊については，［（イ）］，選別，混合物除去，粒度調整等を行うことにより，再生［（ロ）］，再生コンクリート砂等として，道路，港湾，空港，駐車場及び建築物等の敷地内の舗装の［（ハ）］，建築物等の埋め戻し材又は基礎材，コンクリート用骨材等に利用することを促進する。

(2)　建設発生木材

建設発生木材については，分別したのち［（ニ）］し，木質ボード，堆肥等の原材料として利用することを促進する。これらの利用が技術的な困難性，環境への負荷の程度等の観点から適切でない場合には燃料として利用することを促進する。

(3)　アスファルト・コンクリート塊

アスファルト・コンクリート塊については，［（イ）］，選別，混合物除去，粒度調整等を行うことにより，［（ホ）］アスファルト安定処理混合物及び表層基層用［（ホ）］アスファルト混合物として，道路等の舗装の上層［（ハ）］，基層用材料又は表層用材料に利用することを促進する。

解答

(1)　コンクリート塊

コンクリート塊については，**（イ）；破砕**，選別，混合物除去，粒度調整等を行うことにより，再生**（ロ）；クラッシャーラン**，再生コンクリート砂等として，道路，港湾，空港，駐車場及び建築物等の敷地内の舗装の**（ハ）；路盤材**，建築物等の埋め戻し材又は基礎材，コンクリート用骨材等に利用することを促進する。

(2)　建設発生木材

建設発生木材については，分別したのち**（ニ）；チップ化**し，木質ボード，堆肥等の原材料として利用することを促進する。これらの利用が技術的な困難性，環境への負荷の程度等の観点から適切でない場合には燃料として利用することを促進する。

⑶　アスファルト・コンクリート塊

アスファルト・コンクリート塊については，**（イ）；破砕**，選別，混合物除去，粒度調整等を行うことにより，**（ホ）；再生加熱**アスファルト安定処理混合物及び表層基層用**（ホ）；再生加熱**アスファルト混合物として，道路等の舗装の上層**（ハ）；路盤材**，基層用材料又は表層用材料に利用することを促進する。

問題８　□□□

建設資材のうち，建設工事に係る資材の再資源化等に関する法律（建設リサイクル法）により特定建設資材として定められている4品目のうち2つをあげ，その特定建設資材が再生資源化された場合の再生資源名（再生資材）とその主な利用用途をそれぞれ1つ解答欄に記述しなさい。

ただし，特定建設資材の再生資源名（再生資材）及び主な利用用途については，各々異なるものを記述しなさい。

平成23年度　問題No.6-2

＜解答欄＞

事業者が実施すべき事項；

特定建設資材	再生資源名（再生資材）	主な利用用途

解答

次の表を参考に，特定建設資材名を2つとそれぞれに対応する再生資源名（再生資材），主な利用用途をそれぞれ1つずつ記入する。

特定建設資材の処理方法と利用用途

特定建設資材	再生資源名（再生資材）	主な利用用途
コンクリート コンクリート及び鉄からなる建設資材	①再生**クラッシャーラン** ②再生コンクリート砂 ③再生粒度調整砕石	①**路盤材** ②埋め戻し材 ③基礎材 ④コンクリート用骨材
木材（建設発生木材）	①木質ボード ②堆肥 ③木質マルチング材	①住宅構造用建材 ②コンクリート型枠 ③**発電燃料**
アスファルト・コンクリート	①**再生加熱**アスファルト安定処理混合物 ②表層基層用**再生加熱**アスファルト混合物 ③再生骨材	①上層路盤材 ②基層用材料 ③表層用材料 ④**路盤材** ⑤埋め戻し材 ⑥基礎材

問題９ □□□

建設工事において，排出事業者が「廃棄物の処理及び清掃に関する法律」及び「建設廃棄物処理指針」に基づき，建設廃棄物を現場内で保管する場合，周辺の生活環境に影響を及ぼさないようにするための具体的措置を５つ解答欄に記述しなさい。
ただし，特別管理産業廃棄物は対象としない。

令和４年度　問題 No.11・平成24年度　問題 No.6

＜解答欄＞
排出事業者が実施すべき具体的措置；

1. ______
2. ______
3. ______
4. ______
5. ______

解答

以下の中から**類似するものを避けて5つ**を選んで，解答してください。

① 保管場所の周囲に囲いを設ける。

② がれき類は粉塵の飛散防止措置として，必要に応じてシート等で覆い，散水，囲障などを行う。

③ がれき類は崩壊，流出等防措置を講ずる。

④ 他の廃棄物が混合しないように仕切り等を設け，保管物の種類や責任者を表示する。（見やすい箇所に産業廃棄物の種類・管理者等を表示した掲示板を設ける。）

⑤ 汚水の浸透によって汚染を防止するために，底面を不浸透性の材料で覆う。

⑥ 屋外において容器を用いずに保管する場合，積上げ高さが所定の高さを超えないようにする。

⑦ 木くず等の可燃物を保管する場合は，消火設備を設ける。

⑧ 泥水等液状のもの（流動性を呈するもの）は，貯留槽で保管する。（流出事故を防止するための堤防等を設ける）

⑨ ねずみが生息したり，ハエ等の害虫が発生しないよう留意する。

⑩ 作業員等関係者に保管方法を周知徹底する。

※ここに記載しているものの他にも正解となる解答がある場合があります。**廃棄物の処理及び清掃に関する法律（建設副産物適正処理推進要綱）」及び「建設廃棄物処理指針」**を参照してください。

問題10 □□□

建設廃棄物の再生利用等による適正処理のために「分別・保管」を行う場合，廃棄物の処理及び清掃に関する法律の定めにより，排出事業者が作業所（現場）内において実施すべき具体的な対策について5つ解答欄に記述しなさい。

平成29年度　問題 No.11

<解答欄>

排出事業者が実施すべき具体的措置；

1.

2.

3.

4.

5.

解答

以下の［分別］［保管］の項目の中から**類似するものを避けて5つ**を選んで，解答してください。

［分別］

① 分別計画を作成し，下請負人や処理業者に対し分別方法の徹底を図る。

② 処理施設の受入れ条件を十分検討し，条件に応じた分別計画を立てる。

③ 廃棄物集積場や分別容器に廃棄物の種類を表示する。

④ 分別品目毎に容器を設け，分別表示板を取り付ける。

［保管］

① 保管場所の周囲に囲いを設ける。

② がれき類は粉塵の飛散防止措置として，必要に応じて散水を行う。

③ 汚水の浸透によって汚染を防止するために，底面を不浸透性の材料で覆う。

④ 屋外において容器を用いずに保管する場合，積上げ高さが所定の高さを超えないようにする。

⑤ 可燃物を保管する場合は消火設備を設ける。

⑥ 泥水等液状のもの（流動性を呈するもの）は，貯留槽で保管する。

※ここに記載しているものの他にも正解となる解答がある場合があります。**令和4年度の問題 No.11の解答，廃棄物の処理及び清掃に関する法律（建設副産物適正処理推進要綱）」及び「建設廃棄物処理指針」**を参照してください。

問題11 □□□

建設工事等から生ずる廃棄物の適正処理のために「廃棄物の処理及び清掃に関する法律」に従って建設廃棄物の下記の⑴，⑵の措置について，元請業者が行うべき具体的事項をそれぞれ1つずつ解答欄に記述しなさい。

ただし，特別管理産業廃棄物は対象としない。 平成27年度　問題 No.11

⑴　一時的な現場内保管

⑵　収集運搬

＜解答欄＞

元請業者が行うべき具体的措置；

⑴　**一時的な現場内保管**

⑵　**収集運搬**

解答

元請業者が行うべき具体的措置；

⑴　**一時的な現場内保管**

①　保管場所の周囲に囲いを設ける。

②　がれき類は粉塵の飛散防止措置として，必要に応じて散水を行う。

③　がれき類は崩壊，流出等防措置を講ずる。

④　見やすい箇所に産業廃棄物の種類・管理者等を表示した掲示板を設ける。

⑤　汚水の浸透によって汚染を防止するために，底面を不浸透性の材料で覆う。

⑥　屋外において容器を用いずに保管する場合，積上げ高さが所定の高さを超えないようにする。

⑦　可燃物を保管する場合は消火設備を設ける。

⑧　泥水等液状のもの（流動性を呈するもの）は，貯留槽で保管する。
（流出事故を防止するための堤防等を設ける）

⑨　ねずみが生息したり，ハエ等の害虫が発生しないよう留意する。

⑩　作業員等関係者に保管方法を周知徹底する。

※ここに記載しているものの他にも正解となる解答がある場合があります。**廃棄物**

の処理及び清掃に関する法律（建設副産物適正処理推進要綱）」及び「建設廃棄物処理指針」を参照してください。

⑵　収集運搬

①　運搬にあたっては，飛散，流出しないよう適切な構造の運搬車両を使用し，必要に応じシート等で覆う。

②　運搬経路の選定にあたっては，事前に経路付近の状況を調査し，騒音・振動などの防止，安全運転につとめ，過積載とならないようにする。

③　産業廃棄物を運搬する車両の表示および書面を備付ける（携帯させる）。

上記から，**類似するものを避けてそれぞれ1つ**解答欄に簡潔に記述してください。

※ここに記載しているものの他にも正解となる解答がある場合があります。また，ここに記載している通りに記述する必要はありません。**廃棄物の処理及び清掃に関する法律（建設副産物適正処理推進要綱）」及び「建設廃棄物処理指針」**を参考にして解答してください。

騒音，振動の対策

騒音，振動対策の基本的事項

・建設工事の実施にあたっては，必要に応じ工事の目的，内容等について，**事前に地域住民に対して説明**を行い，工事の実施に協力を得られるように努めるものとする。

・建設工事が始まる前の騒音，振動の状況を把握し，建設工事による影響を**事前に予測**して対策を検討するとともに，建設工事中の騒音，振動の状況を把握して，必要な追加対策を検討するために，現地において施工前調査及び施工時調査を行う。

・騒音規制法・振動規制法に定めた特定建設作業以外の作業についても，地方公共団体の定める条例などにより，規制，指導が行われていないか把握しなければならない。

・工事の施工中に騒音，振動について住民から苦情があった場合，騒音，振動規制法の規制値を守るだけでなく，できるだけ騒音，振動を小さくする等の努力をするとともに，丁寧な住民対応を行うことが必要である。

・騒音，振動防止対策は，発生源，伝搬経路，受音・受振対象における各対策に分類することができる。建設工事では，一般的に発生源対策および伝搬経路の対策を行う。

① 発生源対策

・騒音，振動の発生が少ない建設機械を用いる

② 伝搬経路対策

・騒音，振動の発生地点から受音点・受振点までの距離を確保するか，途中に騒音，振動を遮断する遮音壁や防振溝などの構造物を設ける

③ 受音点・受振点対策

・受音点・受振点において，家屋などを防音構造や防振構造とする

騒音，振動対策の方法

① **騒音，振動の小さい工法を採用する。**

② **国土交通省が指定している低騒音，低振動型建設機械を採用する。**

③ **騒音，振動の発生期間，日作業時間を短縮する。**

④ 夜間，早朝の作業を避け，作業時間帯を影響の少なくなる作業工程とする。

⑤ 建設機械や設備の配置場所や遮音施設等を設置する。

建設機械の運転に関する配慮事項

・**建設機械は，整備不良による騒音，振動が発生しないように点検，整備を十分に行う。**

→建設機械は，一般に老朽化するにつれ，機械各部にゆるみや磨耗が生じ，騒音，振動の発生量も大きくなる。

・**作業待ち時間には，エンジンを止めるなど，できるだけ騒音，振動を発生させない。**

・**不必要な空ふかしや高い負荷をかけた運転は避ける。**（機械の操作と作業は，ていねい，かつ滑らかに実施する）

・**土工板，バケットなどの衝撃的な操作は避ける。**（衝撃力を利用したバケットの爪のくい込み，付着した粘性土のふるい落とし等）

・建設機械による掘削，積込み作業は，できる限り衝撃力による施工を避ける。

・適切な動力方式や型式の建設機械を選択する。

→油圧式の機械の方が空気式より騒音が小さい。

→大型機種より小型機種，クローラ式よりタイヤ式の方が，一般に騒音，振動は小さい。

・発動発電機や空気圧縮機を設置する場合は，機械を設置する基礎を大きくして振動の発生を抑えたり，防振ゴムなどの防振材を用いて振動を抑制する。

・機械の動力にはできる限り商用電源を用い，発動発電機の使用は避ける。

・**運搬路はできるだけ平坦に整備**し，急な縦断勾配や急カーブの多い道路は避ける。

・**不必要な高速走行は避ける。**

→履帯式機械は，走行速度が大きくなると騒音，振動ともに大きくなるので，不必要な高速走行は避ける。また，履帯の張りの調整に留意する。

→ブルドーザを高速で後進させると，足回り騒音や振動が大きくなる。

・**伝搬経路の対策としては防音（遮音）シート，防音パネル，遮音壁，遮音塀，等を設置する。**

・振動の伝播経路の途中に空溝（防振溝）を設ける。

関連問題&よくわかる解説

問題1 □□□

騒音，振動に関する次の文章の［　　　］の（イ）～（ホ）に当てはまる適切な語句を解答欄に記述しなさい。 平成20年度　問題 No.6

(1) 建設工事の騒音，振動対策については，騒音，振動の大きさを下げるほか，［（イ）］を短縮するなど住民の生活環境への影響を小さくするように検討しなければならない。

(2) 建設工事の計画，設計にあたっては，工事現場周辺の立地条件を調査し，騒音，振動を低減するような施工方法や［（ロ）］の選択について検討しなければならない。

(3) 建設工事の施工にあたっては，設計時に考慮された騒音，振動対策をさらに検討し，確実に実施するものとする。
なお，建設機械の運転においても，［（ハ）］による騒音，振動が発生しないように点検，整備を十分に行うとともに，作業待ち時には，［（ニ）］をできる限り止めるようにする。

(4) 建設工事の実施にあたっては，必要に応じ工事の目的，内容について事前に［（ホ）］に対して説明を行い，工事の実施に協力を得られるように努めるものとする。

解答

(1) 建設工事の騒音，振動対策については，騒音，振動の大きさを下げるほか，**［(イ)；発生期間］**を短縮するなど住民の生活環境への影響を小さくするように検討しなければならない。

(2) 建設工事の計画，設計にあたっては，工事現場周辺の立地条件を調査し，騒音，振動を低減するような施工方法や**［(ロ)；建設機械］**の選択について検討しなければならない。

(3) 建設工事の施工にあたっては，設計時に考慮された騒音，振動対策をさらに検討し，確実に実施するものとする。
なお，建設機械の運転においても，**［(ハ)；整備不良］**による騒音，振動が発生しないように点検，整備を十分に行うとともに，作業待ち時には，**［(ニ)；エンジン（原動機）］**をできる限り止めるようにする。

(4) 建設工事の実施にあたっては，必要に応じ工事の目的，内容について事前に **（ホ）；地域住民** に対して説明を行い，工事の実施に協力を得られるように努めるものとする。

問題2 □□□

建設工事にともなう騒音又は振動防止のための具体的対策について5つ解答欄に記述しなさい。

ただし，騒音と振動防止対策において同一内容は不可とする。

また，解答欄の（例）と同一内容は不可とする。

令和 2 年度　問題 No.5-2

＜解答欄＞

事業者が実施すべき事項；

（例）工事現場周辺の立地条件を調査し，騒音，振動対策を検討する。

1.

2.

3.

4.

5.

解答

以下の項目から類似するものをさけて5つ解答する。

事業者が実施すべき事項；

① （国土交通省指定の）低騒音，低振動型建設機械を使用する。

② 騒音，振動の発生期間，日作業時間を短縮する。

③ 機械の点検・整備状態を良くする。（履帯の張りの調整に留意する）

④ 施工箇所の周囲に遮音壁，遮音シート等を設置する。

⑤ 不必要な空ふかしや高い負荷をかけた運転は避ける。

⑥ 不必要な高速走行は避ける。（制限速度を遵守させる。高速での後進運転を避ける）

⑦ 土工板，バケットなどの衝撃的な操作は避ける。（丁寧に作業を行う）

⑧ 影響の少ない作業時間帯，作業工程を設定する。（夜間，早朝の作業を避ける）

⑨ 作業の待ち時間にはエンジンを止める。（アイドリングストップ）

⑩ 運搬路はできるだけ平坦に整備する。

※ここに記載しているものの他にも正解となる解答がある場合があります。

「**（国土交通省）建設工事に伴う騒音振動対策技術指針等**」を参照してください。

本試験問題

試験問題 ———— P. 330
解答試案 ———— P. 344

1級第二次検定　試験問題

※問題1～問題3は必須問題です。必ず解答してください。
問題1で
①　設問1の解答が無記載又は記入漏れがある場合，
②　設問2の解答が無記載又は設問で求められている内容以外の記述の場合，
どちらの場合にも問題2以降は採点の対象となりません。

必須問題

【問題1】　あなたが経験した土木工事の現場において，その現場状況から特に留意した安全管理に関して，次の〔設問1〕，〔設問2〕に答えなさい。
〔注意〕 あなたが経験した工事でないことが判明した場合は失格となります。

〔設問1〕　あなたが**経験した土木工事**に関し，次の事項について解答欄に明確に記述しなさい。

〔注意〕「経験した土木工事」は，あなたが工事請負者の技術者の場合は，あなたの所属会社が受注した工事内容について記述してください。従って，あなたの所属会社が二次下請業者の場合は，発注者名は一次下請業者名となります。
なお，あなたの所属が発注機関の場合の発注者名は，所属機関名となります。

(1)　**工事名**
(2)　**工事の内容**
①　**発注者名**
②　**工事場所**
③　**工　　期**
④　**主な工種**
⑤　**施 工 量**
(3)　**工事現場における施工管理上のあなたの立場**

〔設問2〕 上記工事の**現場状況から特に留意した安全管理**に関し，次の事項について解答欄に具体的に記述しなさい。

ただし，交通誘導員の配置のみに関する記述は除く。

(1) **具体的な現場状況**と特に留意した**技術的課題**

(2) 技術的課題を解決するために**検討した項目と検討理由及び検討内容**

(3) 上記検討の結果，**現場で実施した対応処置とその評価**

必須問題

【問題2】

地下埋設物・架空線等に近接した作業に当たって，施工段階で実施する具体的な対策について，次の文章の［　　］の(イ)～(ホ)に当てはまる**適切な語句**を解答欄に記述しなさい。

(1) 掘削影響範囲に埋設物があることが分かった場合，その［ (イ) ］及び関係機関と協議し，関係法令等に従い，防護方法，立会の必要性及び保安上の必要な措置等を決定すること。

(2) 掘削断面内に移設できない地下埋設物がある場合は，［ (ロ) ］段階から本体工事の埋戻し，復旧の段階までの間，適切に埋設物を防護し，維持管理すること。

(3) 工事現場における架空線等上空施設について，建設機械等のブーム，ダンプトラックのダンプアップ等により，接触や切断の可能性があると考えられる場合は次の保安措置を行うこと。

① 架空線等上空施設への防護カバーの設置

② 工事現場の出入り口等における［ (ハ) ］装置の設置

③ 架空線等上空施設の位置を明示する看板等の設置

④ 建設機械のブーム等の旋回・［ (ニ) ］区域等の設定

(4) 架空線等上空施設に近接した工事の施工に当たっては，架空線等と機械，工具，材料等について安全な［ (ホ) ］を確保すること。

本試験問題

必須問題

【問題3】

盛土の品質管理における，**下記の試験・測定方法名①〜⑤から2つ選び，その番号，試験・測定方法の内容及び結果の利用方法をそれぞれ**解答欄へ記述しなさい。
ただし，解答欄の（例）と同一内容は不可とする。

① 砂置換法
② RI法
③ 現場CBR試験
④ ポータブルコーン貫入試験
⑤ プルーフローリング試験

問題4〜問題11までは選択問題⑴，⑵です。

※問題4〜問題7までの選択問題⑴の4問題のうちから2問題を選択し解答してください。なお，選択した問題は，解答用紙の選択欄に○印を必ず記入してください。

選択問題⑴

【問題4】

コンクリートの打継目の施工に関する次の文章の［　　］の(イ)〜(ホ)に当てはまる**適切な語句**を解答欄に記述しなさい。

⑴ 打継目は，できるだけせん断力の［(イ)］位置に設け，打継面を部材の圧縮力の作用方向と直交させるのを原則とする。海洋及び港湾コンクリート構造物等では，外部塩分が打継目を浸透し，［(ロ)］の腐食を促進する可能性があるのでできるだけ設けないのがよい。
⑵ コンクリートを水平に打ち継ぐ場合には，既に打ち込まれたコンクリートの表面のレイタンス，品質の悪いコンクリート，緩んだ骨材粒等を完全に取り除き，コンクリート表面を［(ハ)］にした後，十分に吸水させなければならない。
⑶ 既に打ち込まれ硬化したコンクリートの鉛直打継面は，ワイヤブラシで表面を削るか，［(ニ)］等により［(ハ)］にして十分吸水させた後，新しい

コンクリートを打ち継がなければならない。

(4) 水密性を要するコンクリート構造物の鉛直打継目には，［(ホ)］を用いることを原則とする。

選択問題(1)

【問題 5】

土の締固めにおける試験及び品質管理に関する次の文章の［　　］の(イ)～(ホ)に当てはまる**適切な語句**を解答欄に記述しなさい。

(1) 土の締固めで最も重要な特性として，下図に示す締固めの含水比と密度の関係が挙げられ，これは締固め曲線と呼ばれ，ある一定のエネルギーにおいて最も効率よく土を密にすることができる含水比を［(イ)］といい，その時の乾燥密度を最大乾燥密度という。

(2) 締固め曲線は土質によって異なり，一般に礫や［(ロ)］では，最大乾燥密度が高く曲線が鋭くなり，シルトや［(ハ)］では最大乾燥密度は低く曲線は平坦になる。

(3) 締固め品質の規定は，締め固めた土の性質の恒久性を確保するとともに，盛土に要求する［(ニ)］を確保できるように，設計で設定した盛土の所要力学特性を確保するためのものであり，［(ホ)］や施工部位によって最も合理的な品質管理方法を用いる必要がある。

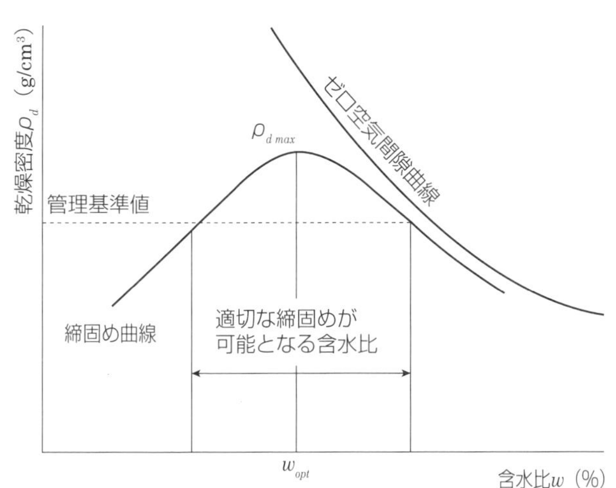

本試験問題

選択問題(1)

【問題 6】

建設工事の現場における墜落等による危険の防止に関する労働安全衛生法令上の定めについて，次の文章の［　　］の(イ)～(ホ)に当てはまる**適切な語句**又は数値を解答欄に記述しなさい。

(1) 事業者は，高さが2m 以上の［(イ)］の端や開口部等で，墜落により労働者に危険を及ぼすおそれのある箇所には，囲い，手すり，覆い等を設けなければならない。

(2) 墜落制止用器具は［(ロ)］型を原則とするが，墜落時に［(ロ)］型の墜落制止用器具を着用する者が地面に到達するおそれのある場合（高さが6.75 m 以下）は胴ベルト型の使用が認められる。

(3) 事業者は，高さ又は深さが［(ハ)］m をこえる箇所で作業を行なうときは，当該作業に従事する労働者が安全に昇降するための設備等を設けなければならない。

(4) 事業者は，作業のため物体が落下することにより労働者に危険を及ぼすおそれのあるときは，［(ニ)］の設備を設け，立入区域を設定する等当該危険を防止するための措置を講じなければならない。

(5) 事業者は，架設通路で墜落の危険のある箇所には，高さ［(ホ)］cm 以上の手すり等と，高さが35cm 以上50cm 以下の桟等の設備を設けなければならない。

選択問題(1)

【問題 7】

情報化施工における TS（トータルステーション）・GNSS（全球測位衛星システム）を用いた盛土の締固め管理に関する次の文章の［　　］の(イ)～(ホ)に当てはまる**適切な語句**を解答欄に記述しなさい。

(1) 施工現場周辺のシステム運用障害の有無，TS・GNSS を用いた盛土の締固め管理システムの精度・機能について確認した結果を［ (イ) ］に提出する。

(2) 試験施工において，締固め回数が多いと［ (ロ) ］が懸念される土質の場合，［ (ロ) ］が発生する締固め回数を把握して，本施工での締固め回数の上限値を決定する。

(3) 本施工の盛土に使用する材料の［ (ハ) ］が，所定の締固め度が得られる［ (ハ) ］の範囲内であることを確認し，補助データとして施工当日の気象状況（天気・湿度・気温等）も記録する。

(4) 本施工では盛土施工範囲の［ (ニ) ］にわたって，試験施工で決定した［ (ホ) ］厚以下となるように［ (ホ) ］作業を実施し，その結果を確認するものとする。

※問題8～問題11までの選択問題(2)の4問題のうちから2問題を選択し解答してください。なお，選択した問題は，解答用紙の選択欄に○印を必ず記入してください。

選択問題(2)

【問題8】

下図のような切梁式土留め支保工内の掘削に当たって，**下記の項目①～③から2つ選び，その番号，実施方法又は留意点**を解答欄に記述しなさい。

ただし，解答欄の（例）と同一内容は不可とする。

① 掘削順序

② 軟弱粘性土地盤の掘削

③ 漏水，出水時の処理

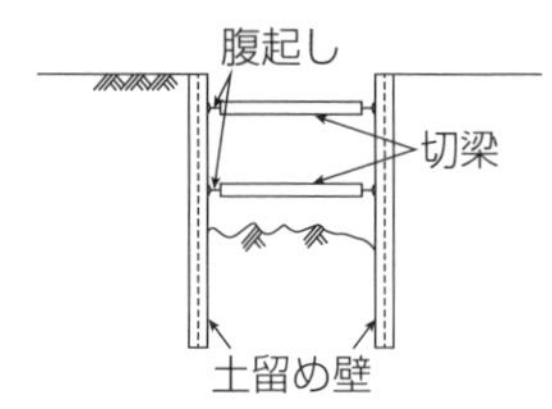

選択問題(2)

【問題9】

コンクリートに発生したひび割れ等の**下記の状況図①～④から2つ選び，その番号，防止対策**を解答欄に記述しなさい。

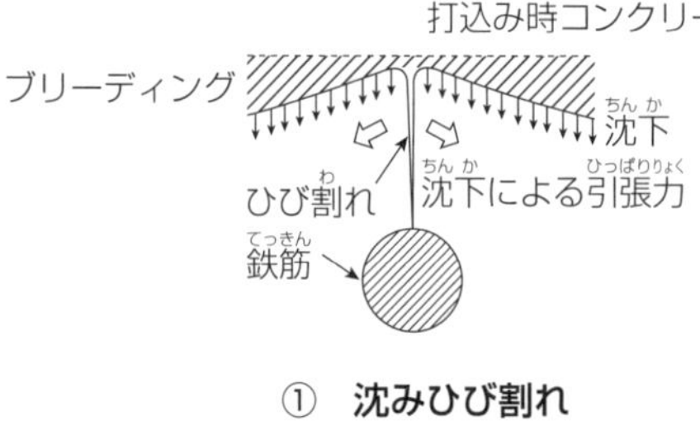

① 沈みひび割れ

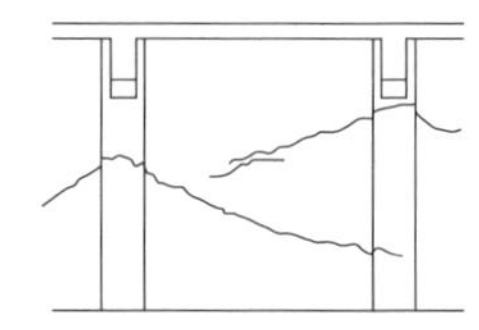

② コールドジョイント

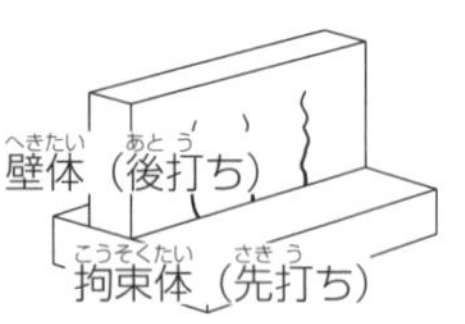

③ 水和熱による温度ひび割れ

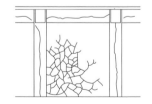

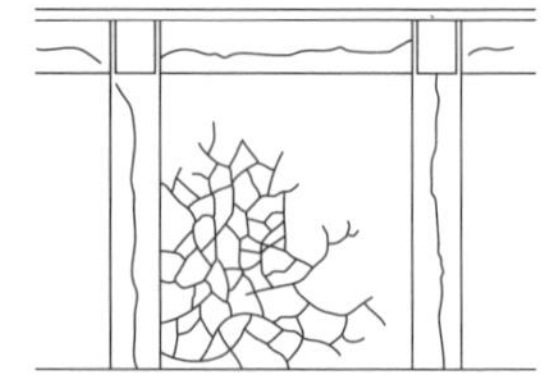

④ アルカリシリカ反応によるひび割れ

選択問題(2)

【問題10】

建設工事現場で事業者が行なうべき労働災害防止の安全管理に関する次の文章の①〜⑥のすべてについて，労働安全衛生法令等で定められている語句又は数値の誤りが文中に含まれている。

①〜⑥から5つ選び，その番号，「誤っている語句又は数値」及び「正しい語句又は数値」を解答欄に記述しなさい。

① 高所作業車を用いて作業を行うときは，あらかじめ当該高所作業車による作業方法を示した作業計画を定め，関係労働者に周知させ，当該作業の指揮者を届け出て，その者に作業の指揮をさせなければならない。

② 高さが3m以上のコンクリート造の工作物の解体等の作業を行うときは，工作物の倒壊，物体の飛来又は落下等による労働者の危険を防止するため，あらかじめ当該工作物の形状，き裂の有無，周囲の状況等を調査し作業計画を定め，作業を行わなければならない。

③ 土石流危険河川において建設工事の作業を行うときは，作業開始時にあっては当該作業開始前48時間における降雨量を，作業開始後にあっては1時間ごとの降雨量を，それぞれ雨量計等により測定し，記録しておかなければならない。

④ 支柱の高さが3.5m以上の型枠支保工を設置するときは，打設しようとするコンクリート構造物の概要，構造や材質及び主要寸法を記載した書面及び図面等を添付して，組立開始14日前までに所轄の労働基準監督署長に提出しなければならない。

⑤ 下水道管渠等で酸素欠乏危険作業に労働者を従事させる場合は，当該作業を行う場所の空気中の酸素濃度を18%以上に保つよう換気しなければならない。しかし爆発等防止のため換気することができない場合等は，労働者に防毒マスクを使用させなければならない。

⑥ 土止め支保工の切りばり及び腹おこしの取付けは，脱落を防止するため，矢板，くい等に確実に取り付けるとともに，火打ちを除く圧縮材の継手は重ね継手としなければならない。

本試験問題

選択問題(2)

【問題11】

建設工事において，排出事業者が「廃棄物の処理及び清掃に関する法律」及び「建設廃棄物処理指針」に基づき，建設廃棄物を現場内で保管する場合，周辺の生活環境に影響を及ぼさないようにするための**具体的措置を5つ**解答欄に記述しなさい。

ただし，特別管理産業廃棄物は対象としない。

試験地	受験番号								氏　　名

1
第2次

令和4年度 1級土木施工管理 第2次検定試験
［ 解 答 用 紙 （レプリカ） ］

問題1～問題3までは必須問題です。

【問題1】 あなたが経験した土木工事の現場において，その現場状況から特に留意した安全管理に関して，次の〔設問1〕,〔設問2〕に答えなさい。

〔設問1〕 あなたが**経験した土木工事**に関し，次の事項について解答欄に明確に記述しなさい。

(1) 工事名

工　事　名	

(2) 工事の内容

①	発注者名	
②	工事現場	
③	工　　期	
④	主な工種	
⑤	施 工 量	

(3) 工事現場における**施工管理上のあなたの立場**

立　　場	

〔**設問 2**〕上記工事の現場状況から特に留意した安全管理に関し，次の事項について解答欄に具体的に記述しなさい。

(1) **具体的な現場状況**と特に留意した**技術的課題**

(2) 技術的課題を解決するために**検討した項目と検討理由及び検討内容**

(3) 技術的な課題に対して**現場で実施した対応処置とその評価**

※ 年度により解答欄の行数が異なる場合があります。ここで出題したテーマ［安全管理］はあくまで例題で品質管理・工程管理もしくはその他（出来形・環境等）から出題されることも十分考えられます。最低限、3大管理（工程・品質・安全）に関しては必ず準備して試験にのぞんでください。

【問題 2】

(イ)	(ロ)	(ハ)	(ニ)	(ホ)

【問題 3】

	試験	測定方法	結果の利用方法
例 ④	ポータブルコーン貫入試験	粘土などの地盤に静的にロッドを貫入しその抵抗値を測定する	建設機械のトラフィカビリティの指標

問題 4～問題 11 までは選択問題（1），（2）です。

※ 問題 4～問題 7 までの選択問題（1）の 4 問題のうちから 2 問題を選択し解答してください。なお，選択した問題は，解答用紙の選択欄に○印を必ず記入してください。

【問題 4】 | 選択欄 | | ← 選択したら○をつける

(イ)	(ロ)	(ハ)	(ニ)	(ホ)

【問題 5】 | 選択欄 | | ← 選択したら○をつける

(イ)	(ロ)	(ハ)	(ニ)	(ホ)

【問題 6】 | 選択欄 | | ← 選択したら○をつける

(イ)	(ロ)	(ハ)	(ニ)	(ホ)

【問題 7】 | 選択欄 | | ← 選択したら○をつける

(イ)	(ロ)	(ハ)	(ニ)	(ホ)

※ 問題 8～問題 11 までの選択問題（2）の 4 問題のうちから 2 問題を選択し解答してください。なお，選択した問題は，解答用紙の選択欄に○印を必ず記入してください。

【問題 8 】 | 選択欄 | | ← 選択したら○をつける

番号	実施方法又は留意点

【問題 9】 | 選択欄 | | ← 選択したら○をつける

番号	
防止対策	
番号	
防止対策	

【問題 10】

選択欄	

← 選択したら○をつける

番号	誤っている語句又は数値	正しい語句又は数値

【問題 11】

選択欄	

← 選択したら○をつける

番号	現場内保管時の具体的事項
1.	
2.	
3.	
4.	
5.	

試験地	受験番号								氏　名
大阪									関西　太郎

1
第2次

令和4年度 1級土木施工管理 第2次検定試験
[解 答 試 案]

問題1～問題3までは必須問題です。

【問題1】 あなたが経験した土木工事の現場において，その現場状況から特に留意した安全管理に関して，次の〔設問1〕,〔設問2〕に答えなさい。

〔**設問1**〕 あなたが**経験した土木工事**に関し，次の事項について解答欄に明確に記述しなさい。

(1) 工事名

工　事　名	○○○○団地　宅地造成工事

(2) 工事の内容

①	発注者名	○○建設 株式会社
②	工事現場	○○府○○市・・・台○丁目地内
③	工　期	令和3年6月10日～平成4年10月31日
④	主な工種	土地造成工事 擁壁工　排水工
⑤	施工量	造成面積 16,800m² 切土量 18,200m³盛土量 16,500m³ 現場打ち重力式擁壁　L＝40m　H=2.0m コンクリート積みブロック工 H=2.0 L=130m 可変側溝　530m　U形側溝 480m

(3) 工事現場における**施工管理上のあなたの立場**

立　場	工事主任

〔**設問 2**〕 上記工事の現場状況から特に留意した安全管理に関し，次の事項について解答欄に具体的に記述しなさい。

(1) **具体的な現場状況**と特に留意した**技術的課題**

本工事は〇〇における・・・・団地の建設用地確保のための切土量 18,200m ^{3}，盛土量 16,500m ^{3}，敷地面積 16,800m ^{2} の造成工事であった。
施工時期が 6 月～10 月と梅雨・夕立・台風など急な豪雨の影響で地盤が不安定な状態になり、建設機械の転倒や土砂崩壊が懸念された。また、複数の重機と手元作業員の混在作業となるため、接触事故防止対策が重要な技術的課題となった。

(2) 技術的課題を解決するために**検討した項目と検討理由及び検討内容**

作業の遅延を防止するため，以下の項目について検討した。
① 作業をスムーズに進めるためにはトラフィカビリティを確保しなければならないが，設計上配置されている排水だけでは，予想される雨水の排水には十分ではない可能性があるため，排水計画の見直しを検討した。
② 掘削土量，盛土量を増やし，バランスよく施工を実施するため，施工機械の増台・選定，および，人員の増加の検討を行った。
③ 先行作業に遅延が発生しており，当初に計画していた工程のままでは，フォローアップが必要となったため，工程表の見直しについて検討した。

(3) 技術的な課題に対して**現場で実施した対応処置とその評価**

① 各層の仕上がり面に，4～5%程度の排水勾配を設けた。また，仮排水溝を増設することで，スムーズに施工箇所から排水し，施工面のトラフィカビリティを確保した。
② 掘削・盛土箇所ともに，建設機械の台数・人員を増やし，施工量を増やすことで，作業の必要日数を短縮することができた。
③ 工期内に終了するよう，基本工程を再計画した。また，日々の歩掛りを確認し，バナナ曲線を用いて進捗管理，またネットワーク工程表を用いて随時，遅延作業へのフォローアップを行った。
以上の処置を行うことで，先行工程の遅れを取り戻し，工期内に工事を終えることができた。

※ 年度により解答欄の行数が異なる場合があります。ここで出題したテーマ［安全管理］はあくまで例題で品質管理・工程管理もしくはその他（出来形・環境等）から出題されることも十分考えられます。最低限、3 大管理（工程・品質・安全）に関しては必ず準備して試験にのぞんでください。

【問題 2】

（イ）	（ロ）	（ハ）	（ニ）	（ホ）
埋設物の管理者	試掘	高さ制限	立入り禁止	離隔

【問題 3】

	試験	測定方法	結果の利用方法
例④	ポータブルコーン貫入試験	粘土などの地盤に静的にロッドを貫入しその抵抗値を測定する	建設機械のトラフィカビリティの指標
①	砂置換法	掘り取った土の質量と、掘った試験孔に充填した砂の質量から求めた体積を利用し、原位置の土の密度を求める試験。	盛土の締固めの施工管理
⑤	プルーフローリング試験	仕上がった路床，路盤面に荷重車を走行させ，目視により路床，路盤面の変位状況（たわみ）を確認する。	盛土の締固めの施工管理

3～4行程度にまとめます。解答欄に合わせて過不足なく記入して下さい。解答欄のサイズは年度により異なります。

問題4～問題11までは選択問題（1），（2）です。

※ 問題4～問題7までの選択問題（1）の4問題
なお，選択した問題は，解答用紙の選択欄に○印を必ず記入してください。

正解率が高いであろう問題を選択

【問題 4】 | 選択欄 | ○ | ← 選択したら○をつける

（イ）	（ロ）	（ハ）	（ニ）	（ホ）
小さい	鉄筋	粗	チッピング	止水板

過去問通りの定番問題は確実に！

【問題 5】 | 選択欄 | | ← 選択したら○をつける

（イ）	（ロ）	（ハ）	（ニ）	（ホ）
最適含水比	砂	粘土	?	?

選択しなかった問題も記入するのはOK

自信のある回答が多く、正解率が高いと思われる問題を選択

【問題 6】 | 選択欄 | ○ | ← 選択したら○をつける

（イ）	（ロ）	（ハ）	（ニ）	（ホ）
作業床		1.5	防網	85

答えがわからなくても前後の文章から推測して何か記入してする！勘が当たるかも！

【問題 7】 | 選択欄 | | ← 選択したら○をつける

（イ）	（ロ）	（ハ）	（ニ）	（ホ）

選択問題なので、難しい問題はパスして OK

※ 問題 8～問題 11 までの選択問題（2）の 4 問題のうちから 2 問題を選択し解答してください。
なお，選択した問題は，解答用紙の選択欄に○印を必ず記入してください。

【問題 8 】 | 選択欄 | | ← 選択したら○をつける

番号	実施方法又は留意点
①	偏土圧が作用しないよう左右対称に行い，応力的に不利な状態をできるだけ短期間にするため，中央部分から掘削する。

2つ回答する問題は、2つとも自信を持って記入できていれば → 正解率１００％
1つは自信があるがもう1つはどちらともいえない → 正解率 50～100％
1つはおそらく不正解，1つは正解 → 正解率 50％
他の問題の予想正解率と比べて高い方を選択してください。

【問題 9】 | 選択欄 | | ← 選択したら○をつける

番号	②
防止対策	許容打重ね時間間隔を厳守し，外気温 25℃を超える場合は 2.0 時間以内，25℃以下の場合は 2.5 時間以内を標準とする。
番号	
防止対策	

2～3行程度にまとめます。解答欄に合わせて過不足なく記入して下さい。解答欄のサイズは年度により異なります。

【問題 10】

選択欄	○

5問中3問自信があれば60%の正解率となります。他の記述問題と比較して、正解率の高い方を選択して下さい。

番号	誤っている語句又は数値	正しい語句又は数値
①	届け出て	定めて
③	48 時間	24 時間
④	14 日前	30 日前
⑤	防毒マスク	空気呼吸器等
⑥	重ね継手	突合せ継手

6つの記述の中から自信のある問題を選択する。

【問題 11】

選択欄	○

← 選択したら○をつける

番号	現場内保管時の具体的事項
1.	保管場所の周囲に囲いを設ける。
2.	粉塵の飛散防止措置として、必要に応じて散水を行う。
3.	見やすい箇所に産業廃棄物の種類・管理者等を表示した掲示板を設ける。
4.	汚水の浸透によって汚染する恐れがある場合は、底面を不浸透性の材料で覆う。
5.	可燃物を保管する場合は消火設備を設ける。

問題 10 と同様に、5つ中3つの回答に自信があれば60%の正解率となります。他の記述問題と比較して正解率の高い方を選択します。5つ記入する問題は、各解答欄が狭い場合が多く1～2行でまとめればよいため、点数が取りやすくなっています。

各問題の詳しい解答（他の解答例）は本書中の関連問題に記載しています。

著者略歴

濱田　吉也（Youtuber 講師　ひげごろー）

2001 年　大阪工業大学　土木工学科卒業
2001 年　中堅ゼネコン入社
2012 年　厚生労働大臣指定講座の講師として大阪・盛岡・仙台・福島・名古屋・金沢会場の講座で活躍中
2016 年　施工管理求人ナビサイト「施工の神様」で執筆中
2016 年　YouTube にて授業動画配信スタート
2017 年　SEEDO の土木，建築施工講師として活動開始
2019 年　TBS 新・情報7days ニュースキャスター出演
2021 年　修成建設専門学校非常勤講師
2024 年　YouTube チャンネル登録者数2.25万人突破
（総視聴回数　300万回超）

取得資格：1 級土木施工管理技士・1 級建築施工管理技士
1・2 級電気通信工事施工管理技士

※当社ホームページ http://www.kobunsha.org/ では，書籍に関する様々な情報（法改正や正誤表等）を掲載し，随時更新しております。ご利用できる方はどうぞご覧ください。正誤表がない場合，あるいはお気づきの箇所の掲載がない場合は，下記の要領にてお問い合わせください。

プロが教える
1級土木施工管理　第二次検定

著　　者　濱　田　吉　也

印刷・製本　（株）太　洋　社

発　行　所　株式会社　弘　文　社

〒546-0012 大阪市東住吉区
中野2丁目1番27号
☎（06）6797−7441
FAX（06）6702−4732
振替口座 00940−2−43630
東住吉郵便局私書箱1号

代　表　者　岡　﨑　　靖

ご注意
（1）本書は内容について万全を期して作成いたしましたが，万一ご不審な点や誤り，記載もれなどお気づきのことがありましたら，当社編集部まで書面にてお問い合わせください。その際は，具体的なお問い合わせ内容と，ご氏名，ご住所，お電話番号を明記の上，FAX，電子メール(henshu 1@kobunsha.org)または郵送にてお送りください。
（2）本書の内容に関して適用した結果の影響については，上項にかかわらず責任を負いかねる場合がありますので予めご了承ください。
（3）落丁本，乱丁本はお取替えいたします。